ENCYCLOPÉDIE-RORET

Manuel du

TERRASSIER

ET

ENTREPRENEUR DE TERRASSEMENTS

TOME SECOND

PARIS

ENCYCLOPÉDIE-RORET

L. MULO, LIBRAIRE-ÉDITEUR

12, RUE HAUTEFEUILLE, VIᵉ

ENCYCLOPÉDIE-RORET

TERRASSIER

ET

ENTREPRENEUR DE TERRASSEMENTS

TOME SECOND

EN VENTE A LA MÊME LIBRAIRIE

Nouvelle Collection de l'Encyclopédie-Roret

Format in-18 jésus 19 × 12

Manuel de l'Apiculteur Mobiliste, nouvelles Causeries sur les Abeilles, en 30 leçons, par l'abbé Duquesnois. 1 vol. in-18 jésus, orné de 20 figures dans le texte. (*Médaille d'argent* à Bar-le-Duc.) . . . . 3 fr.

— **de l'Eleveur de Chèvres,** par H.-L.-Alph. Blanchon. 1 vol. in-18 jésus, orné de 12 figures dans le texte . . . . 2 fr. 50

— **de l'Eleveur de Faisans,** par H.-L.-Alph. Blanchon. 1 vol. in-18 jésus, orné de 31 figures dans le texte . . . . 2 fr.

— **de l'Eleveur de Poules,** par H.-L.-Alph. Blanchon. 1 vol. in-18 jésus, orné de 67 figures dans le texte . . . . 3 fr.

— **du Pisciculteur,** par H.-L.-Alph. Blanchon. 1 vol. in-18 jésus, orné de 65 figures dans le texte. 3 fr. 50.

— **de l'Eleveur de Pigeons, Pigeons voyageurs,** par H.-L.-Alph. Blanchon. 1 vol. in-18 jésus, orné de 44 figures dans le texte. . . . . 3 fr.

— **de l'Eleveur de Lapins,** par Willemin. 1 vol. in-18 jésus, orné de 24 fig. dans le texte . . . 2 fr. 50

— **de Jardinage et d'Horticulture,** par Albert Maumené, avec la collaboration de Claude Trébignaud, arboriculteur. 1 vol. in-18 jésus, orné de 275 figures dans le texte, 900 pages. Broché, 6 fr. — Cartonné. 7 fr.

— **de l'Agriculteur,** par Louis Beuret et Raymond Brunet. 1 vol. in-18 jésus orné de 117 figures. 5 fr.

— **Artichaut et de l'Asperge** (de la Culture de l'), par R. Brunet, ingénieur agronome. 1 vol. orné de 13 fig. dans le texte. . . . . 2 fr.

— **Champignons et de la Truffe** (de la Culture des), par R. Brunet, ingénieur agronome. 1 vol. orné de 15 figures dans le texte. . . . . 2 fr. 50

— **Châtaignier** (Culture, Exploitation et Utilisations), par H. Blin. 1 vol. in-18 jésus, orné de 36 fig. 1 fr. 50

— **Fraisier** (de la Culture du), par R. Brunet, ingén. agronome. 1 vol. orné de 28 figures dans le texte. 2 fr.

— **Groseillier, du Cassissier et du Framboisier** (de la Culture du), par R. Brunet, ingénieur agronome. 1 vol. orné de 7 figures dans le texte . . . . . 1 fr. 50

— **Melon, de la Citrouille et du Concombre** (de la Culture du), par R. Brunet, ingénieur agronome. 1 vol. orné de 25 figures dans le texte . . . . . . 2 fr.

MANUELS-RORET

NOUVEAU MANUEL COMPLET

DU

TERRASSIER

ET DE

L'ENTREPRENEUR DE TERRASSEMENTS

CONTENANT

Une analyse complète des divers modes de transport,
l'Organisation des Chantiers,
les Extractions de roches et les Excavations
souterraines ou à ciel ouvert

Par Ch. ÉTIENNE, Ad. MASSON et D. CASALONGA
Ingénieurs civils

NOUVELLE ÉDITION

ENTIÈREMENT REFONDUE ET AUGMENTÉE DE LA DESCRIPTION SOMMAIRE

DES GRANDS TRAVAUX MODERNES

DE TERRASSEMENT, D'EXCAVATION ET DE PERCEMENT

SUIVIE DE LA SÉRIE DES PRIX POUR LES TRAVAUX DE TERRASSEMENT

Par N. CHRYSSOCHOÏDÈS
Ingénieur des Arts et Manufactures

Ouvrage orné de 63 figures dans le texte
et accompagné d'un Atlas renfermant XXII planches gravées sur acier

---

TOME SECOND

PARIS

ENCYCLOPÉDIE-RORET
L. MULO, LIBRAIRE-ÉDITEUR
12, RUE HAUTEFEUILLE, VIᵉ
1910

AVIS

Le mérite des ouvrages de l'**Encyclopédie-Roret** leur a valu les honneurs de la traduction, de l'imitation et de la contrefaçon. Pour distinguer ce volume, il porte la signature de l'Éditeur, qui se réserve le droit de le faire traduire dans toutes les langues, et de poursuivre, en vertu des lois, décrets et traités internationaux, toutes contrefaçons et toutes traductions faites au mépris de ses droits.

NOUVEAU MANUEL COMPLET

DU

TERRASSIER

TOME SECOND

—

CHAPITRE XVI
Généralités

—

L'entrepreneur de terrassement, avant de commencer les travaux qui lui sont confiés et dont l'importance et l'étendue se trouvent indiquées par le projet, doit procéder à la constatation de l'état primitif des lieux qui peut avoir une grande importance pour le règlement des comptes et de plus présente un intérêt technique, car beaucoup de détails, qui ne sont pas indiqués sur le projet, peuvent être fixés à la suite de cet examen des lieux.

Piquetage. — Pour le terrassement des chemins de fer, le service technique trace l'axe de l'ouvrage, c'est-à-dire il fait le piquetage du tracé de l'axe, des alignements et des courbes. L'entrepreneur doit vérifier ce tracé et faire le *piquetage* délimitant les fouilles et les remblais. Pour cette opération on doit employer un nombre suffisant de piquets ou repères pour ne pas avoir besoin de recourir aux agents de la compagnie, si dans le cours des travaux quelques piquets venaient à être dérangés.

Au moyen de lattes ou tringles fixées contre des piquets, on indique pour les tranchées et les remblais l'inclinaison des talus et leur intersection avec le sol naturel. Pour donner aux lattes (fig. 1) les inclinaisons prescrites, on emploie une équerre présentant l'inclinaison voulue dont on applique l'hypoténuse sur la latte ; à l'aide d'un niveau à bulle d'air (fig. 2) on s'assure de la position horizontale du côté supérieur contre lequel ce niveau est généralement fixé invariablement. Si on n'a pas à sa disposition l'équerre à niveau, en emploie le fil à plomb et on s'assure de la verticalité de l'autre côté.

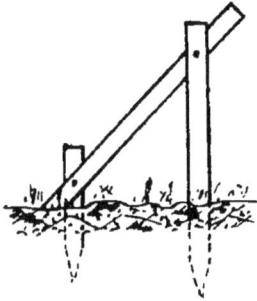

Fig. 1. Piquetage.

Si les inclinaisons des talus sont variables, pour pouvoir les vérifier à l'aide d'une même équerre, on marque sur l'équerre les positions que doit prendre le fil à plomb pour les inclinaisons généralement usitées, exprimées par les rapports de la base à la hauteur, tels que 1/1 ou 2/3, ou 3/4, ou 3/2, etc. (fig. 3).

Quand les remblais sont faibles, on figure leur profil transversal complet en soutenant les tringles qui indiquent les talus, au moyen de jalons marquant les arêtes supérieures des remblais.

Les projets indiquent en général l'emploi à faire des déblais pour l'exécution des remblais ; si les déblais sont insuffisants, ils font connaître les lieux d'emprunt et dans le cas contraire les lieux de dépôt des excédents.

Témoins. — Quand on a vérifié ainsi le tracé et par conséquent le lever du plan et du relief antérieur aux fouilles, on peut exécuter les travaux et par le rapprochement de la nouvelle situation

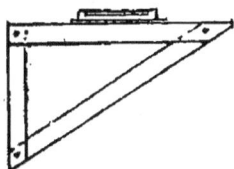

Fig. 2.
Equerre à niveau
d'eau.

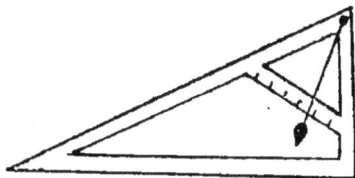

Fig. 3. Equerre à fil
à plomb et inclinaison
variable.

créée à celle existant antérieurement on détermine le cube des déblais. Malgré cette facilité d'évaluation, il est préférable de laisser, de distance en distance, des *témoins*. Ces témoins sont des îlots qu'on laisse dans les fouilles, intacts avec leur terre superficielle et même la végétation. On donne à ces témoins la forme de pyramides tronquées pour éviter les effondrements. Grâce à ces témoins, on peut évaluer approximativement les déblais effectués au moment de l'établissement des décomptes partiels.

Foisonnement. — Le déblai donne en général, en remblai, un volume plus considérable que celui de la fouille ; on dit alors que les terres subissent un *foisonnement*. Il varie avec la nature du terrain et avec les soins qu'on apporte dans l'exécution.

Le coefficient du foisonnement n'est donc guère constant ; M. Graëff, ingénieur en chef des ponts et chaussées, cite, dans son ouvrage sur la construction des chemins de fer et canaux, des exemples où un mètre cube de déblai de roc massif donnait 1,5 à 1,6 de remblai ; mais dès qu'il y avait mélange de roc et de terre, la terre se logeait dans les vides et dans l'ensemble un mètre cube de déblai ne donnait guère qu'un mètre cube de remblai.

Par contre, dans des remblais en terres fines bien pilonnées et dont le tassement est assuré par le passage des brouettes et des tombereaux, M. Graëff a constaté une diminution qu'il appela *foisonnement négatif*; il fallait dans ce cas $1^{m3}10$ à $1^{m3}25$ de déblai de terre pour former un mètre cube de remblai compact. Il est donc préférable de ne pas compter sur le foisonnement et d'admettre au contraire pour les déblais en terres légères un retrait d'environ 1/10 du volume des déblais.

En France on admet généralement, en pratique, que le foisonnement correspond du quinzième au dixième pour les terrains sablonneux ou la terre ordinaire ; du septième au cinquième pour l'argile compacte ou les terres crayeuses ; au quart pour les blocailles, et qu'il atteint deux cinquièmes pour le rocher extrait à la mine.

Tassement. — Malgré tous les soins qu'on peut apporter à l'exécution des remblais, il se produira à la longue une diminution des vides qui subsistent après leur achèvement ; c'est-à-dire que le foisonnement initial diminuera avec le temps.

C'est cette diminution du foisonnement qu'on appelle le *tassement* ; il faut donc tenir compte de ce tassement éventuel et donner aux remblais qui doivent attendre une surélévation correspondant à ce tassement.

Plus le remblai est haut, plus le tassement est considérable, et cela est facile à comprendre, car les moyens de transport et de mise en place assurent moins la compression. Il faudra donc un rehaussement plus grand ; il peut varier de 2 à 12 0/0 de la hauteur du remblai.

L'importance du tassement dépend surtout du mode d'exécution des remblais, car il est fonction du foisonnement initial ou brut et du foisonnement qui subsiste.

Repères en souterrains. — Dans les travaux souterrains, les repères ont une grande importance pour guider les mineurs. On enfonce des piquets dans le seuil et dans le ciel des excavations ; le fil à plomb ou des lampes suspendues aux repères du ciel servent de guides dans le courant des travaux. Des observatoires placés à de grandes distances des entrées sont obligatoires pour les tunnels de grande longueur, afin d'assurer l'observation précise des directions à suivre.

Balisage. — Pour les terrassements à faire dans l'eau, et en particulier pour les travaux sous-marins, qui se trouvent dans des eaux assez profondes, il n'est pas possible de se servir de repères ou piquets plantés dans le sol pour indiquer d'une façon précise à la surface des eaux des points déterminés.

‹ On remplace, dans ce cas, les piquets par des corps flottants maintenus au moyen d'amarres ou de chaînes sur des ancres ou blocs immergés. On donne à ces corps flottants le nom de *balises*; on calcule la forme de ces corps flottants, de façon qu'ils restent toujours verticaux. Pour limiter les déviations auxquelles ils sont sujets, on les amarre à plusieurs ancres ou blocs et malgré cela il y a toujours un mouvement de giration provenant du mouvement des eaux. Le rayon de giration augmente avec la profondeur. Les indications fournies par les balises ne sont donc que des indications approximatives sur les emplacements des travaux.

Pour indiquer les limites d'un remblai sous-marin, on se sert avantageusement de perches en bois blanc, amarrées par le bout mince à des blocs noyés aux points voulus. La longueur de la perche permet de réduire celle de l'amarre, et de plus l'inclinaison du bout émergeant de la perche indique le sens de la déviation du flotteur. Dans les eaux peu profondes, on plante des perches dans le fond.

Si ces repères indiquent les limites de fouilles, il est bon de les fixer ou amarrer à une distance convenue du bord des fouilles, pour éviter leur déplacement en cours d'exécution des travaux.

Il faudra vérifier fréquemment l'emplacement des balises, surtout après des variations importantes dans l'état des eaux, comme les crues dans les fleuves et les tempêtes en mer.

Profil définitif des tranchées. — Les talus des

tranchées doivent recevoir, dès le début, l'inclinaison qui leur est destinée pour éviter les reprises ultérieures, soit pour règlement des surfaces, soit pour modification de l'inclinaison, qui sont très coûteuses.

Si les fouilles qu'on fait n'ont pour but que la fourniture des remblais, les talus qu'on ménage sont déterminés seulement par les considérations de la sécurité des ouvriers qui y travaillent.

Forme des remblais. — Lorsque la plate-forme d'un remblai doit avoir une largeur déterminée, il faut donner à ce remblai un surélèvement en vue

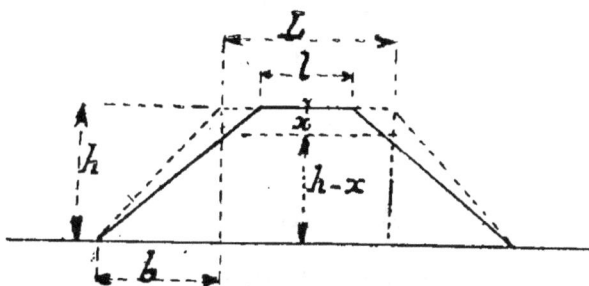

Fig. 4. Forme de remblais.

du tassement pour être sûr de ne pas avoir à recharger après coup le remblai, car toute addition sur la plate-forme réduirait la largeur en couronne ou modifierait la pente des talus.

Pour tenir compte de ces rechargements éventuels, on peut, au lieu d'exagérer la hauteur initiale des remblais, donner dès le début un surcroît de largeur en couronne et raidir les talus pour leur assurer après le tassement l'inclinaison voulue (fig. 4).

Soit h la hauteur finale du remblai après son tassement, l sa largeur en couronne ; b la base des talus ; il faudra, si on désigne par x la hauteur du tassement prévu, que le surcroît de largeur donné en prévision d'un rechargement éventuel soit :

$$L - l = 2\,x\,\frac{b}{h}$$

ce qui devient dans le cas où $b = h$, c'est-à-dire des talus à 45° :

$$L - l = 2\,x$$

autrement dit la largeur en couronne initiale L devra dépasser la largeur définitive du remblai de deux fois le tassement prévu.

CHAPITRE XVII

Reconnaissance du terrain. — Sondages. — Cloches à plongeur. — Scaphandres

Quelle que soit la nature du terrassement, la reconnaissance de la configuration et de la nature du sol doit précéder tout travail, car elle permettra de se fixer sur les moyens à employer pour l'exécution.

Nature du terrain. — Souvent l'inspection des puits à proximité des travaux à exécuter ou les renseignements sur les travaux exécutés dans les environs peuvent suffire.

De même la végétation rencontrée sur les emplacements des travaux, fournit des indications assez précieuses. Les herbes marécageuses, par exemple, dénotent un sous-sol imperméable ; la position déviée des troncs d'arbres indique un glissement ou des éboulements survenus depuis leur croissance. L'inclinaison de couches de terrains stratifiés peut être cause de déplacements dès qu'on aura changé leurs conditions d'équilibre par suite d'entailles qu'on y opère ou sous les charges qu'on leur fait porter. Il faut donc s'efforcer de les prévenir, et ce n'est que par une reconnaissance préliminaire de la nature du terrain qu'on peut être fixé sur les moyens préventifs à prendre.

Sondages. — On a toujours recours aux sondages pour l'exécution de travaux souterrains. Pour les terrains présentant une stratification régulière, un petit nombre de sondages suffit pour une grande étendue de terrain, mais il faut les rapprocher le plus possible quand il s'agit de terrains bouleversés.

Sondes. — Les sondages à de faibles profondeurs, pour la reconnaissance de l'épaisseur d'une couche de terre ou de sable recouvrant une couche solide sur 2 mètres au plus de hauteur, peuvent se faire avec la sonde dite de *Bernard Palissy*. C'est une tige de 2 à 3 centimètres de diamètre terminée dans le bas par une pointe. En pesant sur cette tige et en la faisant tourner autour de son axe, on se rend compte, d'après la résistance qu'on rencontre, de la nature des couches traversées et de la profondeur à laquelle se trouve un obstacle absolu à sa pénétration.

1.

Pour les sondages profonds on se sert d'instruments plus perfectionnés dont quelques-uns pénètrent grâce au mouvement de rotation qu'on leur imprime, tout en pesant sur les tiges ; d'autres agissent par percussion. On emploie des tiges ayant une certaine longueur, 3 ou 4 mètres, qu'on assemble soit au moyen de vis, soit au moyen d'enfourchements et de boulons, au fur et à mesure de leur pénétration. Les assemblages à vis doivent être faits soigneusement et dans un sens opposé à celui du mouvement de rotation qu'on imprime à la sonde.

Le diamètre des tiges ne dépasse pas 3 à 4 centimètres, sauf dans les cas exceptionnels de grandes profondeurs ; à l'endroit des assemblages, les tiges présentent des renflements, dont le diamètre doit être toujours inférieur à celui du trou que doit percer la sonde.

Le bout de la sonde qui fraye la voie est une espèce de burin ou ciseau, désagrégeant les roches sur lesquelles il vient frapper ou bien une sorte de tarière qui pénètre grâce au mouvement de rotation qui lui est imprimé.

Depuis quelques années, on remplace avantageusement l'outil en forme de tarière, par une couronne garnie de pointes de diamant ou bien d'acier très dur ; sous une légère pression et en tournant très vite, ces pointes rentrent assez rapidement dans les roches les plus dures.

Les sondes à percussion ne donnent pas de renseignements complets sur la nature des couches traversées, tandis que les sondes à mouvement de rotation permettent, surtout si elles sont bien menées, la reconstitution des couches. Les notes prises sur la rapidité de la pénétration de la sonde, sont très importantes surtout dans le premier cas ; dans le second, elles servent de complément aux indications fournies par le noyau que l'on détache et ramène au moyen des tarières spéciales à couronne et à mouvement de rotation.

La tête de la sonde est munie d'un anneau pouvant être attaché à une chèvre surmontant la sonde.

La rupture d'une tige arrête le travail et si on ne veut pas abandonner le sondage, il faudra pouvoir en retirer la partie brisée ; pour cela on se sert du *tire-sonde*, sorte de tige recourbée qui finit à force de tourner par saisir la tige cassée. Si on ne peut pas saisir la tige à l'aide du tire-sonde, on se sert d'un outil en acier trempé formant capuchon, taraudé à l'intérieur et qui, à force de rotations finit par entailler un pas de vis dans la tige brisée.

Si le trépan se coince dans une roche dure, on est obligé de briser l'outil à l'aide de la dynamite, puis on en retire les débris pour pouvoir continuer le forage. C'est une opération très coûteuse et le sondage ne présente pas toute sécurité de réussite, il est préférable d'abandonner le sondage en sauvant le plus possible de l'outillage et d'en faire un nouveau à proximité.

Dans les terrains peu résistants et dès que le sondage doit atteindre des profondeurs considérables, il devient nécessaire de se mettre à l'abri des éboulements. On garnit alors le trou de tubes en fer.

Pour opérer un sondage on établit une chèvre surmontant l'emplacement du sondage. Quand on opère avec une tarière ou cuillère, on règle à l'aide de la corde de suspension la part du poids que l'on fait porter sur la tranche de l'outil ; en opérant par percussion on agit sur la corde de suspension comme pour la manœuvre de la sonnette.

Tant que la hauteur de la chute n'est pas considérable, la suspension suit les mouvements des tiges de la corde de sonde ; mais dès qu'il s'agit d'un sondage plus important, que les hauteurs de chute et le poids des tiges augmentent, on interpose entre la tête de la sonde et la corde, un système de déclic qui assure la chute libre de l'appareil de sondage et qui permet de le ressaisir sans difficulté pour le relever de nouveau. Pour les sondages de très grande profondeur, il faut que les opérations puissent se faire avec précision et rapidité ; dans ce cas, les installations prennent une importance considérable. Pour le fonçage à l'aide d'une sonde à percussion, on commence toujours par établir un tuyau vertical servant de guide. Ce tuyau, dont la longueur ne doit pas être inférieure à un mètre, se loge dans le sol, afin de pouvoir bien l'assujettir dans sa position verticale et pour ne pas surélever inutilement le bâti supportant la poulie, sur laquelle est le câble de suspension de la sonde.

Lorsque la roche rencontrée n'est pas très dure, on peut se dispenser d'assurer un mouvement de rotation bien réglé au burin qui, par la percussion, pénètre dans le sol. Dans ce cas, dès que le poids de la sonde avec les tiges rajoutées est suffisant, on peut se dispenser de l'addition de nouveaux éléments de tiges et suivre la descente de l'instrument avec la corde de suspension ; quand on rencontre des couches ébouleuses il faut enfoncer le tube.

Pour opérer la rotation régulière de la sonde, quand cela est nécessaire, il faut que la tête de sonde se trouve au-dessus du sol pour qu'on puisse y adapter le tourne-à-gauche. Pour les sondes qui exigent un grand effort de rotation, on se sert du tourne-à-gauche à double poignée. La figure 5 montre les dispositions données aux tourne-à-gauche.

Les trépans ont des formes variables, suivant la dureté de la roche et le diamètre du trou de sondage ; le plus simple présente la forme d'un ciseau dont la largeur de tranche correspond au diamètre du trou de sonde. Les trépans qui n'atteignent pas la roche à toute largeur permettent le bris des pierres les plus dures avec des poids et des hauteurs de chute moindres. Le trépan présente alors soit une partie centrale saillante, soit un terminus en deux, trois ou

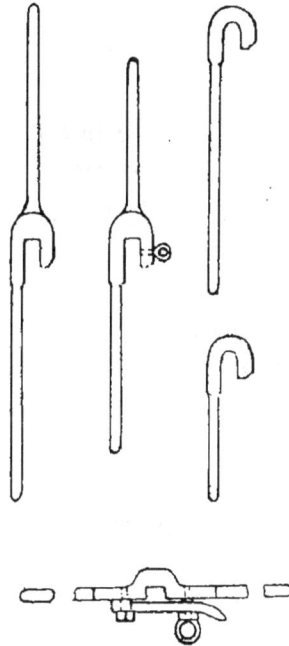

Fig. 5.
Tourne-à-gauche
de sondage.

quatre pointes de diamant. Pour les sondes de grand diamètre, les tranches qui frappent sur le rocher ne sont pas venues d'une pièce avec les tiges ; elles sont insérées dans la monture inférieure de la sonde et peuvent être remplacées dès qu'elles sont usées sans nécessiter la mise hors de service de tout l'instrument. Cette disposition permet de plus le remplacement et l'affûtage d'une partie seulement des ciseaux, tant que l'autre n'est pas encore usée.

Pour les sondages à grand diamètre, la tête de l'instrument est munie de six ou d'un plus grand nombre de ciseaux, en ayant soin de les placer de façon qu'à chaque rotation du trépan, chaque point de la surface du fond soit atteint par l'un des ciseaux.

La tête de la sonde est munie d'un anneau qui permet aux tiges portant le trépan de tourner autour de leur axe.

Au fur et à mesure que les détritus s'accumulent au fond du trou, l'efficacité des chocs produits par la chute diminue ; il y a donc intérêt à retirer fréquemment ces détritus du fond du sondage, mais le relevage des trépans et le curage deviennent des opérations longues et coûteuses avec la profondeur du trou. On emploie l'eau sous pression, envoyée au fond du trou pour faire remonter les détritus.

Quand on veut retirer du trou de sonde des échantillons, on emploie des cuillères ou tarières munies d'un clapet ou d'une boule qui retient les parties détachées. Un outil de forme analogue est utilisé pour ramener les détritus lors du forage par percussion.

Les échantillons retirés à l'aide de la tarière ne donnent pas une idée exacte de la nature des couches traversées, car les matériaux se trouvent plus ou moins réduits et mélangés. L'outil ayant la forme annulaire et dont la couronne est munie de dents peut agir par percussion ou par rotation et détache dans le terrain un noyau qui, ramené à

la surface, donne une idée précise des couches traversées.

Les noyaux de roche sont retirés dès que par
leur longueur ils gênent l'avance de l'outil, et l'on
se sert à cet effet du tire-bourre ou bien d'une
cloche munie à l'intérieur d'aspérités qui retiennent
le noyau dès qu'il se trouve coiffé.

Reconnaissance du terrain sous l'eau

Les eaux sous lesquelles on doit exécuter des
travaux sont des eaux douces ou des eaux salées.
Dans les deux cas leur niveau peut être à peu près
constant ou bien sujet à des variations plus ou
moins sensibles. Les variations de la hauteur de la
nappe d'eau qui recouvre le fond obligent à modifier les conditions pour les travaux de terrassement. Souvent on est conduit à exécuter des travaux par intermittence, c'est ce qui arrive quand
le niveau de l'eau s'élève trop. De même, on interrompt complètement les travaux quand la vitesse
ou l'agitation de l'eau atteint une certaine importance.

D'une façon générale on peut dire que les fortes
crues des rivières comme les grandes agitations de
la mer, à la suite de vents violents, arrêtent les
travaux.

Relief du fond. — Pour déterminer le relief du
fond, on relève la profondeur de la surface du terrain sous le niveau de l'eau. Ce niveau étant
variable, il faut noter à toute heure sa position par
rapport à un plan de comparaison déterminé, pour
pouvoir ramener à ce plan les hauteurs observées.

Cette opération porte le nom de *sondage*. On y

procède à l'aide d'une *corde graduée*, c'est-à-dire une corde portant des nœuds indiquant sa longueur; A son extrémité inférieure est fixé un poids pour aller jusqu'au fond ; l'opérateur en est averti par le mou de la corde. Il faut une grande habileté de la part de l'opérateur pour avoir des observations exactes. Si la surface du sol est ramollie, il faut que le poids s'enfonce toujours de la même quantité dans la couche détrempée du fond. Si l'eau est animée d'une certaine vitesse, il faut lire la longueur de la corde immergée lorsqu'elle est verticale, ou bien si elle subit une déviation sous l'effet du courant, il faut saisir le moment où cette déviation est sensiblement uniforme afin de pouvoir appliquer un coefficient de correction.

Pour les sondages de faible profondeur, la corde peut être remplacée par une perche graduée munie à son extrémité inférieure, suivant la nature du sol, d'une pointe en fer, ou d'un bouton ou plateau. L'opérateur se trouve sur un bateau et la détermination du point où se fait chaque sondage est confiée à un aide. Des repères fixes servent à guider le bâtiment et à déterminer le lieu du sondage. Des observations faites des rives à l'aide d'instruments servent à contrôler cette détermination.

Reconnaissance du sol. — Pour la reconnaissance de la nature du sol, on prend, à l'aide de cuillères, des échantillons de la surface du fond.

A l'aide de barres de fer munies de barbelures profondes, dans lesquelles des petites particules du terrain restent emprisonnées, on se fait une idée approximative de la nature du lit. Quand ces essais ne suffisent pas on procède à des forages. Les appa-

reils indiqués pour les sondages à terre peuvent
servir, il suffit de mettre les échantillons retirés à
l'abri des eaux traversées. Si ces eaux sont peu
profondes on établit des chevalets sur le fond pour
opérer les forages. Dans les eaux profondes et agitées, ces opérations sont difficiles. Si on procède à
l'aide d'un appareil installé sur un bateau, il faut
bien l'amarrer pour éviter ses déplacements pendant l'exécution du sondage.

Le moyen le plus sûr pour reconnaître le fond
consiste à y faire descendre des hommes pour l'ins-
pecter et en rapporter des échantillons.

Cloches à plongeurs

Pour faire travailler les hommes sous l'eau on
emploie des *cloches à plongeurs* emmagasinant une
provision d'air et permettant aux hommes de descendre à plusieurs reprises pour prolonger leur
travail sous-marin.

Ces cloches sont généralement en fonte et leur
poids seul suffit, sans addition de lest, pour les
faire descendre. Les dimensions les plus usuelles
sont de 2 mètres de hauteur et environ 1^m70 de
longueur sur 1^m40 de largeur ; elles sont un peu
évasées vers le bas et pèsent à peu près quatre
tonnes. Deux hommes peuvent être reçus par la
cloche, qui est alimentée de 4 à 5 mètres cubes
d'air par homme et par heure, au moyen d'une
pompe foulante établie sur un bateau ou sur la
terre ferme.

L'admission de l'air se fait par le haut où aboutit le tuyau d'amenée, muni à sa partie inférieure
d'un clapet s'ouvrant vers l'intérieur de la cloche,

La lumière du jour pénètre par une dizaine de hublots pratiqués sur le pourtour. L'air vicié, qui, par sa température plus élevée remonte vers la partie supérieure de l'appareil, peut être évacué par l'ouverture de robinets dont la manœuvre est à la portée des plongeurs, ou mieux par l'injection d'un surcroît d'air qui provoque un dégagement d'air sous les bords de la cloche. Ce second moyen assure également le renouvellement de la provision d'air, sans provoquer, comme le premier, une montée d'eau dans le bas de l'appareil. Si le courant d'eau est prononcé il est très difficile de maintenir la cloche au même endroit, malgré l'emploi de plusieurs câbles de suspension.

Depuis l'invention des scaphandres, l'emploi des cloches à plongeurs est devenu très rare.

Scaphandre

Le scaphandre est un vêtement imperméable avec casque métallique percé de hublots grillés à travers lesquels l'ouvrier peut voir. Le casque étant très lourd et les conditions d'équilibre de l'ouvrier vêtu du scaphandre étant changées, il faut que les souliers et même la ceinture de l'ouvrier soient bien lestés. Une pompe foulante envoie, par un tuyau qui aboutit à la partie supérieure du casque, de l'air sous pression au plongeur. Pour que l'excès de l'air et l'air vicié puissent sortir par la soupape dont le casque est muni à sa partie supérieure, il faut que la pression de l'air excède un peu celle de l'eau ; elle se règle donc d'après la profondeur à laquelle l'ouvrier travaille.

Le vêtement imperméable embrasse tout le corps

du plongeur ; il est muni d'une collerette métallique portant un anneau à pas de vis extérieur sur lequel on visse le casque. Les manchettes du vêtement, qui laissent passer les mains de l'ouvrier, sont serrées contre les poignets par des rondelles en caoutchouc ; les pieds sont enveloppés, comme le reste du corps, du vêtement complet. Les souliers portent des semelles en plomb et, de plus, des plaques de plomb formant lest y sont attachées. Cet ensemble de vêtement laisse à l'ouvrier une certaine liberté d'allure lorsqu'il est plongé dans l'eau, mais ses mouvements sont très gênés dès qu'il s'élève hors de l'eau.

Le plongeur doit être vêtu, sous le vêtement imperméable, avec de la laine, car la respiration et la transpiration se condensent sous l'effet de la pression et de la basse température de l'eau ; seuls les vêtements de laine peuvent atténuer l'effet nuisible de cet état de choses sur la santé de l'ouvrier.

Une corde, partant de la ceinture, permet à l'ouvrier de donner des signaux au personnel préposé au jeu de la pompe. Par les bulles d'air qui jaillissent à la surface de l'eau, on peut juger du fonctionnement régulier des soupapes et se rendre compte de l'endroit où se trouve le plongeur.

La descente ou la remonte s'effectue à l'aide d'une échelle, mais le personnel des pompes doit l'aider dans ses mouvements, à l'aide de la corde attachée à sa ceinture. S'il y a danger, le plongeur peut couper les cordes qui rattachent le lest à sa ceinture et à ses pieds, revenir à la surface de l'eau même en position renversée, il subira en même temps un brusque changement de pression. Tout changement de ce genre peut être fatal à l'ouvrier, car il faut, pour que l'existence, sous une pression d'air anormale, ne soit pas une cause de malaise grave, que l'équilibre ait pu s'établir successivement entre l'air ambiant et celui de l'intérieur du corps.

Pour mettre le plongeur à l'abri des effets de la variation des pressions résultant du jeu de la pompe foulante, on interpose un réservoir d'air entre la pompe et le tuyau descendant vers le scaphandrier.

Un appareil complet, tel qu'il est fourni par les fabricants, comprend en général :

Une pompe à air à deux ou trois pistons ;

Un casque avec des verres de rechange ;

Deux, trois ou quatre vêtements imperméables en coton tanné et croisé ou en toile. Entre ces étoffes une feuille de caoutchouc se trouve interposée ;

Trois tuyaux de 10 mètres de longueur avec raccords en cuivre ;

Cinq à huit mètres de tuyau d'aspiration ;

Une crépine pour le tuyau d'aspiration ;

Deux plastrons en plomb de 17 kilogrammes et demi chaque ;

Une paire de brodequins en cuir de vache, avec semelles de plomb du poids de 6 kilogrammes par semelle. De fausses semelles en tôle galvanisée de 2 millimètres d'épaisseur, pouvant être vissées pour le cas de travail sur un fond rocailleux, sont fournies avec les brodequins ;

Vêtements intérieurs en laine (4 bonnets, 4 gilets, 4 caleçons, 4 paires de bas, 4 cravates) ;

Une épaulière rembourrée de toile ;

Une ceinture de cuir avec son poignard et le porte-tuyau ;

Une paire d'extenseurs en cuivre pour ouvrir les manchettes lors du passage des mains ;

Douze bracelets en caoutchouc pour serrer les poignets ;

De plus, une provision de boulons, d'écrous, de raccords, des ressorts à soupape et de clapets et de verres de rechange ; des feuilles d'étoffe et du caoutchouc liquide pour les réparations du vêtement.

Le prix actuel d'un appareil complet avec pièces de rechange est de 1,500 à 1,700 francs,

MM. Rouquayrol et Denayrouze ont perfectionné le scaphandre par l'addition d'un réservoir régulateur que l'ouvrier porte sur le dos. Ce réservoir est en fer et peut résister à des fortes pressions ; il est surmonté de la chambre de régularisation d'où part le tuyau de respiration.

Si l'ouvrier travaille à peu de profondeur, il peut se dispenser de mettre son casque, il suffit seulement d'introduire le tuyau de respiration dans sa bouche. Dans ce cas, on munit le tuyau d'une feuille en caoutchouc dite *ferme-bouche* que le plongeur serre entre les lèvres et les dents.

Le réservoir d'air est séparé par une paroi de la chambre qui régularise la pression et d'où part le tuyau de respiration qui porte une soupape latérale, se prêtant à l'expulsion mais s'opposant à l'introduction de l'air ou de l'eau.

Le couvercle de la chambre est rattaché à une feuille de caoutchouc et peut s'abaisser ou s'élever, suivant que la pression extérieure est plus ou moins forte que celle de l'intérieur. En s'abaissant, elle ouvre la soupape conique qui interrompt la communication avec le réservoir contenant l'air comprimé ; mais, dès que la pression dans la chambre se trouve par ce fait égale à celle de l'eau ambiante, le couvercle remonte, ferme la soupape et met l'ouvrier à l'abri de tout excès de pression. On a soin de placer toujours la soupape d'expulsion de l'air vicié de côté et au-dessus des yeux de l'ouvrier, pour que les bulles d'air ne viennent pas troubler sa vue.

Les ouvriers qui travaillent ainsi à une certaine profondeur sous le niveau de l'eau respirent de l'air comprimé ; l'expérience a prouvé que le séjour dans cette atmosphère cause des troubles d'autant plus grands que la pression est plus grande. Les troubles deviennent très intenses avec une pression de deux à trois atmosphères et on n'a pas pu travailler au delà de trois atmosphères et demie. A cause de l'inégalité de pression qui existe entre l'air à l'intérieur du corps et l'air extérieur, les ouvriers ressentent des douleurs dans les oreilles, des suffocations et souvent même ils sont sujets à des hémorragies.

Ces hémorragies se produisent surtout au moment de la sortie après un long séjour dans l'eau. Les douleurs dans les oreilles résultent de la tension des tympans ; il suffit de faire souvent des mouvements de déglutition, en avalant la salive, pour pousser de l'air dans les trompes d'Eustache et faire cesser l'inégalité des pressions et par suite les douleurs d'oreilles.

CHAPITRE XVIII
Terrassements à ciel ouvert

—

Les terrassements à ciel ouvert s'exécutent soit à bras d'homme, soit à l'aide de machines.

Terrassements à bras d'homme

L'outillage qui sert à l'exécution des terrassements varie avec la nature du terrain, avec l'importance du cube à exécuter et avec l'étendue sur laquelle les travaux sont disséminés; le prix de la main-d'œuvre influe également sur le choix des outils, attendu que les outils manœuvrés à bras d'homme doivent être exclus de partout où les ouvriers sont rares et chers, tandis que, au contraire, on doit se passer des engins mécaniques quand le cube des terrassements est faible et que la rapidité de l'exécution n'est pas une condition *sine qua non*.

Les outils employés dans les travaux de terrassement à bras d'homme sont décrits dans le corps de ce manuel. Nous ajouterons seulement que, presque partout aujourd'hui, on a remplacé les anciennes voies de chemin de fer formées par des barres plates de fer fixées sur des traverses en bois par des voies légères portatives, dites Decauville, à traverses métalliques, qu'on trouve dans le commerce toutes prêtes par bouts de 5 à 6 mètres. De même les anciens vagons de transport en bois très lourds ont été remplacés par les vagons métalliques à basculement. La figure 6 indique la forme d'un vagon de cette espèce, construit par la Société Decauville, avec basculement par les côtés. La même Société construit des vagons basculant par bout et sur pivot pouvant verser dans tous sens.

Rendement journalier d'un terrassier. — Si on ne considère que les terrains pouvant être déblayés à l'aide des outils simples, on divise ces terrains

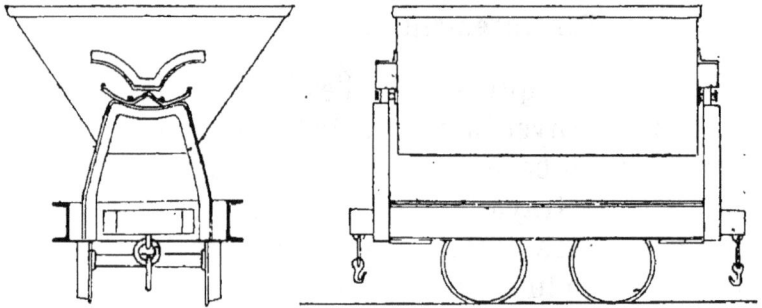

Fig. 6. Vagonnet de terrassement.

en trois classes ; les indications relatives à ces trois classes sont consignées par M. Forchheimer, professeur à Aix-la-Chapelle, dans le tableau ci-contre, en comptant 7 fr. 50 par journée de dix heures, prix actuel de l'ouvrier terrassier moyen.

Le travail fourni par un terrassier en une heure, peut être pris égal à 25,000 kilogrammètres, par conséquent le déblai d'un mètre cube de terrain demande en moyenne, pour les trois classes de terrain, 18,750, 32,500 et 50,000 kilogrammètres, ce qui revient à dire qu'un cheval-vapeur correspond, par heure, à environ $14^{m3}4$ de déblai de première classe, de $8^{m3}3$ de déblai de deuxième classe ou

Classes	Désignation des terrains	Outils employés	Nombre d'heures de terrassier par mètre cube	Prix de revient en centimes par mètre cube				
				Pour le déblai, y compris le jet dans des brouettes	Supplément pour usure des outils	Supplément pour jet dans tombereaux ou wagons	Supplément pour surveillance	Total Prix moyen en francs
1	Terre légère et sable.	Pelle et bêche.	0.5 à 1.00	37.5 à 75	1.25	3.75	2.5	0.625
2	Terre lourde, gravier fin, sable argileux et argile désagrégée.	Pelle, bêche, pioche et louche.	1.00 à 1.6	75 à 145	5.00	6.25	5.00	1.22
3	Gravier, galets, argile, marnes et terre mélangée de pierraille. . . .	Pelle, pioche, pic, tournée et coins.	1.6 à 2.4	145 à 180	7.5	8.75	7.5	1.86

5^{m}3 4 de déblai de troisième classe, chiffres confirmés par l'emploi des appareils mécaniques.

MM. Claudel et Laroque établissent comme suit le cube de déblai produit par un terrassier de force moyenne en une journée de dix heures sur des travaux où les fouilles avaient plus de 0^{m}20 de profondeur et 2 mètres de largeur et où le jet se faisait à 1^{m}60 de hauteur :

	Mètres cubes
Terre végétale, alluvions, sables	7.70
Terre marneuse et argileuse moyennement compacte.	6.00
Terre compacte dure.	5.25
Terre crayeuse	4.90
Terre fortement imbibée d'eau	4.25
Tuf moyennement dur.	2.85
Tuf dur.	2.38
Roc tendre, gypse enlevé au pic et au coin . .	2.00

Abatage. — Quand les déblais sont d'une certaine importance et le terrain dur on procède par abatage, c'est-à-dire en provoquant des éboulements ; on obtient ainsi une première fragmentation au moment de leur chute, ce qui diminue les frais de leur chargement et de leur emploi.

L'abatage se fait à l'aide de coins le long d'une fouille à pic ; à une distance de 0^{m}60 à 1^{m}20, on enfonce à coups de maillet une rangée de piquets ou coins espacés entre eux d'environ un mètre et qui provoquent d'abord des fentes et finalement la chute du prisme de terrain qui se trouve devant eux. On facilite la chute en pratiquant des saignées perpendiculaires sur le front d'attaque. Souvent on facilite la chute des prismes en introduisant dans les fentes des leviers manœuvrés au moyen de cordes.

Ce procédé présente beaucoup de dangers, surtout quand on l'emploie dans les tranchées très profondes. Aussi dans beaucoup de chantiers il est complètement proscrit, mais on ne peut pas cependant l'exclure absolument, surtout quand les ouvriers travaillent à la tâche.

L'abatage peut s'opérer également à l'aide de l'eau, surtout pour les terrains sablonneux ou graveleux. Ce procédé exige la construction de barrages, des canaux d'amenée et des tuyaux de chute de grande longueur et malgré ces dépenses considérables il est encore le plus économique de tous les moyens d'extraction.

En Amérique, on a employé ce procédé pour l'exécution d'une tranchée d'accès d'un tunnel dans une terre argileuse, aquifère et coulante. Cette matière saturée d'eau adhérait aux bêches et il fallait mouiller les pelles pour qu'elles pénétrassent plus facilement et employer l'eau pour vider les vagonnets transportant ces déblais. De plus, des éboulements de 2,000 à 3,000 mètres cubes se produisaient dans la tranchée.

Dans l'espace de six mois on n'avait enlevé que 15,000 mètres cubes et on éprouvait de graves difficultés d'avancement. Alors on se décida à employer l'eau sous pression qu'on amena à pied d'œuvre à l'aide d'un tuyau de 0^m15 de diamètre ayant au bout un ajutage de 44 à 50 millimètres de diamètre.

Dans l'espace de quarante-quatre jours, on put enlever plus de 13,000 mètres cubes; il y eut même

des jours dans lesquels on enleva jusqu'à 560 mètres cubes.

Le prix de revient du mètre cube a été de 1 fr. 95,
bien inférieur à celui par les autres procédés.

La méthode d'abatage par l'eau sous pression a
été appliquée également à la formation et au réglage
de talus. On donne aux lances qui projettent l'eau
une disposition particulière. Pour régler un talus

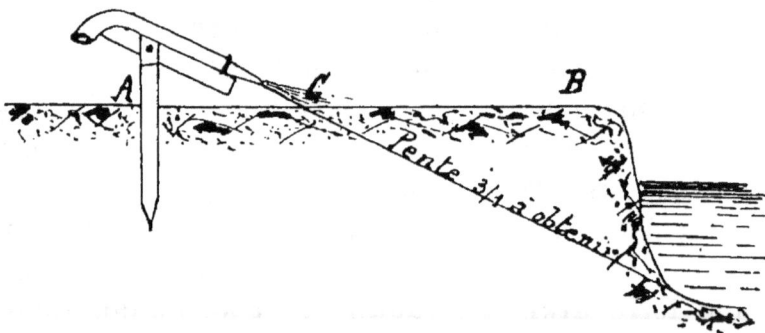

Fig. 7. Abatage par l'eau.

dans des terrains sablonneux ou argileux, on
enfonce à une certaine distance en arrière de la
crête à obtenir, un gros piquet en fonte creux à sa
partie supérieure et qui sert de support à la lance
attachée à un levier mobile autour d'un axe horizontal fixé à une armature en fonte, portant un
goujon qui s'engage dans le creux du piquet support (fig. 7) ; de cette façon la lance est mobile dans
tous sens.

L'eau sous pression arrive par un tuyau relié à
la lance sous une pression de 14 kilogr. par centimètre carré et le débit varie de 50 à 60 litres par

seconde. On opère comme suit : on commence par diriger le jet sur la partie B, la plus avancée de la crête à enlever, et l'on abaisse successivement la lance jusqu'au point C qui correspond au talus à obtenir, tout en le promenant latéralement sur une zone d'environ un mètre de largeur. Quand le talus est bien réglé sur cette partie, on déplace de un mètre le piquet A et on recommence l'opération comme tout à l'heure. On a pu enlever ainsi dans le sable, jusqu'à 600 mètres cubes par jour, à un prix inférieur à 0 fr. 10 par mètre cube. Dans l'argile et dans les terres renfermant des racines, le prix par mètre cube ne dépasse pas 0 fr. 15.

Terrassements à l'aide de machines

Lorsque le cube des déblais à exécuter est considérable, et qu'on se trouve dans un pays où la main-d'œuvre est chère, on recourt aux moyens mécaniques. Les machines déblayant à ciel ouvert sur terre ferme sont dérivées des *dragues*, c'est-à-dire des machines réservées à l'exécution des déblais sous l'eau. Les machines travaillant à sec sur terre ferme, ont pris le nom d'*excavateurs* et présentent des types bien différents les unes des autres. Les unes, imitent les mouvements qu'on ferait exécuter à bras d'homme à un outil ayant, suivant la nature du terrain, la forme d'une cuillère ou de griffes ; les autres, comme les dragues, se composent d'une série de godets assemblés en chapelet, et venant successivement ramasser, après les avoir détachés, les débris du terrain à déblayer.

Excavateurs à cuillère. — Ces excavateurs sont très répandus aux Etats-Unis ; la figure 326,

2.

planche XXII, représente un excavateur améri-
cain.

Excavateurs à chapelet. — Les excavateurs à
cuillère n'ont pas été employés en Europe, où
l'on se sert des excavateurs à chapelet, dans lesquels
une série de godets ou de griffes sont attachés à
une chaîne mobile sans fin passant sur des tambours
fixés aux deux extrémités d'un cadre mobile auquel
on donne l'inclinaison convenable. La chaîne se
mouvant sur les tambours, les godets attaquent
successivement le terrain. De cette façon, l'opération est presque continue au lieu de se faire par
intermittence ; on réalise ainsi des déblais aussi
considérables qu'avec les outils de grande capacité.

Excavateur Couvreux. — M. Couvreux, entrepreneur de travaux publics, est le premier qui a
transformé les dragues à godets, en outils pouvant
travailler sur terre ferme. Le premier appareil de
M. Couvreux fut employé pour l'extraction et le
chargement en vagons de ballast sur la ligne du
chemin de fer des Ardennes, par MM. Wattel et Cie.
Les résultats remarquables qu'on a obtenus à l'aide
de cet appareil, valurent à M. Couvreux d'être
chargé du creusement de la tranchée d'El-Guisir
pour la construction du canal de Suez. A la suite
de ces travaux, M. Couvreux a perfectionné son
appareil pour pouvoir satisfaire aux besoins variés
auxquels cet engin est appelé aujourd'hui à répondre.

L'excavateur exécute à la fois trois opérations :
il détache les terres, les élève et les déverse dans
l'outillage de transport.

L'appareil de M. Couvreux est entièrement métallique, et se compose d'un chapelet de godets monté
sur un châssis, portant à ses deux extrémités des
tourteaux, sur lesquels s'opère la marche sans fin
du chapelet. Les godets sont fixés sur deux chaînes
de Galle recevant leur mouvement par deux cames
et un engrenage fixés sur un axe horizontal placé
au sommet de l'appareil.

Un bras disposé comme celui d'une chèvre et en
porte-à-faux sur l'appareil, supporte, au moyen
d'un palan à chaîne, l'extrémité inférieure du
châssis, et permet de faire monter ou descendre le
tourteau inférieur. En passant sur le tourteau
supérieur, les godets déversent leur contenu dans
un couloir, d'où les matériaux extraits glissent
jusqu'aux vagons que l'on amène sur une voie
latérale de service.

L'excavateur est muni de deux machines, dont
l'une sert à l'extraction et l'autre pour son déplacement sur la voie de service ; la chaudière à
vapeur est une chaudière horizontale tubulaire. Le
tout est installé sur un chariot reposant sur quatre
essieux ; chacun de ceux-ci est muni de trois roues
dont deux correspondent à la voie normale, tandis
que la troisième, qui peut se démonter, est écartée
de $0^m 50$ et se trouve à l'extrémité de l'essieu,
tournée vers le côté de l'attaque du terrain ; elle
sert à donner plus de stabilité à l'excavateur
pendant son fonctionnement.

L'excavateur couramment employé pèse environ
45 tonnes, les godets sont d'une contenance de
170 litres, et peuvent extraire 300 mètres cubes par
heure. La machine d'extraction est d'une force de

vingt chevaux-vapeur et celle de déplacement de quatre chevaux ; la chaudière, timbrée à six atmosphères et demie, présente 40 mètres carrés de surface de chauffe. Le tout est installé de façon à pouvoir mettre en mouvement l'axe horizontal portant l'engrenage et les cames.

La machine d'extraction marche ordinairement à quatre-vingts tours à la minute et fait passer pendant ce même temps trente godets à l'attaque. Nous avons dit que, dans ces conditions, la production était de 300 mètres cubes à l'heure, mais si on tient compte des pertes de temps pour le déplacement de l'appareil et le chargement des vagons, la production se limite à 200 mètres cubes, l'excavateur travaillant jusqu'à cinq mètres de profondeur dans un terrain meuble.

Le personnel nécessaire pour la manœuvre de l'excavateur se compose : d'un mécanicien, d'un chauffeur, de deux ouvriers pour les diverses manœuvres et dix hommes pour l'entretien des voies.

Excavateur Couvreux-Bourdon. — Cet excavateur construit sur les plans de M. Ch. Bourdon présente tous les perfectionnements reconnus désirables, dans le cours des différents travaux exécutés tant en France qu'à l'étranger. La manœuvre de l'élinde, ainsi que le déplacement des vagons en chargement, se fait mécaniquement à l'aide de la machine même d'extraction. Il est disposé pour travailler soit en fouille, soit en décapement.

Le chariot repose sur quatre essieux, dont les roues correspondent à la voie de service. Une roue supplémentaire et en avance sur les autres de

$0^m 50$ du côté de l'élinde, sert à donner plus de stabilité à l'appareil ; cette roue est montée sur un essieu spécial interposé entre les deux essieux qui se trouvent sous la chaudière. L'arbre moteur qui imprime le mouvement de recul et d'avance au chariot est placé entre les deux essieux porteurs placés sous le mécanisme.

Le beffroi de la chaîne à godets divise l'excavateur en deux parties ; d'un côté se trouve la chaudière timbrée à 7 kilogr. et ayant 45 mètres carrés de surface de chauffe ; de l'autre côté se trouve tout le mécanisme mû par une machine unique de 70 chevaux. Les deux montants du beffroi sont réunis entre eux solidement, et pour donner à ce dernier une plus grande rigidité, on s'est servi de l'arbre qui commande l'ascension et la descente de l'élinde, ainsi que du tourteau supérieur de la chaîne à godets comme traverses de réunion.

Le mécanicien a sous sa main les commandes de tous les mouvements. L'arbre du tourteau supérieur de la chaîne à godets reçoit son mouvement par l'intermédiaire d'une forte chaîne de Galle ; le treuil de relevage de l'élinde, les roues motrices pour la translation de l'appareil, ainsi que la bobine servant à la manœuvre des vagons sont commandés par des vis sans fin, s'engrenant dans des roues dentées.

La mise en marche des divers éléments de cet appareil s'effectue à l'aide d'embrayages à griffes et à frottement, et on a eu soin de limiter, au minimum possible, le nombre des pièces différentes pour avoir très peu de pièces de rechange pour l'entretien. Le centre de gravité de l'appareil se trouve plus rapproché du rail éloigné de la fouille que de l'autre, et à une très faible distance au-dessus du niveau des rails. Grâce à cette disposition et à l'établissement du galet avancé roulant sur le troisième rail, l'excavateur peut attaquer des terrains assez résistants et bien remplir ses godets sans aucun danger de renversement.

Pour éviter la fatigue des ressorts, par l'intermédiaire desquels le poids de l'appareil est reporté sur les essieux, on peut en opérer le calage pendant le travail de l'excavateur à l'aide de supports rivés sur les longerons.

Quand l'appareil travaille en décapant, les godets mordent en remontant du dessous du tambour inférieur vers le haut, et se déversent après avoir passé par dessus le tambour supérieur. Si l'excavateur travaille en fouille, c'est-à-dire lorsqu'il fait des excavations au-dessous du niveau de la voie, les godets attaquent quand ils ont passé par-dessus le tambour inférieur ; le remplissage s'achève pendant leur marche ascendante en attaquant les talus de la fouille.

Quand le terrain est résistant, le poids des godets ne suffit pas pour les faire attaquer ce terrain, et assurer leur remplissage. On se sert alors de divers moyens pour faciliter leur travail; un moyen qui réussit assez bien pour les terrains pas trop résistants, consiste dans l'adaptation à l'élinde de rouleaux qui pèsent sur la chaîne des godets; on règle cette pression à l'aide du treuil de l'élinde.

Si les terrains sont trop consistants, on remplace le tranchant uni des godets par une tranche dentelée,

et si les terrains sont par trop résistants, on intercale entre les godets des griffes qui labourent le sol,
pour que les godets rencontrent toujours un sol
ameubli.

Pour faciliter le déversement des godets, surtout
quand on travaille dans des terrains argileux qui
collent aux parois des godets, on se sert de l'eau ou
encore on se sert de godets spéciaux dont la face
inférieure s'ouvre dès qu'ils passent sur le tourteau
supérieur ; un soc s'introduit alors successivement
dans chaque godet et chasse le contenu qui se
déverse ainsi dans le couloir ou la trémie placée
au-dessous.

Le couloir par lequel descendent les déblais doit
avoir une inclinaison de 45° environ pour éviter
toute intervention des ouvriers, autrement il se
produit des engorgements. Pour les terrains argileux il serait bon de donner une inclinaison plus
forte à ce couloir ou employer des jets d'eau qui
faciliteraient leur glissement. Ces couloirs, généralement, déversent les produits de l'excavateur
directement dans des vagons pour être transportés aux lieux d'emploi. Quand un vagon est rempli,
on déplace le train entier de la longueur d'un
vagon pour remplir le vagon suivant.

Ces déplacements sont par conséquent très fré-
quents et une cause sérieuse de perte de temps ;
on a cherché à éviter ou tout au moins à diminuer ces manœuvres. M. Vering, de Hanovre, a
construit une trémie à double débouché alternatif (fig. 8) permettant de charger deux vagons
voisins sans déplacement du train. L'axe de cette
trémie se place entre les têtes de deux vagons ;

par la manœuvre du volet mobile A, on donne alternativement accès vers l'un ou l'autre des couloirs B et C pour remplir l'un ou l'autre des deux vagons. On diminue ainsi de moitié le nombre des manœuvres du train et par conséquent on augmente le rendement.

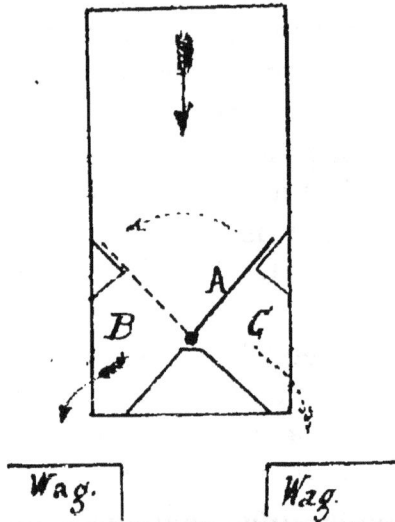

Fig. 8. Trémie à double débouché, de Vering.

Bien souvent les déblais ne sont pas employés immédiatement ; on est alors forcé de les déposer en cavalier sur une certaine largeur au-dessus du bord de l'excavation. Le moyen le plus économique pour faire ce dépôt, consiste à faire arriver ces déblais par la gravité en allongeant les couloirs jusqu'au lieu de leur dépôt.

On emploie des tabliers transporteurs quand la hauteur d'élévation des déblais devient trop grande. A l'aide de ces transporteurs on n'a pas besoin de donner une inclinaison, tout au contraire on peut faire remonter les matières à un niveau quelconque à condition que les rampes ne dépassent pas l'angle de glissement des matières. Ces transporteurs sont constitués par des toiles ou courroies sans fin, mais peuvent être également composés par l'assemblage d'une série de plateaux.

L'emploi de ces transporteurs exige l'établissement de voies parallèles et semblables à celle de l'excavateur et d'un renvoi de mouvement pour la mise en marche du chapelet transporteur.

Un mètre courant d'un tel transporteur coûte environ 600 francs.

Nombreux sont les perfectionnements apportés aux excavateurs, nous ne pouvons pas en mentionner les principaux, la place nous faisant défaut ; nous renvoyons nos lecteurs à des ouvrages spéciaux.

CHAPITRE XIX

Déblais de rocher

Quand le terrain est très dur, le pic n'a pas d'action suffisante, la roche, sous le choc des outils, part par petits éclats ; il a fallu donc renoncer à l'emploi des outils contondants.

Avant l'invention de la poudre, les anciens faisaient des rainures au ciseau et y enfonçaient des coins en bois bien sec ; puis ils les arrosaient pour provoquer leur gonflement, ce qui déterminait des crevasses. Ce moyen est employé encore aujourd'hui pour les carrières de pierres très dures et pour le débit des pierres de taille. La manière d'opérer a été décrite dans le corps de cet ouvrage, nous n'y reviendrons donc pas.

Abatage. — Quand on peut arriver à creuser sous les couches dures, on leur donne du surplomb

et à l'aide de coins enfoncés au marteau on provoque leur chute : c'est la méthode dite d'*abatage*.
C'est un procédé très dangereux pour les ouvriers
qui travaillent, mais qui est très avantageux dans
certains cas particuliers comme par exemple dans
des bancs de conglomérats rencontrés dans des
graviers ou sables non agglutinés et où l'emploi de
la poudre ne donne pas de bons résultats à cause
du défaut de continuité des bancs.

Aujourd'hui, on a imaginé un grand nombre de
machines pour creuser la base d'une excavation
sur une assez grande profondeur (1ᵐ50 et plus) et
sur une faible hauteur. Ces machines sont connues
sous le nom de *haveuses*. Un grand nombre de ces
machines sont décrites dans le corps du présent
manuel et nous ajouterons seulement la description de la haveuse Winstauley, le plus perfectionné
de ces appareils et le plus simple.

Haveuse Winstauley. — Elle se compose (fig. 9)
d'un fort bâti en fer forgé porté sur quatre roues à
gorge roulant sur une voie ferrée ; les coussinets
et essieux sont disposés de manière à faire varier
la hauteur du châssis au-dessus des rails, et, par
suite, la hauteur du plan suivant lequel le havage
doit être fait. La hauteur de l'appareil est de 0ᵐ55
au-dessus des rails.

Au centre du châssis se trouve un arbre moteur
coudé qui reçoit son mouvement de deux cylindres
calés à 90°. Ces deux cylindres, dans lesquels la
distribution de l'air se fait comme dans les machines à vapeur, sont réunis par une forte plaque
d'acier qui les recouvre et protège en même temps
le tuyau d'arrivée de l'air comprimé. A l'extrémité

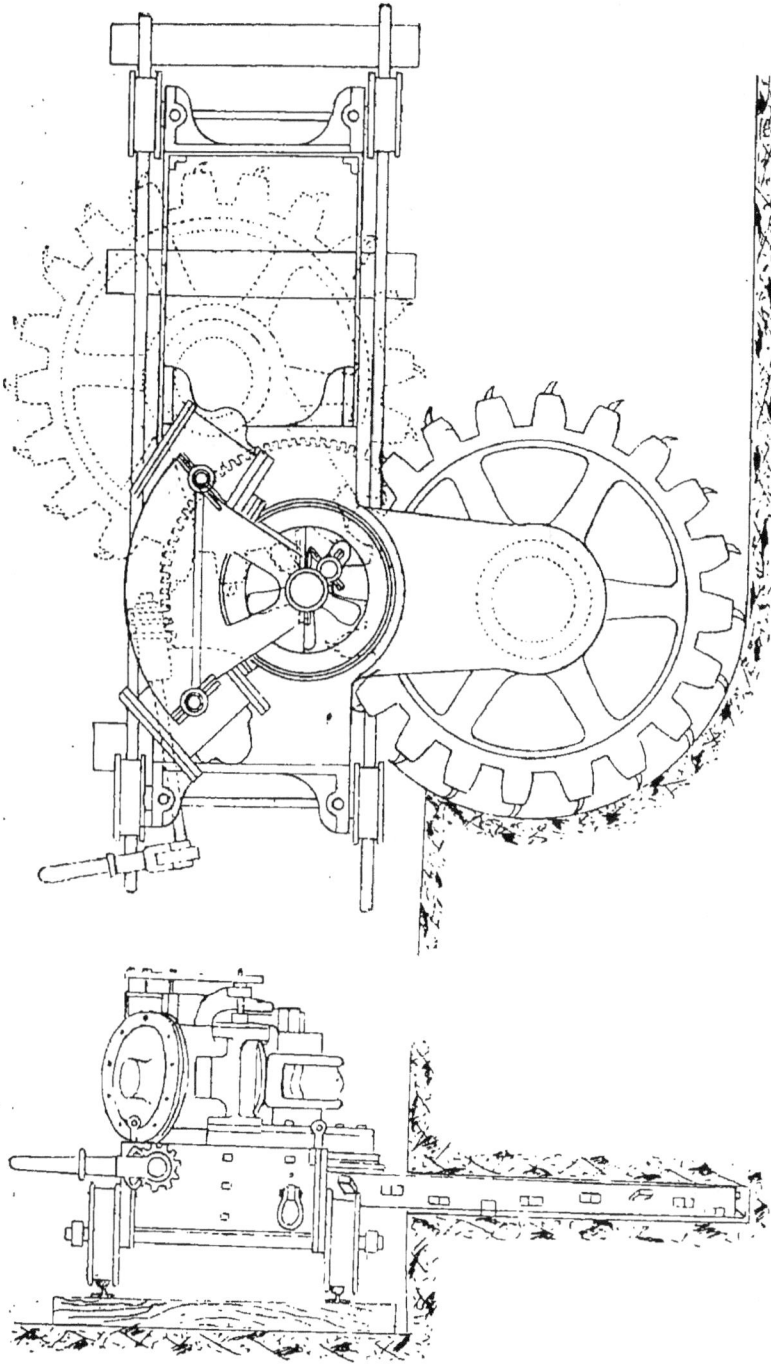

Fig. 9. Haveuse Winstauley (plan et élévation).

inférieure de l'arbre est calé un pignon qui commande une grande roue d'engrenages dont les dents sont armées de couteaux de formes différentes pour trois dents consécutives : le premier est mince et fait dans le terrain une première rainure; le second, de largeur double, attaque à droite et à gauche et le troisième, de 7 centimètres de largeur environ, achève l'entaille. La roue ayant vingt et une dents comporte sept jeux consécutifs de trois couteaux. Les dents du pignon sont assez longues et assez espacées pour que les dents armées de la grande roue puissent se loger dans les intervalles. L'axe de la roue est porté par un bras formé de deux flasques d'acier et l'ensemble peut tourner autour d'un point fixe, l'axe du pignon pris sur le châssis. Le diamètre de la roue permet un havage maximum de $0^m 90$ de profondeur.

L'extrémité du support de la roue porte un secteur denté manœuvré par une vis sans fin, actionnée à la main au moyen d'un encliquetage; cette disposition permet d'attaquer le terrain sous tous les angles depuis 0 jusqu'à 20 degrés et permet, le havage une fois terminé, de ramener la roue sous le bâti.

Un homme, placé à la distance que comporte le chantier, manœuvre un petit treuil sur lequel s'enroule une chaîne fixée au châssis, de manière à faire avancer la haveuse le long du front de taille.

En marche normale, le moteur tourne à 100 ou 160 tours par minute, la roue haveuse faisant 25 à 40 tours; la vitesse des couteaux par seconde est de $1^m 50$ à $2^m 40$. Le diamètre des cylindres moteurs est de 0^m227, leur course 0^m150. La pression de l'air comprimé étant de 2 kilog. 1, la dépense par minute sera de 2,400 à 3,800 litres et la puissance développée de 10 à 17 chevaux. La machine est capable, en moyenne, de haver dans un terrain moyennement dur un front de 10 mètres sur 0^m80 de profondeur à l'heure, y compris les temps d'arrêt nécessités par la pose des bois d'étais.

Les haveuses attaquent la fouille sur tout le front, mais on peut se servir pour l'extraction des roches des perforateurs dont nous verrons la description dans le chapitre de l'emploi des explosifs.

Emploi des explosifs. — La mine est le moyen le plus généralement employé pour les déblais de roches. D'une manière générale, les explosifs agissent ou bien par le choc résultant de la formation subite des gaz produits par l'explosion, ou bien par la détente de ces gaz. Le premier effet qui fracture les roches est celui que le mineur cherche à produire; le second, qui projette au loin les objets auxquels il s'applique, est recherché par la balistique.

Pour que les gaz développés par l'inflammation des explosifs produisent la dislocation de la roche, il faut que ceux-ci soient logés à l'intérieur, en quantité déterminée, proportionnée à la résistance. Pour avoir un bon résultat, il faut que l'explosif se trouve à une certaine distance de la surface de la roche, que l'ouverture par laquelle il est introduit soit bien close et que les gaz produits instantanément par l'explosion ne trouvent pas d'issue, afin qu'ils agissent de toute leur force à la dislocation.

Autrefois on se servait exclusivement de petites mines forées à bras d'hommes, dans lesquelles on versait un peu de poudre, à laquelle on mettait le feu à l'aide d'une paille remplie de grains de poudre traversant la bourre ; aujourd'hui, sans avoir renoncé aux mines forées, on en est arrivé à de grandes galeries aboutissant à des chambres ou poches remplies d'explosifs beaucoup plus puissants, dont l'allumage simultané est assuré à l'aide de l'électricité.

Nature des explosifs. — Les explosifs sont classés en *propulsifs* (type : poudre de mine) et en *brisants* (type : nitroglycérine). Ces deux divisions sont loin d'être nettement tranchées. En réalité, la plupart des explosifs produisent simultanément les deux effets ; on les rattache à l'une ou à l'autre de ces deux catégories, suivant que l'effet prédominant est la dislocation ou le broyage. L'effet de projection est donc accidentel dans le travail des mines ; il résulte le plus souvent de l'emploi d'un excès d'explosif. C'est un travail inutile et, de plus, une cause d'accidents en même temps qu'une dépense inutile. Le plus souvent, la roche est lancée à distance par l'explosion, lorsque le bourrage est trop lâche ; lorsque le coup de mine est foré normalement au front de taille, le coup fait canon, c'est-à-dire que l'explosion chasse simplement la bourre, sans produire de dislocation. L'effet initial de la poudre étant proportionnel à la surface soumise à son action, on a cherché une augmentation de l'effet, en plaçant au centre de la cartouche un cylindre en bois dur ou en mélangeant à la poudre un tiers de son poids environ de sciure de bois ;

mais ce mode d'emploi fut vite abandonné. La présence du corps inerte produit un abaissement de température et un ralentissement de l'explosion.

Dans un ordre d'idées contraire, on emploie la *poudre comprimée* au lieu de la poudre en grains. Elle est livrée au commerce sous forme de disques percés d'un trou central et conique. Son action est plus vive que celle de la poudre en grains.

La *dynamite* est un explosif brisant produisant un fort ébranlement des parois des roches ; on l'emploie dans les mines sous différents états, et le plus souvent sous trois numéros types :

Le n° 1, destiné aux travaux submergés ; il renferme 75 0/0 de nitroglycérine et 25 0/0 de kieselguhr ou silice poreuse, appelée aussi tripoli siliceux, farine siliceuse fossile, terre à infusoires formée par une accumulation de diatomées, algues siliceuses microscopiques.

Le n° 2 sert pour les roches dures comme le n° 1, il renferme 68 0/0 de nitroglycérine et 32 0/0 de silice poreuse.

Le n° 3, employé pour les roches de moyenne dureté, a une composition spéciale : 20 0/0 de nitroglycérine, 70 0/0 d'azotate de soude et 10 0/0 de charbon.

La dynamite résiste à un choc même violent, à moins qu'elle ne se trouve en couche mince entre deux corps métalliques résistants ; une cartouche de dynamite peut être allumée à la main sans danger ; elle brûlera à la manière d'un corps gras et sans exploser.

La dynamite est livrée au commerce sous forme de petites cartouches de un et demi à deux et demi centimètres de diamètre et de 9 à 10 centimètres de longueur ; l'enveloppe est en papier parcheminé. Les cartouches doivent être conservées dans un endroit sec.

La dynamite est sujette à geler ; à 10° elle est inerte. Les mineurs pour la dégeler la mettent dans leur poche ou dans un petit bain-marie spécial (fig. 10). Les cartouches dégelées sont dangereuses, car elles laissent quelquefois exsuder la nitroglycérine ; il faut donc les surveiller avec soin.

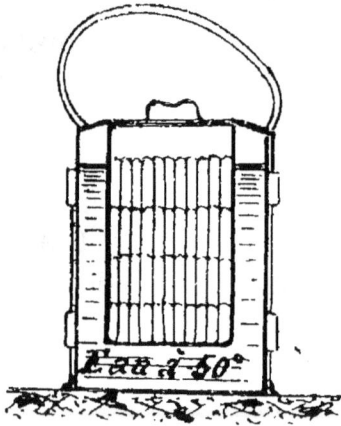

Fig. 10. Bain-marie à dynamite.

Pour certaines roches très dures, on emploie une dynamite spéciale en forme de petits cylindres, ayant la transparence jaunâtre de la gomme, et connue sous le nom de dynamite-gomme. Sa composition est de 86 0/0 de nitroglycérine, 10 0/0 de fulmicoton et 4 0/0 de camphre ; ce dernier ajouté afin de la rendre moins sensible aux chocs. Cette dynamite a une puissante action brisante et a l'avantage d'être solide et homogène.

Forage des trous de mine à la main. — Pour les forages des trous de mine à la main, on se sert de *barres à mine* et de *fleurets* ou *batrouilles*. Ce sont des barres d'acier terminées par un ciseau courbe, afin que les angles ne se brisent pas par le choc, et un peu plus large que le diamètre de la tige, afin que celle-ci ne frotte pas contre les parois du trou. La barre à mine s'emploie sans qu'on ait recours à la masse ; suivant son poids, elle est soulevée par un ou deux ouvriers, puis projetée au fond du trou. Quand la profondeur du trou à faire n'est pas grande, un homme seul peut tenir le fleuret et frapper à la massette sur la tête du fleuret, mais quand la profondeur du trou dépasse 0^m50, un homme tient le fleuret et lui donne un petit mouvement de rotation après chaque coup, pendant qu'un autre frappe à la masse.

Le mineur change de fleuret quand le tranchant s'émousse ; il commence par exemple avec une série d'outils de 0^m30 de longueur et 0^m029 au biseau. Quand le trou a une profondeur de 0^m15, il prend des fleurets de 0^m50 avec 0^m024 de biseau ; puis il termine son forage avec des fleurets de 0^m70 de longueur et 0^m022 de largeur. Le mineur a soin de jeter de l'eau dans le trou de mine, pour faciliter la désagrégation de la roche et empêcher le fleuret de se détremper. La pâte formée par les débris et l'eau, gêne bientôt l'action du fleuret ; alors le mineur nettoie le trou avec une curette en fer, tige terminée à un bout par une petite cuillère recourbée et, à l'autre, par un œil où il fait tenir de l'étoupe ou un chiffon au moyen desquels le trou de mine peut être asséché quand il a atteint la profondeur voulue.

Forage des trous de mine par machines. — On a proposé divers appareils pour remplacer le forage à la main, sans, pour cela, avoir recours à d'autres sources d'énergie que le travail de l'homme. Les appareils de forage agissent toujours, ou comme

3.

la barre à mine, frappant le fond du trou avec le tranchant d'acier d'une tige, ou bien comme une tarière ou une vrille qui perce les trous en usant la roche par la rotation d'un outil énergiquement pressé contre elle. Nous allons décrire une machine à main de chacune de ces deux classes.

Appareil à percussion Jordan. — C'est un perforateur mû à bras (fig. 11); tous ses organes sont supportés par un solide trépied, dont la position reste invariable pendant le forage du trou de mine. Une tige porte-outil est animée d'un mouvement alternatif et rectiligne, lent à la montée, brusque à la descente pour la percussion; d'un mouvement de rotation soit $\frac{\pi}{5}$ à chaque coup, par exemple, pour que l'action du fleuret produise un trou cylindrique, et enfin d'un mouvement de translation suivant les progrès de l'approfondissement.

Cette tige porte-outil a une section hexagonale à sa partie inférieure, une section circulaire et filetée dans le haut. Un piston mobile dans un cylindre fixé au trépied et rempli d'air se continue par une tige creuse, de section hexagonale, obligeant par conséquent le porte-outil à tourner avec elle. Le prolongement de cette tige est terminé par un manchon alternativement soulevé et abandonné par une came mise en mouvement par un plateau manivelle. L'adhérence qui s'établit entre la face de la came et la base du manchon oblige celui-ci et, par suite, la tige creuse du piston aussi bien que le porte-outil à tourner à chaque coup d'un certain angle. Une gaine, formant écrou, enveloppe la partie supérieure et filetée du porte-outil; elle obéit au mou-

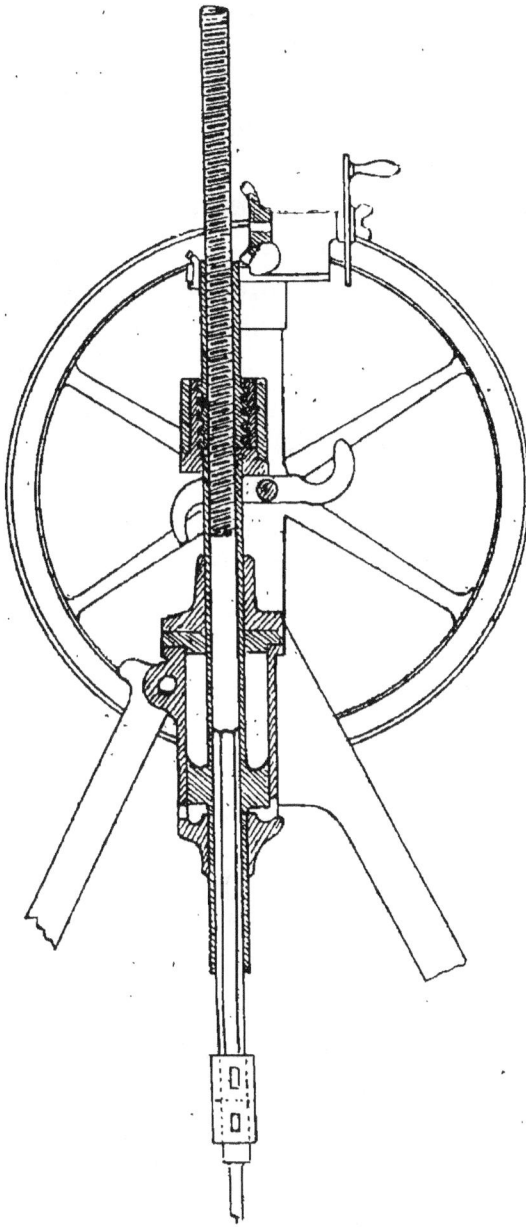

Fig. 11. — Perforateur à percussion Jordan.

vement rectiligne du manchon, mais reste indépendante de sa rotation.

En l'état, le plateau manivelle faisant agir la came, le manchon est soulevé avec le piston qui comprime l'air dans le cylindre, en même temps qu'ils obéissent tous deux à un mouvement de rotation. La came venant à fin de course, la détente de l'air projettera violemment le fleuret au fond du trou. Nous avons donc obtenu la percussion et la rotation.

Si la gaine-écrou, entraînée par le va-et-vient du manchon, avait suivi sa rotation, il n'y aurait pas eu de translation. Sur cette gaine est tracée une rainure longitudinale et extérieure, en connexion avec un ergot solidaire d'une roue conique dont elle doit suivre la rotation ; cette roue est commandée par une autre dont l'arbre porte une petite manivelle et un ressort qui permet une immobilisation plus ou moins complète. Si le ressort est calé à bloc, toute rotation sera paralysée aussi bien pour les roues que pour la gaine-écrou et la translation s'effectuera, à chaque coup, d'une fraction du pas de la vis correspondant à la rotation du manchon. Un serrage modéré et compatible avec les facilités que la nature de la roche offrira à la pénétration, sera imposé à l'appareil après quelques tâtonnements. Le jeu de la petite manivelle et des roues qu'elle actionne permettra quand la percussion sera suspendue, de faire remonter la tige porte-outil pour, suivant le moment, changer le fleuret ou terminer la perforation.

Appareil Cantin. — Les perforateurs Cantin sont des outils à rotation mus à la main. Dans l'un des types employés surtout pour les roches tendres, l'avancement de l'outil s'obtient à l'aide d'une vis. Dans l'autre type, l'avancement de l'outil et la pression contre la roche sont obtenus au moyen d'une pression hydraulique agissant derrière un piston et obtenue à l'aide d'une petite pompe à bras.

Premier type. — L'outil est une sorte de tarière hélicoïdale en acier, fixée à un porte-outil creux qui se termine par un écrou ; il est mobile le long d'une vis portant un épaulement en contact avec des ressorts ; cette vis se termine par une petite manivelle.

Le porte-outil peut glisser dans un cylindre ou fût du perforateur, qui porte deux tourillons pour fixer l'appareil sur son support ; le mouvement de rotation, de quinze tours par minute, est donné par une roue d'angle clavetée sur le porte-outil et engrenant avec un pignon qui reçoit le mouvement d'un volant manivelle. L'ensemble de cette commande est supporté par un collier qu'il est facile de fixer au point voulu, pour que l'ouvrier ne soit pas gêné par les parois de l'excavation, en faisant tourner le volant-manivelle. Les roues sont préservées des chocs par une armature en bronze.

En donnant le mouvement au plateau manivelle, l'outil aura tendance, pour chaque tour de la roue calée sur le manchon, à pénétrer dans la roche d'une quantité égale à la hauteur du pas de la vis. Si la roche est rebelle à la pénétration, l'outil au lieu de progresser comprime les ressorts et la vis fixe tourne d'une certaine quantité ; l'avancement est ainsi ralenti.

On comprend du reste, qu'en agissant sur la
petite manivelle de la vis, il soit possible de déterminer une rotation qui, combinée avec celle de
l'écrou, donne un avancement différentiel, suivant
la dureté de la roche à traverser ; ce mouvement
est obtenu spontanément par suite de la réaction
des ressorts. C'est une manivelle aussi qui sert à

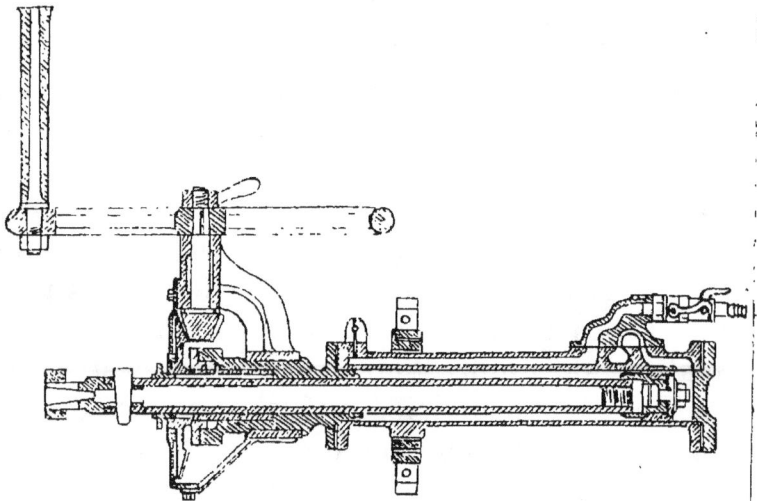

Fig. 12. Perforateur Cantin à pression hydraulique.

ramener le porte-outil en arrière, quand il es
arrivé à fond de course. Il est possible de régler
suivant chaque cas, le maximum de la compression
des ressorts ; il suffit, pour cela, d'installer, à
l'arrière du cylindre, un doigt en acier que l'on
peut allonger ou raccourcir à volonté. La petite
manivelle d'arrière s'appuiera contre lui, jusqu'à
ce que la compression des ressorts lui permettra
d'échapper et de laisser libre la rotation de la vis

La suspension sur l'affût se fait par l'intermé

liaire d'un collier et de deux anneaux qui permettent de lui donner toutes les positions dans le sens horizontal et dans le sens vertical. L'affût, formé de fers en V entre lesquels peuvent coulisser les supports, se fixe aux parois des galeries à l'aide de griffes et d'une vis de pression.

Deuxième type. — Dans le deuxième type, le mouvement de rotation est le même, mais la vis est supprimée. Le porte-outil se termine par un piston mobile dans un long corps de pompe en bronze (fig. 12). L'eau sous pression est amenée à l'arrière et détermine à la fois l'avancement de l'outil et sa pression contre la roche. Puis, quand il est arrivé à l'extrémité de sa course, le jeu d'un robinet permet de faire agir l'eau sur l'autre face du piston et de le ramener en arrière. L'eau sous pression peut être fournie par une pompe à main ou de toute autre façon.

Ces perforateurs ont été quelquefois employés à faire des havages au moyen de trous très rapprochés; on se sert alors de mèches de 0^{m}100 de diamètre.

Perforation mécanique des roches. — On a cherché à substituer des appareils mécaniques au travail manuel. On trouvera dans le corps de ce volume la description d'un certain nombre de perforateurs; nous décrirons ici certains types plus récents et ayant donné de très bons résultats. Les perforateurs par rotation, bien que plus rationnels que ceux qui opèrent par chocs, se sont peu répandus.

Perforateur François, construit par Maillet. — Cet appareil fonctionne à l'air comprimé : dans un cylindre en fonte se meut un piston dont la

tige est prolongée de façon à constituer le porte-
fleuret. Des canaux mettent en relation les deux
extrémités du cylindre avec une chambre de distribution d'air comprimé, l'admission et l'expulsion
alternatives étant obtenues par le mouvement d'un
tiroir, comme dans une machine à vapeur. Mais
les diverses positions que doit occuper le tiroir lui
sont imposées par un dispositif spécial. Il est muni
de part et d'autre d'un piston, celui de droite, à
petit diamètre, celui de gauche plus grand et percé
d'un conduit capillaire; par le moyen de ce conduit, la chambre de distribution est mise en communication avec une capacité fermée par une soupape; un levier coudé ouvrira cette soupape lorsque
le renflement du porte-outil le soulèvera.

Avant la mise en marche, l'ouvrier amènera l
piston du perforateur au contact de son buttoir
en refoulant à la main la tige porte-outil, puis
par l'ouverture du robinet d'admission, la chambre
de distribution sera mise en relation avec le réservoir d'air comprimé; la pression agit sur les deux
pistons, mais en raison de l'excès de surface de
celui de gauche, le tiroir est entraîné de ce côté e
démasque l'orifice d'admission; l'air comprimé es
admis derrière le piston, lequel lance le porte-
outil et le fleuret contre la roche. Mais, l'air comprimé traversant l'orifice capillaire, un équilibre
de pression s'établit sur les deux faces du grand
piston de gauche; le petit piston de droite ramène
alors le tiroir vers la droite et l'admission se faisan
alors sur la face antérieure du piston du perforateur, celui-ci est ramené en arrière; un tampon
sert à amortir les chocs.

Vers la fin de ce mouvement de retour, le renflement détermine l'ouverture de la soupape et, par
suite, l'échappement de l'air comprimé de la capacité de distribution. Le piston de gauche obéit alors
à l'action de l'air comprimé sur sa face de droite,
le tiroir de droite découvre le premier orifice et
l'outil est projeté contre la roche. Le mouvement
se continuera ainsi aussi longtemps que l'air comprimé affluera dans la chambre de distribution.

A cause des différences de surface, on obtient un
envoi rapide du fleuret et son retour à vitesse mo-
dérée. Le fleuret doit nécessairement tourner d'un
certain angle à chaque coup. Pour cela on a pratiqué sur le porte-outil deux rainures, l'une rectiligne, l'autre hélicoïdale. L'extrémité du bâti porte
deux bagues à rochet ne pouvant tourner que dans
un sens, chacune d'elles ayant un ergot engagé
dans l'une ou l'autre des deux rainures. Dans le
mouvement en avant, la bague dont l'ergot est
engagé dans la rainure hélicoïdale tourne d'une
certaine quantité, l'autre restant immobile.
Dans le mouvement de recul, la première bague
ne pouvant tourner en sens contraire à cause du
cliquet, reste fixe et le porte-outil est obligé de
tourner, entraînant dans son mouvement la bague
dont l'ergot est engagé dans la rainure rectiligne.

L'avancement du porte-outil, au fur et à mesure
de l'approfondissement du trou de mine, est obtenu
à la main au moyen d'une vis agissant sur un
écrou fixé au-dessous du cylindre. La vis est mise
en mouvement à l'aide d'une manivelle par l'intermédiaire de deux roues d'angle; il est possible
ainsi d'amorcer les trous, de régler le battage et,

au besoin, de dégager l'outil. Le châssis porte à son extrémité un œil destiné à fixer le perforateur à son affût. Le corps des fleurets a une section octogonale ou hexagonale pour faciliter le nettoyage des trous. Pour les grands diamètres et dans les roches qui s'égrènent, grès, granits, on emploie les tranchants creusés en bonnet d'évêque. Pour les diamètres usuels, on emploie ordinairement des fleurets avec épaulements latéraux.

Quand on se sert de cet appareil pour le percement des galeries de dimensions ordinaires, un affût porte deux, trois ou quatre perforateurs. L'affût se compose de quatre vis verticales, deux à l'avant, deux à l'arrière; il est monté sur six roues et, une fois en place, calé sur les rails de la galerie. Chaque perforateur est fixé à un collier qui embrasse une des vis d'arrière et dont la hauteur peut être réglée par l'écrou sur lequel il s'appuie; l'autre extrémité du perforateur repose sur des supports dont la position est fixée le long des vis verticales d'avant. On peut ainsi régler la hauteur et l'inclinaison dans le sens vertical. Quant à la direction dans le sens horizontal, on la fait varier avec la position occupée par la perforatrice sur les supports d'avant ou sur des fourches qui sont maintenues par eux.

L'affût porte à l'arrière une boîte à raccords qui permet de distribuer l'air comprimé aux chambres de distribution de chaque perforateur au moyen d'un tuyau en caoutchouc. Une deuxième boîte placée sur le côté est mise en communication avec un réservoir d'eau en tôle amené sur rails derrière l'affût et dont la capacité est en relation avec l'air comprimé. On peut ainsi injecter l'eau sous pression au moyen de lances dans les trous en perforation pour ramener les sables et les boues produits par l'action du fleuret.

Pour le fonçage des puits et pour des applications très peu nombreuses, l'affût se compose de vis horizontales le long desquelles les colliers porte-outils peuvent se mouvoir par l'intermédiaire d'écrous; l'autre extrémité s'appuie sur des traverses supportées par des tringles. Le perforateur Dubois-François ne perce que des trous peu inclinés; il exige par conséquent de fortes consommations d'explosifs. Dans les grandes galeries, il donne des résultats remarquables au point de vue de l'avancement.

Perforateur Eclipse, système Burton. — C'est un appareil plus maniable que le perforateur Dubois-François et qui permet de trouer dans toutes les directions et sous tous les angles, comme pourrait faire la main du mineur. Il en résulte une économie d'explosifs, mais aussi un manque de rigidité qui affaiblit l'effet du choc. De plus, la course étant limitée, si l'appareil n'est pas à une distance constante du fond du trou, un grand nombre de coups peuvent frapper mollement ou même dans le vide.

Le perforateur Eclipse est léger, simple et d'une manœuvre facile. Les fleurets sont en acier et ne diffèrent que par leur longueur de ceux employés au forage à la main.

Le perforateur se compose d'un cylindre en fonte dans lequel se meut un long piston avec évidement circulaire en son milieu : la tige se prolonge

pour former porte-outil. L'autre extrémité du piston porte intérieurement une pièce en bronze traversée par une tige en acier à rainures hélicoïdales
qui servira, ainsi que nous le verrons tout à l'heure,
à donner le mouvement de rotation au fleuret.

Le cylindre dans lequel se meut le piston communique par deux conduits avec une chambre de
distribution d'air comprimé ou de vapeur dans
laquelle se meut un tiroir circulaire équilibré,
mobile suivant son axe. Deux petites rainures pra-
tiquées sur la glace du tiroir et à chaque extrémité de la chambre de distribution permettent de
faire arriver l'air comprimé alternativement derrière chacune des faces du tiroir, lorsque celui-ci
sera à fin de course. Deux orifices percés dans le
cylindre le mettent en relation avec l'air extérieur.

La chambre de distribution est mise, à chacune
de ses extrémités, en relation avec l'échappement
par l'intermédiaire de petits tuyaux en cuivre placés
dans la paroi du cylindre au voisinage des conduits de communication du cylindre avec la chambre de distribution.

Si nous supposons le piston dans la position
arrière, le tiroir aura une position inverse. L'air
comprimé pénétrera derrière le piston et projettera
brusquement le fleuret sur le fond du trou, l'air
d'avant étant rejeté par l'échappement. Dans la
position du tiroir, l'air comprimé traverse la petite
rainure et passe derrière le tiroir pour le pousser
en sens contraire. Dès que le mouvement en avant
du tiroir est commencé, l'air n'arrive plus, mais
le tiroir poursuit sa marche par suite de l'impul-
sion et de la détente de l'air; la communication est

rapidement établie avec l'échappement, puisque la partie évidée du piston vient dégager les petits tuyaux en cuivre. Le tiroir arrivé à l'extrémité de sa course, l'air pénètre à l'avant du piston pour le ramener en arrière, en même temps qu'il passe par la petite rainure de la glace du tiroir pour pousser ce dernier dans l'autre sens, et ainsi de suite.

L'outil doit, à chaque coup, tourner d'une certaine quantité ; pour cela, la tige d'acier à rainures porte à son extrémité une roue à rochet sur laquelle viennent s'appuyer par des ressorts deux cliquets fixés intérieurement à l'extrémité du cylindre.

Dans le mouvement avant du piston, celui-ci ne tourne pas mais imprime à la tige hélicoïdale un mouvement de rotation que le rochet suit en glissant sur ses cliquets. Dans le mouvement arrière, les cliquets empêchent la rotation et alors ce sera le piston et, par conséquent, l'outil qui tournera d'une quantité donnée par le pas de l'hélice. La translation est obtenue automatiquement au moyen d'un appareil très ingénieux mais délicat ; on préfère l'avancement à la main à l'aide d'une vis traversant un long écrou en relation avec le bâti sur lequel repose le perforateur. Le tout est fixé sur un support ou affût qui lui permet de prendre toutes les positions réclamées pour le percement des trous de mine.

Perforateur Taverdon. — Le perforateur Taverdon agit par rotation. Il est renfermé dans un tube en fer réunissant les deux extrémités en bronze qui servent de coussinets. Le mouvement

est donné à un arbre en acier qui entraîne le porte-
outil dans sa rotation ; il entraîne aussi une
cylindre en cuivre étiré terminé par deux douilles
en bronze. Le porte-outil peut se mouvoir longitudinalement sur l'arbre en même temps qu'il tourne
avec lui. Son extrémité est fixée à un piston qui
se meut dans le cylindre en cuivre. De l'eau sous
pression arrivant en arrière obligera l'outil à
rester constamment appuyé contre la roche, puis
traversant le porte-outil par des rainures ménagées
dans l'arbre, elle facilitera le forage et le départ
des détritus.

Le graissage est assuré par un palier graisseur
et des rainures en araignées sur les douilles du
cylindre en cuivre ; l'échauffement est empêché par
la présence de l'eau.

Les dispositions de l'outil diffèrent avec la dureté
des roches : pour les roches dures, on a employé
avec avantage une couronne autour de laquelle
sont sertis des diamants noirs ; pour les roches
demi-dures ou tendres, une couronne avec lames
d'acier. L'extrémité du porte-outil est munie d'une
hélice dont le pas va en croissant de façon à faciliter la sortie des détritus.

M. Taverdon attelle directement l'arbre de la
perforatrice à celui d'une machine rotative, dite
moteur Braconnier, marchant à la vapeur ou à
l'air comprimé, avec détente de 1/2 et pouvant facilement tourner à 4,000 tours par minute : la vitesse
ordinaire est de 1,000 à 3,000 tours. Le moteur
Braconnier sera facile à remplacer par une machine
dynamo-électrique ou encore en employant une
disposition par câble après transformation de la

ête de l'appareil, de façon à permettre à l'outil
une inclinaison quelconque, sans avoir à changer
a transmission.

L'affût est une colonne creuse disposée de façon
à se fixer sur les parois des chantiers et qui porte
un collier destiné à recevoir le perforateur.

Perforateur Brandt. — Le perforateur Brandt
a été employé au percement du tunnel de l'Arlberg.
L'outil est pressé sur la roche par une force de 10
à 12,000 kilogrammes et agit par rotation ; le
mouvement est donné par deux petits moteurs
hydrauliques de treize à quatorze chevaux, bou-
onnés sur la culasse du perforateur et recevant
l'eau à une pression de 80 à 100 atmosphères. Le
perforateur proprement dit se compose d'une
culasse servant de support au cylindre, dans
lequel peut se mouvoir un piston plongeur ; l'outil
en acier est fixé à ce piston par l'intermédiaire de
la tige. Un second cylindre extérieur et concen-
trique au précédent reçoit un mouvement de
rotation par l'intermédiaire d'une roue et d'une vis
sans fin actionnée par deux moteurs hydrauliques.
Ce cylindre porte deux rainures en relation avec
des glissières fixées au piston plongeur, de telle
sorte que le mouvement de rotation du cylindre
entraînera celui du piston plongeur et, par conséquent, de l'outil, avec une vitesse de 7 à 10 tours
par minute.

La tige du foret et le foret lui-même sont en
acier et de section annulaire d'environ 64 millimètres de diamètre, avec couronne faisant saillie
d'environ 3 millimètres ayant, par conséquent,
un diamètre de 70 millimètres. Cette couronne a

la forme d'une scie et porte quatre dents bien
trempées. La course utile du piston plongeur est de
25 centimètres et l'outil est constamment appuyé
contre la roche par suite de la pression hydraulique exercée sur ce piston,

Quand il est arrivé à fin de course, on décharge
le cylindre par l'ouverture d'un robinet et l'eau
sous pression pénètre dans l'espace annulaire réservé
à l'arrière, de sorte que le porte-outil est ramené ; on
ajoute à la tige un anneau de 25 centimètres et on
replace l'outil, puis on remet en marche. On peut
ainsi, en ajoutant des anneaux successifs à la tige,
forer un trou de 1^{m}20 de profondeur, sans avoir à
déplacer l'appareil. Une partie de l'eau qui a servi
aux moteurs est envoyée, suivant les cas, en plus
ou moins grande quantité, jusqu'au foret lui-
même, au lieu de s'écouler directement dans la
galerie. Pour cela, un robinet et un tuyau amènent
une partie de l'eau d'échappement à un tuyau
central qui la conduit jusqu'au foret, le nettoie et
entraîne hors du trou les fragments de roche
broyée.

La culasse porte un joint articulé et une bride
qui se fixe sur la colonne de support, ou affût, ce
qui permet de donner à l'appareil toutes les directions dans le sens horizontal et dans le sens vertical. La colonne de support comprend un tube
cylindrique uni qu'on peut serrer contre les parois
de la galerie au moyen de la pression hydraulique
agissant sur un piston plongeur et donnant environ
18,000 kilogrammes. La colonne et les appareils
qui y sont fixés sont portés sur un petit truc.
Lorsqu'on desserre la colonne, elle est en équilibre

sur le truc et on peut la faire pivoter facilement pour la mettre parallèle à la galerie et reculer ou avancer, le tout par rapport au front de taille. La colonne qui transmet la pression est composée de tuyaux en fer forgé de 38 millimètres de diamètre, réunis par des manchons à vis, avec interposition d'anneaux de cuivre.

Conditions dans lesquelles on doit percer les trous de mine. — La position des coups de mine demande, de la part du mineur, de l'intelligence et de l'habitude, parce qu'il est difficile de donner aucune règle précise à ce sujet. En principe, la partie à faire sauter doit présenter moins de résistance que ses voisines. La forme de la paroi, le sens des fissures, leur étendue sont des éléments qui doivent principalement guider dans la position à donner aux coups de mine ; ceux-ci sont toujours appliqués à faire sauter les masses les mieux dégagées.

Si un massif est dégagé sur deux faces, on place les coups de mine obliquement, de façon à détacher des fragments à section plus ou moins triangulaire. La charge de l'explosif sera mesurée d'après la quantité de roche à abattre, sa position et sa résistance.

En général, un trou de mine doit faire un angle de 10 à 45° avec la perpendiculaire à la surface perforée ; s'il y a des strates, le forage sera dirigé, autant que possible, normalement au plan de stratification.

Un premier coup de mine dégagera la roche sur une ou deux faces, de façon à faciliter le travail ultérieur. Pour le creusement des puits et galeries, dans les roches difficiles à attaquer par les outils, on procédera quelquefois en commençant par de petits coups de mine de 25 centimètres de profondeur qui dégageront et permettront d'en placer de plus forts, autour de la cavité ainsi obtenue qui joue le même rôle que le hâvage.

Dans les roches dures, on fore souvent vers l'axe de la galerie, des trous de 7 à 10 centimètres de diamètre qu'on ne charge pas et qui déterminent des lignes de moindre résistance, faisant aussi office de hâvage ; autour de ces trous, on en fore un certain nombre que l'on charge d'explosif et on détermine ainsi une cavité autour de laquelle des trous de mine dirigés vers le périmètre achèvent l'excavation.

Charge des coups de mine. — Les trous de mine étant préparés et si le sautage doit être opéré au moyen de la poudre ordinaire, on les charge en plaçant au fond du trou et sur un tiers environ de leur hauteur, des cartouches contenant ordinairement de 100 à 150 grammes de poudre et ayant 15 centimètres de hauteur ; le nombre des cartouches mises en œuvre dépend de l'importance du coup.

Le mineur pique une épinglette en cuivre rouge dans la cartouche pour la descendre au fond du trou ; puis, sans retirer l'épinglette, il bourre au-dessus de la cartouche avec de menus fragments d'une roche non scintillante, du calcaire, de l'argile, du schiste, ou même du charbon.

Le bourrage se fait au moyen d'une tige métallique nommée *bourroir*, terminée au bas par une partie cylindrique présentant un canal longitudinal destiné au passage de l'épinglette ; cette partie cylindrique est en cuivre rouge pour éviter les étincelles ; quelquefois le bourroir tout entier est en bois dur.

Le bourrage terminé, le mineur retire l'épinglette en mettant la tige du bourroir dans l'anneau et frappant à petits coups pour laisser intactes les parois du logement de l'épinglette, à l'orifice duquel il place une canette. On appelle ainsi un petit rouleau de papier enduit de poudre délayée et séchée. A la canette on adapte une mèche soufrée à laquelle on met le feu.

Le temps qu'il faut à la mèche soufrée pour communiquer le feu à la canette est suffisant pour permettre au mineur de se garer.

Aujourd'hui qu'on dispose des *fusées, mèches* ou *étoupilles de sûreté,* on tend à abandonner l'épinglette et la canette. L'étoupille est une cordelette constituée par une âme en poudre recouverte d'un enduit imperméable ; elle brûle à raison de 50 à 60 centimètres par minute ; on fait pénétrer l'extrémité nouée de la fusée dans la cartouche qui est refermée ensuite. On descend la cartouche dans le trou, en la maintenant au moyen de la mèche et on bourre ; puis, on coupe la fusée en laissant, en dehors du bourrage, la longueur nécessaire pour que, après y avoir mis le feu, le mineur ait tout le temps de se mettre à l'abri.

Lorsqu'on emploie la poudre comprimée, on ne se sert que de l'étoupille qui est introduite dans le vide central ; son extrémité, taillée en sifflet, est repliée et appuyée contre les parois de ce vide pour assurer une plus grande surface de contact.

S'il s'agit de la dynamite, il est quelquefois inutile d'assécher le trou ; on y descend le nombre de cartouches nécessaires que l'on tasse avec un bourroir en bois juste assez pour que le fond du trou de mine soit bien rempli. La dernière cartouche porte une capsule au fulminate introduite à mi-corps dans cette cartouche et dans laquelle est emprisonnée une mèche de sûreté dont l'extrémité a été serrée et fixée dans le métal de la capsule au moyen d'une pince ; la mèche est attachée au moyen d'une ficelle au papier de la cartouche de qui elle est rendue ainsi solidaire (fig. 13).

Quand on n'a pas assez de capsules, on peut déterminer l'explosion de la dynamite au moyen d'une petite quantité de poudre noire que l'on fait exploser par l'un des moyens connus.

La fabrication des fusées de sûreté a subi quelques perfectionnements, mais les fusées sont restées sensiblement telles qu'on les employait dès le début ; on en fait pour le tirage sous l'eau et pour le tirage dans des conditions normales.

Le grand avantage des fusées de sûreté, au point de vue de la sécurité des ouvriers mineurs, est la régularité de la propagation du feu. Suivant le mode de fabrication, la combustion se propage dans les fusées avec des vitesses variant entre 0^m50 et 1^m25 par minute.

L'extrémité de la fusée qui pénètre dans la cartouche doit être éméchée pour que la mise du feu soit bien assurée. On déroule à cette fin sur quelques centimètres le ruban formant enveloppe et l'on plonge la fusée ainsi préparée, sur environ 5 centimètres dans la cartouche, en se servant du ruban déroulé pour la rattacher à celle-ci.

En dehors de la transmission régulière et à vitesse déterminée du feu, les fusées de sûreté présentent encore l'avantage de dispenser de l'usage de l'épinglette qui après bourrage laisse un canal

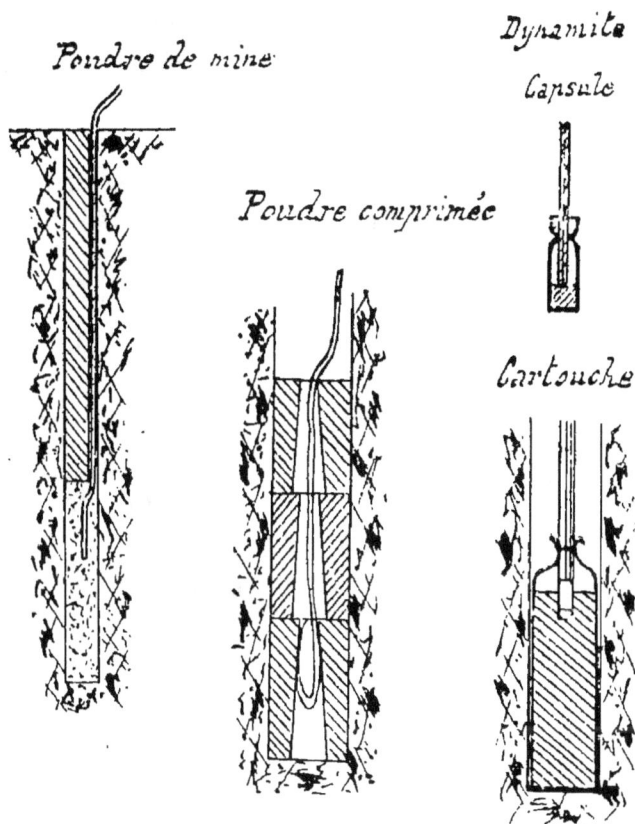

Fig. 13. Charge et sautage des trous de mine.

donnant toujours une issue à une partie assez considérable des gaz et diminue ainsi l'effet de l'explosion. Les fusées de sûreté n'ont pas leur enveloppe entièrement détruite par la combustion

4.

et n'offrent par conséquent qu'une faible voie d'échappement aux gaz produits par l'explosion.

Comparaison de la poudre et de la dynamite. — La poudre, explosif faible et lent, a une action progressive et se prête très bien à l'abatage en gros blocs. La dynamite produit des gaz gênants pour le mineur et exige une ventilation plus énergique.

Avec la dynamite, il n'y a pas de perte de temps pour étancher la mine dans les terrains aquifères; le bourrage n'a pas à être soigné et s'exécute rapidement.

Avec la dynamite, on peut revenir sur le coup qui a raté dès qu'on a entendu la capsule, et les cartouches restées sont utilisables. Avec la poudre, au contraire, il est imprudent de revenir sur un raté avant un temps assez long; il ne faut jamais tenter le débourrage, mais abandonner le trou et en creuser un nouveau à côté.

L'emploi de la dynamite permet de forer sur un diamètre plus faible. Lorsqu'elle est appliquée à des roches fissurées, il convient de ne pas percer de nouveaux trous à moins de 20 centimètres des précédents, car une partie de la nitroglycérine a pu s'infiltrer et devenir dangereuse sous le choc du fleuret.

Pour une même action, la charge en dynamite n'est que le tiers ou les deux cinquièmes de ce qu'elle serait en poudre ordinaire. La hauteur de cette charge est généralement le quart de la profondeur du trou pour les roches dures, $1/6^e$ à $1/8^e$ pour les roches plus favorables.

A ciel ouvert, par gradins, 1 kilogr. de poudre

permet d'abattre 3 mètres cubes de granit, 5 de marbre, 6 de calcaire, 10 à 12 de gypse. En galerie, on obtiendra 0,140 à 0,160 mètre cube de quartz compact, 0,160 à 0,200 de granit, 0,400 de marbre ou 1 mètre cube de calcaire compact.

En dehors de la poudre et de la dynamite, on emploie un grand nombre d'autres explosifs ; en général, ceux qui renferment du nitrate d'ammoniaque ne donnent que très peu de flammes à l'explosion.

Explosion simultanée de plusieurs coups de mine. — On a cherché à augmenter l'effet utile de l'explosif en faisant partir plusieurs coups à la fois. Les ouvriers perdent ainsi moins de temps pour se mettre à l'abri ; une étoupille amorce chaque coup ; elles sont allumées toutes en même temps ; le mineur retourne au chantier quand il a entendu autant d'explosions qu'il y avait de coups à allumer.

L'explosion simultanée est avantageusement obtenue au moyen de l'électricité ; son emploi diminue, dans une certaine mesure, le nombre des accidents. L'inflammation sera toujours déterminée soit par l'incandescence du fil de platine sous l'influence d'un courant, soit par l'étincelle produite entre deux fils de cuivre placés à faible distance dans une matière inflammable. Les figures 14 et 15 représentent deux appareils employés pour l'allumage électrique des coups de mine.

S'il s'agit de la dynamite, il faut employer des amorces au fulminate, fermées par un corps isolant, bois, soufre ou verre, traversé par deux fils de cuivre recouverts de gutta-percha ; ces deux fils

sont recourbés et leurs extrémités rapprochées
l'une de l'autre dans la poudre au chlorate ou dans
le pulvérin qui recouvre le fulminate (fig. 16). La
partie supérieure de l'un des fils est réunie avec

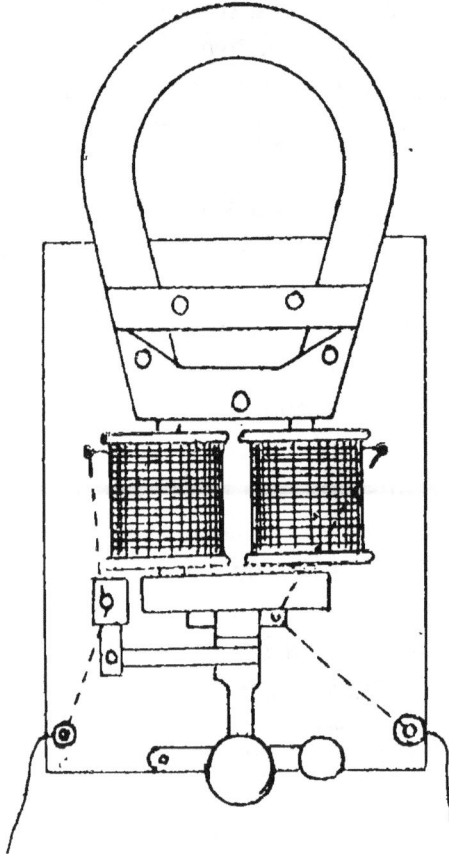

Fig. 14. Exploseur Bréguet.

soin à la partie supérieure de l'autre, en en restant
isolée électriquement; on les tord ensemble pour
en faire un cordon mis en relation avec les conducteurs principaux d'électricité.

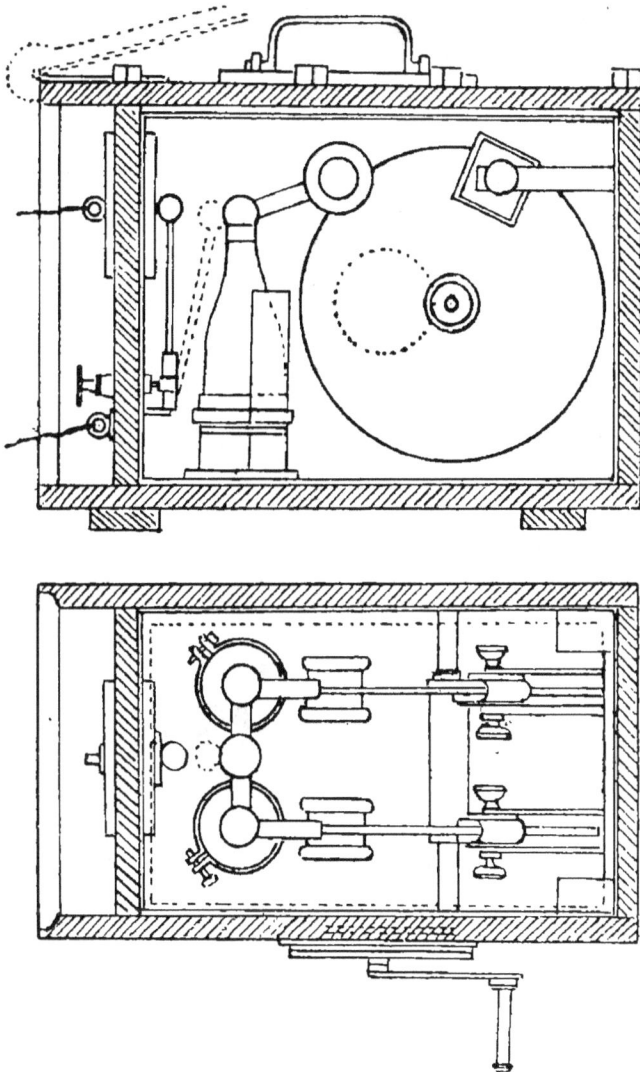

Fig. 15. Exploseur Bernhardt.

Ces conducteurs pourraient être en fer; il est préférable de les choisir en cuivre recouvert de gutta-percha. On maintient la capsule-amorce dans la cartouche, le long d'une petite planchette; pendant le bourrage, les deux fils sont appuyés à la main, le long d'une des génératrices du cylindre creux formé par le forage. Si l'on a plusieurs coups de mine à amorcer, on attache au fil conducteur qui vient de la machine le fil positif qui vient du premier coup; le fil de ce premier coup est conti-

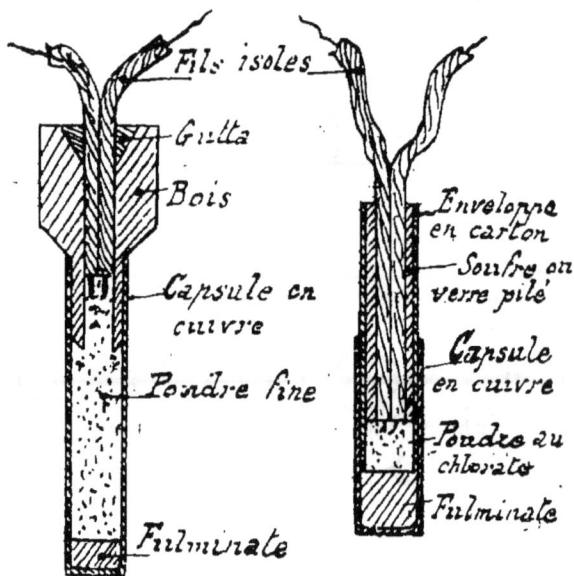

Fig. 16. Amorces électriques au fulminate.

nué par le fil positif du deuxième et ainsi de suite jusqu'au dernier trou dont le fil négatif est attaché au deuxième conducteur fixé à l'autre pôle de la machine; les amorces sont donc disposées en tension.

Les choses ainsi préparées, l'ouvrier fait agir l'électricité et détermine l'explosion à l'instant précis qui lui convient; il évite ainsi les chances d'accidents dus à une explosion prématurée.

Préparation de poches pour les explosifs au fond des trous de mine. — En logeant la matière explosive dans le trou de mine qui est cylindrique, elle y occupe une certaine hauteur et l'effet est inférieur à celui qu'eût donné la même quantité d'explosif concentrée à une profondeur moins grande que celle du trou de mine; il y a donc perte sur l'effet de l'explosif, par suite du défaut de concentration de la matière explosive à l'intérieur du rocher; de plus, dépense inutile pour le forage.

On a cherché à diminuer le travail de forage et à concentrer la charge au fond des trous de mine, en élargissant seulement le fond du trou. La figure 17 indique comment on peut, à l'aide d'une simple barre à mine, élargir le fond d'un trou de mine.

On a imaginé pour cela des outils élargisseurs faisant une cavité cylindrique. M. Trouillet a donné le nom de cavateur à un outil de ce genre qui consiste en une barre à mine dont la partie inférieure porte deux ailes pouvant se loger dans une entaille de la barre, mais qui par l'effet de ressorts s'écartent et attaquent les parois du trou de mine. Il donnait à ces ailes des dispositions qui les rendaient aptes à travailler, soit par rotation, soit par percussion. L'emploi de cet outil ne s'est pas répandu.

Pour les roches calcaires, on emploie le procédé *Courbebaisse.* Pour former des poches dans ces terrains, M. Courbebaisse eut l'ingénieuse idée d'amener au fond du trou de mine de l'acide hydrochlorique.

Nous tirons d'une notice publiée par M. Courbe-

baisse la manière dont il emploie les réactifs chimiques :

« M'étant servi avec succès des réactifs chimiques, je n'ai pas encore employé de moyens mécaniques pour les roches cal-
caires.

Le meilleur réactif pour
attaquer les roches calcaires
est l'acide chlorhydrique à
cause de son bas prix et de la
grande solubilité du produit
de la réaction. Le carbonate
de chaux qui forme les roches
calcaires demande, d'après sa
composition chimique, 72 0/0
de son poids d'acide hydrochlorique pur pour être dé-
composé, et si on emploie
l'acide chlorhydrique du commerce, d'une densité de 1,20,
contenant 40 0/0 d'acide pur,
chaque kilogramme de car-
bonate de chaux consommera
pour sa décomposition 1 kg. 80
de cet acide de commerce.

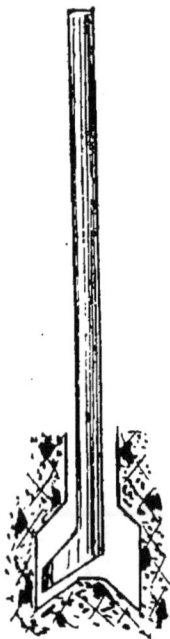

Fig. 17. Barre de mine
à talon pour élargir
le fond d'un trou de
mine.

J'ai essayé le procédé sur
des masses compactes de marbre très dur et très
lourd, d'une densité de 2,70; chaque litre de vido-
pouvant loger 1 kilogr. de poudre, demandait donc
pour sa création 2,70×1 kg. 80 ou 4 kg. 8 d'acide;
la quantité déduite de l'expérience s'est trouvée de
6 kilogr. à cause de pertes de toute nature faites
dans l'emploi. L'acide chlorhydrique coûte 8 francs

es 100 kilogr. sur les lieux de fabrication ; en supposant qu'avec le transport et l'emballage il revienne à 20 francs, on voit qu'un litre de vide ne coûterait que 1 fr. 20 à créer, et près des lieux de fabrication d'acide 0 fr. 70 à 0 fr. 80.

J'exploite depuis six mois ces masses de marbre où je fais des tranchées de 20 à 40 mètres de hauteur, dans un défilé sur les bords du Lot ; j'ai fait partir plus de 40 mines, et contenant de 4 à 70 kil. de poudre par mine, et je puis parfaitement en apprécier les effets ; je vais décrire rapidement la manière dont nous avons opéré, et les résultats que nous avons obtenus.

Nous déterminons avec soin l'emplacement et la quantité de poudre de chaque mine, d'après la forme, la nature et la masse de rocher à extraire, les fissures, son assiette et le point où nous voulons faire tomber les déblais.

A l'endroit choisi on fore un trou cylindrique, le plus souvent vertical, percé avec des barres à mine ordinaires qu'on prend de plus en plus longues, à mesure que le trou s'approfondit. Lorsque le percement du trou cylindrique est terminé, on crée au bas de ce trou un vide suffisant pour y loger la quantité de poudre convenable. On se sert pour cela du dispositif représenté figure 18. On introduit dans le trou un tube qui le remplit à peu près et qui s'arrête à une certaine distance du fond. C'est cette partie non garnie du trou de mine qui s'élargit et se transforme, tout en s'approfondissant, en poche. On descend un bourrelet en chanvre jusqu'au bord inférieur du tube, légèrement rebroussé, et l'on assure ainsi une fermeture

étanche de l'espace circulaire entre le tube et la
roche. Un second bourrage en chanvre se fait au
bord supérieur du trou foré dans la roche. On
introduit ensuite un tuyau en caoutchouc de faible
diamètre jusqu'au fond du trou de mine, on plonge

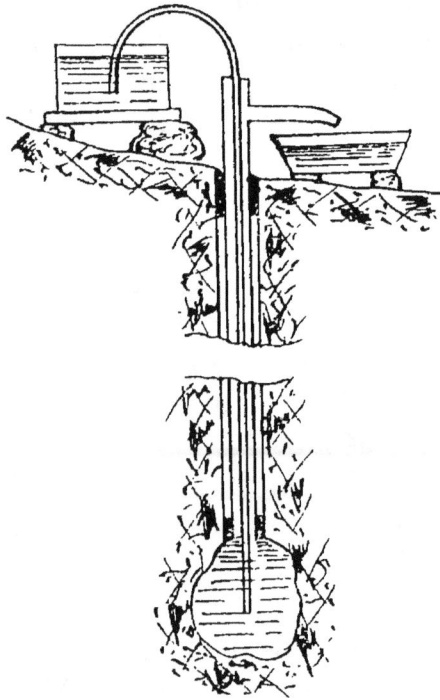

Fig. 18. Procédé de Courbebaisse pour former
les poches à poudre.

son extrémité supérieure dans un récipient contenant l'acide chlorhydrique et l'on amorce le siphon
ainsi formé.

Le tube extérieur a 3 ou 4 centimètres de diamètre intérieur et le tuyau en caoutchouc, servan

à l'introduction de l'acide, n'a qu'un centimètre et demi de diamètre extérieur.

L'acide pénètre dans le trou de mine et remonte dans l'intervalle entre le tuyau-siphon et le tube, pour retomber dans le récipient contenant l'acide. Quelquefois, pour laisser décanter le liquide chargé d'impuretés lorsqu'il remonte de la poche, le tube est muni, à un niveau inférieur, d'une branche pour déverser dans un autre réservoir.

L'acide étant en contact avec la roche calcaire, au fond du trou de mine, y décompose le calcaire en formant du chlorure de calcium et dégageant de l'acide carbonique, et produit ainsi la poche. Le chlorure de calcium se dissout dans le liquide dont l'ascension est hâtée par les bulles d'acide carbonique, qui de plus entraînent les impuretés ou corps non dissous, entrant dans la composition de la roche. La décomposition du carbonate de chaux pur exige 0,72 de son poids d'acide chlorhydrique pur. En employant de l'acide d'une densité de 1,20 contenant 40 0/0 d'acide pur, chaque kilogramme de carbonate de chaux consomme 1 kilogr. 80 de cet acide pour sa décomposition, et dégage 217 litres, soit 0 kilogr. 43 d'acide carbonique.

Dans un marbre sans fissures, dont la densité était 2,7, on a constaté qu'il fallait environ 6 kilogr. d'acide pour former le vide d'un litre, qui est nécessaire pour loger près de 1 kilogr. de poudre. Sur certains chantiers, il a même fallu 10 kilogr. d'acide pour faire un vide correspondant à 1 kilogr. de poudre.

Cette consommation de 6 à 10 kilogr. d'acide

chlorhydrique, au lieu de $2,7 \times 1,8 = 4$ kilogr. 86
d'après les équivalents chimiques, s'explique par
les pertes et particulièrement par le fait qu'une
partie de l'acide remonte sans avoir agi sur le calcaire. L'effervescence qui se produit dans la poche
va en croissant avec l'augmentation de la surface
de roche mise à découvert par l'agrandissement de
la poche, et hâte souvent plus qu'il ne convient la
remonte du liquide.

Au début, la poche n'augmente que d'environ
7 à 8 litres par jour, mais la corrosion allant en
croissant, on règle le courant du liquide en rédui-
sant les orifices. On la règle aussi par la quantité
d'acide employé; ainsi, pour une poche de 50 kilogr.
de poudre, on commence par 75 kilogr. d'acide; au
bout de six heures on en rajoute 110 kilogr., puis
après douze heures de nouveau 110 kilogr., et on
ne verse qu'au bout d'environ dix-huit heures les
130 kilogr. d'acide qui suffisent pour achever la
poche.

Lorsque la poche est terminée, on arrête l'introduction d'acide chlorhydrique; le dégagement
d'acide carbonique refoule alors la presque totalité
du liquide contenu dans la poche. Le restant est
retiré après l'enlèvement des tuyaux, à l'aide
d'étoupe fixée à l'extrémité d'une tige.

Pour se rendre compte de la capacité d'une poche,
on y introduit un mélange de sciure de bois et de
poudre, dosé de façon à fuser sans explosion. La
capacité de la poche étant bien établie par le volume
de sciure qu'elle a pu recevoir, on met le feu à ce
mélange dont les cendres n'occupent guère de
place, mais dont la combustion termine le séchage.

Si la poche est reconnue suffisante, on introduit la charge de poudre, la mèche et on finit par la bourre. L'explosion a lieu quelques minutes après, sans qu'on voie de feu, sans qu'on entende le bruit de la poudre et sans projection d'éclats; on entend seulement un bruit sourd provenant du craquement du rocher qui est fendu et désorganisé dans tous les sens et celui de la chute des masses détachées lorsque la mine doit les précipiter au bas des rochers; tantôt, en effet, les masses détachées sont précipitées, tantôt lorsque l'assiette sur laquelle elles reposent est assez large, elles sont seulement désorganisées et restent à peu près en place, comme un grand mur en pierres sèches tout lézardé, mais on les déblaie avec la plus grande facilité.

Nous avons varié la profondeur de nos trous, dit M. Courbebaisse, de 2 à 6 mètres, et la largeur du *devant* de 3 à 10 mètres; l'action s'étend de chaque côté à une distance à peu près égale au *devant* qui charge le trou. Nous avons essayé des trous latéraux dans les masses compactes, des trous dans les profils inclinés et dans les profils à pic, et tous avec un succès beaucoup plus grand que nous ne l'espérions.

Nous avons aussi essayé de nos grandes mines dans une partie assisée, avec un succès complet; il n'est pas besoin de dire que le rocher, étant déjà divisé dans un sens, il nous fallut moins de poudre pour un même cube, et la division opérée était plus grande.

Application du procédé Courbebaisse. Prix de revient. — Le procédé Courbebaisse a trouvé de nombreuses applications pour l'ouverture de

grandes tranchées et pour l'exploitation de carrières
dans des roches calcaires, telles que celles de l'île
Frioul fournissant les enrochements pour le port
de Marseille et celles de Sistiana, dont on tira les
enrochements pour les travaux du port de Trieste.

Une des plus grandes mines préparées, suivant
le procédé Courbehaisse, a été tirée le 12 septembre
1868 à Sistiana ; elle avait 12 mètres de profondeur
et la consommation d'acide chlorhydrique a été de
6,375 kilogr. On a pu loger 620 kilogr. de poudre
dans la poche, ce qui correspond à une consommation d'environ 10 kilogr. d'acide par litre de
poche. Le devant de la mine était d'environ
11 mètres et l'on a estimé le volume de roche bou-
leversé à 3,500 mètres cubes. Le prix de revient de
l'acide ayant été très élevé, mais celui de la poudre
par contre très bas, la mine est revenue à environ
2,900 francs, soit le mètre cube de roche détachée
à 80 centimes environ.

La consommation journalière d'acide dans cette
mine a été de 225 kilogr. en moyenne.

La rapidité avec laquelle les poches se forment
dépend beaucoup de la roche ; quant à la consommation d'acide, elle subit du même fait des variations ; mais, de plus, des fuites ou failles rencontrées peuvent amener des déperditions. Ces
accidents de terrain sont d'autant plus fâcheux
que des fuites de gaz, lors de l'explosion, peuvent
se produire par les failles et compromettre l'effet
de la mine. Cet accident, quand il se produit, est
relevé par la diminution du volume de la solution du
chlorure de calcium, qu'on retire ; on diminue son
effet en versant dans le trou de l'eau plâtrée jus-

qu'à ce que le plâtre qui s'arrête dans les fissures ne laisse plus passer le liquide.

Dans une mine préparée avec un trou de 6 centimètres de diamètre, de 10 mètres de profondeur, et une charge de 200 kilogr. de poudre, il a été consommé 2,000 kilogr. d'acide, soit 10 kilogr. par kilogramme de poudre.

Le prix de revient de cette mine exécutée à l'île de Frioul, s'établit comme suit :

Forage (main-d'œuvre) . . . . 36 f. »

Acidage :

1 journée d'acideur.	4 f. 65	
1 — d'aide acideur	4 »	171 f. 65
1 — de manœuvre.	3 »	
2,000 kg. d'acide à 8 fr. les 100 kg.	160 »	

Chargement de la mine :

1 heure de maître mineur	0 f. 66	
1 — d'aide mineur	0 20	
200 kilogr. de poudre à 2 fr. 30. .	460 »	462 f. 70
13 mètres de fusée à 0 fr. 08. . .	1 04	
Sable pour bourre	0 80	

Division et déblai des blocs détachés . . . . . 134 f. »

804 f. 35

Faux frais et entretien d'outillage (5 0/0) . . . 40 f. 65

Total. . . . . 845 f. »

L'effet de cette mine ayant été d'environ 600 mètres cubes, soit 3 mètres cubes par kilogramme de poudre, le mètre cube de déblai est revenu à 1 fr. 41.

Dans certaines mines, l'effet par kilogramme de poudre s'est élevé à 4 mètres cubes et plus. Le chef mineur apprécie d'avance pour chaque mine

l'effet probable, et détermine en conséquence la
dimension à donner à la poche.

Dans une autre mine, dont le trou avait été foré
à 5 mètres de profondeur, 425 kilogr. d'acide ont
creusé en trois jours une poche pour 50 kilogr. de
poudre. La consommation d'acide n'a donc été que
de 8 kilogr. 1/2 par litre de poche et 142 kilogr.
d'acide d'une densité de 1,20 ont été consommés en
vingt-quatre heures.

Voici enfin le détail du prix de revient d'une
mine de 2^m50 de profondeur, exécutée également à
l'île de Frioul :

Forage (main-d'œuvre). . . . .   6 f. »

Acidage :
    0,25 journée d'acideur . . . .   1 f. 16 ⎫
    0,25   —   d'aide acideur   1   » ⎬ 9 f. 03
    0,25   —   de manœuvre   0   87 ⎭
    75 kilog. d'acide à 8 fr. les 100 kilog.   6   »

Chargement de la mine :
    0,25 d'heure de maître mineur . . .   0 f. 16 ⎫
    0,25   —   d'aide mineur   0   05 ⎪
    7 kilogr. 5 de poudre à 2 fr. 30. . .   17   25 ⎬ 17 f. 96
    5 mètres de fusée à 0 fr. 08.   0   40 ⎪
    Sable pour bourre   0   10 ⎭
Division des blocs détachés . . . .   1 f. 86

                                                34 f. 85
Faux frais et entretien de l'outillage (5 0/0) . .   1 f. 75
                    Total . . . .   36 f. 60

Grandes mines. — Quand on cherche à détacher
des cubes considérables de roche, sans se préoccuper de la forme qu'auront les blocs détachés et

si le rocher qu'on doit détruire est compact, sans fissures, il y a avantage d'employer de très grandes mines devant disloquer d'un seul coup de très grands volumes. Les débris présentent dans ce cas des dimensions très variables depuis la pierraille jusqu'à des blocs tellement gros qu'il faut, pour les transporter, les réduire à l'aide de mines ordinaires.

Pour préparer ces grandes mines, on fore un puits ou une galerie et, au fond de ce puits ou galerie, on creuse une chambre qui servira pour le dépôt de la poudre. Il faut compter un mètre cube de vide environ par 800 kilogr. On dépose la poudre dans cette chambre et pour bourrer on ne se sert plus du sable ou de l'argile, mais des murs maçonnés avec du plâtre à prise rapide. Derrière cette première muraille on en appuie d'autres en pierres sèches interrompues de distance en distance par des murs maçonnés. On ne dispose jamais cette chambre sur le prolongement droit du puits ou de la galerie, mais on fait des retours à angle droit et des coudes de façon à prévenir le renversement du remplissage.

La section du puits ou de la galerie d'accès doit être réduite au minimum nécessaire pour le travail des mineurs; elle reste, en général, au-dessous d'un mètre carré. Dans le terrain calcaire, un mineur peut avancer de 4 à 5 mètres par semaine ayant avec lui deux manœuvres. Le prix du mètre de cette galerie est de 65 à 75 francs.

Pour que la charge de poudre puisse être utilisée entièrement, il faut qu'elle s'enflamme instantanément dans toute sa masse. Il faut pour cela que le

feu soit mis vers le centre de la masse de l'explosif
et que cette poudre ne soit pas déposée dans la
chambre dans des sacs, mais vidée à même ; il est
indispensable que les chambres soient bien sèches.
Souvent on prend la précaution de faire sous les
chambres des puisards pour recueillir les eaux
d'infiltration pendant le remplissage et jusqu'à la
mise du feu. Ce moyen n'est pas recommandable,
car ces puisards créent des vides qui font perdre
une partie de leur effet aux gaz de l'explosion.
C'est comme si ces derniers trouvaient des fissures
ou des cavernes dans lesquelles ils pourraient se
dilater. Il vaut mieux assurer aux eaux un écoulement naturel vers l'entrée de la galerie ou vers
le fond du puits prolongé en guise de puisard ; mais
comme cet écoulement exige le ménagement d'une
ouverture dans le mur de fermeture, il y aura
toujours une perte de l'effet utile du gaz de l'explosion.

Dans ces conditions, le mieux est d'assécher les
chambres en bouchant les voies d'eau par un revêtement hydraulique complet de toute la chambre ;
on évite ainsi tout échappement éventuel des gaz
par les fissures.

Charge d'une chambre. — Pour déterminer
la charge et, par conséquent, le volume du vide de
la chambre de mine, on calcule d'abord le cube
probable de roche qui sera remué par l'explosion.
Si la roche ne présente pas de stratifications, et si
le front est à peu près uni, l'expérience montre que
l'épaisseur D mesurée à partir de la chambre perpendiculairement au front de la carrière ne devrait pas
dépasser les 2 3 de la profondeur H de la chambre

sous cette surface de terrain ; le cube remué sera alors DH^2. On divise ensuite ce cube par le chiffre 3 ou 4 suivant qu'on admet un rendement de 3 ou 4 kilogrammes par kilogramme de poudre, le chiffre qu'on trouve ainsi donne le poids de la poudre que la chambre doit pouvoir contenir. Nous avons déjà dit qu'on compte un mètre cube de vide par 800 kilogrammes de poudre.

Allumage. — Pour mettre le feu aux chambres de mine, on emploie des tubes en plomb remplis de poudre fine. Le tuyau part de la tête de la galerie ou du puits et aboutit dans le milieu de la charge. Dans le cas où il y a plusieurs chambres qu'on veut exploser en même temps, le tuyau part de la tête de la galerie et aboutit à une boîte remplie de poudre placée à la bifurcation des galeries. De cette boîte, partent vers chaque chambre des tuyaux ayant tous exactement la même longueur pour aboutir au milieu de la charge. Le feu est mis au tuyau unique à l'aide d'une mèche de sûreté d'une longueur suffisante pour laisser au mineur le temps de s'éloigner.

On se sert également de l'étincelle électrique pour mettre le feu à des cartouches logées dans la masse de la charge ou des charges.

On protège les tuyaux de plomb ou les fils électriques de toute rupture par leur frottement sur les pierres du mur de fermeture en les plaçant dans une gaine en bois.

L'effet de l'explosion ne se dénote pas ni par projection ni par détonation ; si la roche est sans fissures et si la charge est bien proportionnée et le feu bien communiqué, la roche ébranlée se soulève, s'affaisse et se renverse vers l'avant avec un bruit sourd : il ne faut pas cependant se baser sur ces résultats pour laisser les ouvriers et le public curieux à proximité d'une grande mine, car la roche peut présenter des fissures ou des cavernes qui modifieraient le résultat en occasionnant des explosions et, par conséquent, des projections.

Après l'explosion d'une grande mine, il y a dégagement de gaz délétères et plusieurs ouvriers, ayant eu l'imprudence de s'approcher du lieu d'une mine explosée, avant qu'un signal les y ait autorisés, sont tombés asphyxiés.

Nombre de chambres. — On a souvent conseillé l'établissement de deux chambres de mine à l'extrémité de chaque galerie d'accès : les avantages de cette disposition sont nombreux ; d'abord on diminue les frais d'excavation de la galerie, car ceux-ci se répartiront sur deux chambres au lieu d'une ; on peut ensuite réduire la charge à loger dans chaque chambre et diminuer les chances de perte de poudre résultant de l'inflammation incomplète de trop grandes masses d'explosifs, dont les parties brûlées après l'inflammation première ne produisent plus grand effet. Il paraît que la charge par chambre ne devrait pas dépasser 10 à 12,000 kilogrammes de poudre pour que cet inconvénient fût évité. Pour créer deux chambres de mine, on branche sur la galerie d'accès à angle droit et dans deux sens opposés deux galeries conduisant vers les chambres à poudre.

Pour que les résultats de la création de deux chambres soient satisfaisants, il faut que les deux explosions se produisent au même moment ; il y a ainsi une garantie contre le rejet des murs et remplissages formant la bourre, qui se trouvent alors sollicités des deux côtés opposés par des pressions à peu près égales. Malgré les moyens perfectionnés dont on dispose, cette simultanéité n'est pas toujours atteinte et alors les fentes produites par la charge partie la première compromettent l'effet de la seconde.

La figure 19 représente en plan la disposition adoptée pour la plus grande de toutes les mines

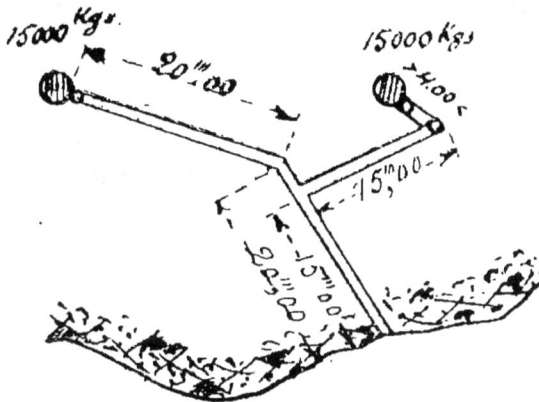

Fig. 19. Chambres à mine de Sistiana.

tirée le 20 février 1870 à Sistiana. On était entré par une galerie de 17m50 de longueur dans le front de la carrière ; à 15 mètres de l'entrée, on avait branché à angle droit une galerie conduisant vers la chambre de droite, tandis que la galerie vers la chambre de gauche partait sous un angle de 140° de l'extrémité de la galerie d'accès. Entre les deux chambres, il y avait une distance de 30 mètres en ligne droite. Pour arriver à la chambre de droite on creusa une galerie de 15 mètres, puis on descendit par un puits de 4 mètres pour reprendre sous un angle d'environ 80° en galerie de 4 mètres de longueur jusqu'à la chambre dont le seuil se trouvait à 7 mètres en contre-bas sur cette dernière galerie.

L'accès de la chambre gauche était plus rectiligne, la galerie était droite sur 20 mètres de longueur, puis on descendait vers la chambre dont le seuil se trouvait à 9 mètres en contre-bas. La contenance de chacune des chambres était de 15,000 kilogrammes de poudre; la préparation de cette mine dura du 6 août 1868 jusqu'au 11 décembre 1869. La mise en place de la poudre s'est effectuée dans l'espace de sept heures et a occupé cent cinquante ouvriers, la fermeture a demandé trois jours et quarante ouvriers maçons.

L'allumage était préparé à l'aide de tuyaux en plomb remplis de poudre fine; malgré tous les soins pris, l'inflammation ne se produisit pas simultanément. La chambre de gauche était partie une seconde ou deux avant l'autre; il n'y a pas eu d'explosion. et le cube de roche renversé s'est élevé au chiffre de 70,000 mètres cubes; mais il y avait dans les débris des blocs tellement gros, qu'il a fallu employer d'autres mines secondaires et même acidées pour les réduire à des dimensions transportables.

CHAPITRE XX

Modes d'exécution des déblais et des remblais

—

Les différents modes d'exécution des déblais et remblais sont décrits d'une façon très nette dans le corps de ce volume. Nous allons nous occuper ici des considérations générales sur les déblais et les remblais, et des moyens de leur protection contre les intempéries.

Généralités

L'évaluation des travaux de terrassement peut se faire d'une façon assez exacte, surtout si la reconnaissance du terrain a été faite avec soin. Des mécomptes ne peuvent résulter que des éboulements qui peuvent se produire, aussi bien dans les tranchées que dans les remblais. Les causes déterminantes de ces accidents sont très variées. D'abord, l'inclinaison des talus dépend de la nature du terrain. Si les talus sont trop raides, les éboulements ont plus de chance de se produire.

Lorsque le terrain est perméable, ou si le terrain repose sur une couche peu ou pas perméable, il faut prendre certaines précautions pour faciliter l'écoulement de l'eau. De même, si à côté des tranchées se trouvent des terrains imperméables amenant des eaux vers les tranchées, ces eaux peuvent déterminer des glissements.

Quand on exécute des travaux de terrassement,

on doit commencer par exécuter quelques travaux préliminaires nécessaires pour la préparation de l'emplacement. Nous allons passer en revue ces divers travaux.

Enlèvement du gazon et de la terre végétale. — Si le sol est couvert de gazon et de terre végétale, on l'enlève et on la met de côté pour s'en servir au recouvrement des talus ; s'il est boisé, on procède au défrichement des arbres pouvant gêner l'exécution des déblais. Pour enlever le gazon, on le divise au moyen de pelles ou de louchets spéciaux suivant des lignes droites se croisant à angle droit, en carrés de 0m 25 à 0m 30 de côté, et on les détache de façon à leur assurer 7 à 10 centimètres d'épaisseur ; on dépose ces carrés, à proximité et en tas hors de l'emplacement du terrassement, puis on enlève la couche de bonne terre végétale qui se trouve en dessous, à moins que son emploi n'exige des transports à des distances considérables.

Enlèvement des vases. — Si l'emplacement du remblai est couvert de vase, il faut, autant que cela est possible, l'enlever complètement. Nous citerons ici un exemple d'exécution d'un remblai de 10 mètres de hauteur sur un ancien étang, pour la construction de la ligne de chemin de fer de Saint-Germain-des-Fossés à Roanne par M. Croizette-Desnoyers. Au lieu d'enlever la vase sur toute l'étendue du remblai, il fit enlever cette vase seulement à l'emplacement du pied de chacun des talus et établir sur le terrain solide, mis à nu, deux fortes banquettes en terre bien pilonnée, en ménageant quelques parties pierrées pour l'écoulement de l'eau de la partie centrale ; il espérait qu'ainsi la base de la partie centrale du remblai se tasserait sans bouger de place. Dans un mémoire qu'il a inséré aux Annales des Ponts et Chaussées, il dit qu'en effet la vase n'a pas pu s'écarter, ni d'un côté ni de l'autre, mais elle a reflué au fur et à mesure de l'exécution, en avant du remblai entre les deux banquettes, et le remblai est allé trouver le terrain solide en dessous.

En fin de compte, il a fallu enlever toute la vase en avant de la décharge. Si, au lieu d'être en terre, le remblai eût été composé de débris de roches, la vase se serait cantonnée dans les vides des pierres et débris, et l'accident signalé ne se serait pas produit.

M. Croizette-Desnoyers estime que, lorsqu'il y a danger d'emprisonner de l'eau, il faut, pour prévenir des glissements, établir le remblai sur une couche de sable ou de débris de roches, ou bien le couper par des drains. Une pierrée de 2 mètres de largeur, dans l'axe d'un remblai de 28 mètres de hauteur, et un enrochement enraciné dans le sol, au pied du talus aval, lui a suffi pour arrêter un commencement de glissement. Il s'est toujours attaché à ne pas employer les argiles ou la glaise pure pour la formation des remblais.

Entailles de gradins. — Si le terrain présente une pente accentuée, il faut enlever toute la végétation de gazon, car les terres rapportées glissent plus facilement sur le gazon que sur la terre mise à nu par son enlèvement.

On entaille même des gradins dans le sol pour augmenter la sécurité contre le glissement.

Si la pente du terrain n'est pas très accentuée et qu'il soit formé de terre ou d'argile, on creuse des sillons pour assurer un contact intime du remblai avec le sol. Ces sillons peuvent être faits, soit à bras d'homme, soit plus économiquement, à l'aide d'une charrue. Si le sol est très dur, comme par exemple une roche lisse et inclinée, il faut lui faire des entailles en forme de gradins. Cette précaution est surtout indiquée quand la roche présente sa pente dans le sens transversal du remblai. La largeur, la hauteur, l'espacement des gradins dépendent de la nature du terrain, du profil et de la construction du remblai lui-même.

Un remblai fait avec des débris de roches, sera moins sujet à glisser sur un pré de forte pente, qu'un remblai composé de terre ou de sable.

Quand, malgré ces gradins, le remblai continue à glisser, il faut recourir à l'exécution en moellons du pied et d'une partie du remblai qui s'éboule. On donne à ces constructions en moellons des épaisseurs suffisantes et l'exécution se fait par gradins (fig. 20).

Défrichage. — Quand le terrain sur lequel on doit faire des terrassements est couvert d'arbres, nous avons dit qu'il faut les enlever ; il ne faut pas se contenter de couper ce qui dépasse le niveau du sol, mais extirper également les racines les plus fortes de l'emplacement, car leur pourriture pourrait provoquer des tassements. L'enlèvement des racines se fait également sur les emplacements des tranchées, pour faciliter le déblai et pour empêcher le mélange des débris de racines aux matériaux à employer.

Pour retirer les racines d'arbres, on peut se servir du cric ou du vérin agissant sur des chaînes que l'on passe sous les racines ; mais pour opérer ainsi, il faut également avoir des ouvriers qui ouvrent des fouilles autour des racines pour les dégager ; dans ces conditions le travail devient coûteux.

Le feu détruit les troncs d'arbre d'une façon économique, mais il détruit également une valeur

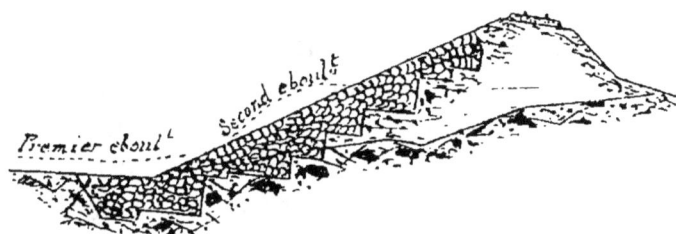

Fig. 20.   Remblais à gradins.

sans atteindre guère les racines. Le moyen le plus avantageux serait l'emploi des explosifs et en particulier de la dynamite.

S'il s'agit de souches n'ayant pas un nœud de racines par trop fort, on fore un trou de mine de $0^m 15$ à $0^m 25$ de profondeur, obliquement jusqu'au cœur du tronc, et on y introduit une cartouche de 50 à 60 grammes de dynamite. L'explosion brise la souche sans projection à grande distance.

S'il y a des souches à chicots et à fort pivot, on perfore perpendiculairement la face tranchée de la souche jusqu'à la profondeur du pivot, et l'on y introduit une charge de 100 à 300 grammes de dynamite.

Si les souches ont plus d'un mètre de diamètre et que les racines latérales soient fortes, on introduit même dans ces dernières des cartouches proportionnelles à leur diamètre et qu'on fait exploser toutes à la fois.

Un moyen pratique de déterminer la charge de dynamite et ayant donné de bons résultats est le suivant : on emploie des cartouches renfermant autant de grammes de dynamite que le diamètre de la souche ou de la racine, mesure de centimètres. Avec cette proportion d'explosif, la souche est mise hors la terre et fendillée dans le sens de sa longueur, ce qui facilite son extraction et son débitage. Il faut néanmoins tenir compte de la nature du sol, de l'essence du bois et du dégarnissage préalable, plus ou moins complet des souches pour la détermination du poids de la charge.

Limite de la profondeur des tranchées et de la hauteur des remblais. — Il n'est pas possible de donner une règle générale et précise des limites de hauteur des remblais et des tranchées, ces hauteurs dépendant des conditions particulières à chaque cas. On appelle ainsi hauteur limite, la hauteur à laquelle il y a égalité de prix entre les travaux d'un viaduc et d'un remblai, ou d'un tunnel et d'une tranchée. Au delà de cette hauteur limite, on remplace les travaux de terrassement par des travaux d'art.

La hauteur exagérée des remblais et les tranchées très profondes exposent à des dépenses imprévues, bien plus que les ouvrages d'art qui peuvent les remplacer.

Pour les tranchées ouvertes dans des terrains

ébouleux, ainsi que pour les remblais exécutés avec des terres argileuses, il faut se tenir bien au-dessous de ces limites données par l'égalité des dépenses normales par mètre courant.

Les remblais s'arrêtent généralement à des hauteurs variant entre 8 et 20 mètres suivant la nature des matériaux de remblai.

La profondeur des tranchées varie entre 10 et 12 mètres sur l'axe ; pour les tranchées aux têtes des tunnels, cette profondeur varie en général entre 15 et 17 mètres, mais on a généralement substitué des tranchées voûtées aux tranchées à ciel ouvert à partir de 10 à 12 mètres de hauteur. Il existe cependant des tunnels dont les abords présentent des tranchées dont la profondeur atteint 20 mètres et plus.

Un exemple très intéressant d'un chantier de terrassement est celui du canal de Corinthe. La tranchée a une longueur de 6,350 mètres ; le point le plus élevé du terrain sur l'axe de la tranchée se trouve à la cote de 80 mètres au-dessus du niveau de la mer et le canal ayant 8 mètres de tirant d'eau, la profondeur totale de la tranchée est de 88 mètres. La majeure partie des déblais a été déposée de part et d'autre de la tranchée et, il y a eu ainsi réduction des distances auxquelles les déblais ont dû être conduits, par l'établissement de dépôts échelonnés à des hauteurs variées.

On a constaté qu'à la cote de 10 à 13 mètres, de même qu'à l'altitude comprise entre 34 et 40 mètres, de très grands dépôts pouvaient être faits et desservis au moyen de chemin de fer.

Les chantiers échelonnés furent donc reliés à

l'aide de voies à fortes inclinaisons aux lignes de chemins de fer conduisant vers ces dépôts ; en dehors de cette disposition qui permet l'envoi des déblais à des dépôts situés à des altitudes autres que celles des lieux d'extraction, on a pratiqué avec avantage, pour les dépôts situés beaucoup plus bas que le déblai, l'ouverture de galeries sur lesquelles s'ouvrent des entonnoirs.

La voie posée dans la galerie ouverte au niveau du dépôt permet d'y refouler le train composé de vagons de terrassement. Ces vagons viennent successivement se placer sous l'entonnoir formé par un puits qui descend du chantier de déblai dans la galerie, et reçoivent ainsi les déblais supérieurs sans qu'on ait à les amener eux-mêmes à son niveau. L'importance du chantier de Corinthe n'a guère été dépassée jusqu'ici, si ce n'est par celui du canal de Panama.

À la fin de l'année 1888, le cube des déblais exécutés pour le canal de Corinthe a été de 8,000,000 de mètres cubes environ. Le volume extrait au début de 1882 à fin 1883 fut de 477,000 mètres cubes seulement ; on a donc produit dans la suite, soit en cinq ans, 7 millions et demi de mètres cubes.

Au fur et à mesure que les chantiers les plus élevés se rencontrent et que les déblais à opérer dans leur étendue s'achèvent, le nombre d'étages en œuvre diminue ; lorsque l'étage dont le fond correspond au seuil de la tranchée sera terminé, il ne restera plus que le réglage définitif des talus.

De fait, la nécessité de reprendre les travaux aux divers étages, pour adoucir les talus adoptés au début, altère cette marche qui avait été tracée dans le principe.

La rencontre des terrains non résistants et l'arrêt survenu dans les travaux par suite de difficultés financières, ont également contribué à porter atteinte au programme suivant lequel devaient marcher ces grands travaux de terrassement.

L'organisation d'un grand chantier de déblais est un problème des plus complexes, car elle embrasse à la fois l'étude des transports et de l'emploi des produits. Le calcul de la distribution des terres doit être fait non seulement en tenant compte de la nature des matériaux, de leur foisonnement et de leur tassement, mais aussi des prix de transport et des limites que ces prix imposent à l'emploi des déblais.

Arrêt des eaux pluviales et superficielles. — Pour empêcher l'eau des terrains situés au-dessus de la tranchée de venir se déverser sur le talus ou de s'infiltrer par des fissures dans le sol en arrière, et par conséquent prévenir des éboulements, il faut boucher avec de la terre ou du gazon toutes les fissures existant au-dessus de l'arête supérieure de la tranchée et élever le long de cette arête un bourrelet de 0,12 à 0,20 de hauteur pour former une rigole recevant les eaux superficielles. Il faut bien faire attention de ne pas entamer le gazon ou la surface naturelle du sol qui présente la meilleure garantie contre les infiltrations; c'est donc avec de la terre rapportée qu'on doit exécuter ce bourrelet.

Les rigoles formées par ces bourrelets aboutissent de part et d'autre aux extrémités de la tranchée si celle-ci n'est pas trop longue; si elle est longue et si le volume d'eau à retenir devient considérable, il est préférable d'établir, de distance en distance, des caniveaux amenant ces eaux dans le fossé placé au pied du talus; bien entendu ces caniveaux sont tracés suivant la plus forte pente du talus et sont protégés soit par un plaquetage en gazon, soit par un pavage.

Cavaliers. — L'emplacement des cavaliers, c'est-à-dire le lieu de dépôt de l'excédent des déblais doit attirer l'attention de l'entrepreneur. Si la nature du terrain avoisinant la tranchée laisse des doutes sur sa stabilité, il serait imprudent d'établir des dépôts considérables à une faible distance du bord de la tranchée, car en dehors de la charge qu'ils constituent, ils peuvent s'imbiber d'eau et causer des infiltrations dans le sol sur lequel ils reposent.

Cette surcharge du terrain voisin d'une tranchée est surtout redoutable quand l'inclinaison du talus est tenue voisine de la ligne d'équilibre entre la cohésion des terres et la composante du poids des masses qui tendent à descendre dans la tranchée.

Il n'y a pas de règle générale pour la distance au-dessous de laquelle il ne convient pas d'établir des cavaliers près des tranchées. Si le terrain dans lequel la tranchée est ouverte a une pente transversale très marquée, il faut établir les cavaliers tant du côté aval que du côté amont. La formation de cavaliers du côté de la montagne arrête les eaux qui s'écoulent des coteaux supérieurs vers la tranchée, mais elle présente un grand danger pour la stabilité du talus d'amont.

Talus élevés. — Quand les talus sont trop élevés, on les divise par des gradins présentant des surfaces légèrement inclinées vers l'intérieur des terres pour empêcher l'eau de s'écouler par dessus. Ces gradins ou *bermes* ne doivent pas suivre horizontalement la direction des tranchées; on leur donne une pente longitudinale pour écouler en ruisseaux les eaux pluviales. Selon la longueur, ces bermes partent du milieu de la tranchée ou de plusieurs lignes génératrices du talus, en arêtes de poisson, pour aboutir à des rigoles ou caniveaux qui conduisent les eaux aux fossés ouverts au pied des talus. Ces rigoles sont espacées de 15 à 25 mètres et protégées contre les affouillements. L'espacement des bermes et des rigoles de descente se règle d'après la nature du terrain, l'intensité des pluies et surtout la hauteur du talus. D'une façon générale, il ne faut pas trop espacer ces bermes, pour éviter les trop grandes concentrations d'eau; il faut adoucir les talus vers le pied et donner la préférence aux talus plus raides mais interrompus par des bermes, qu'aux talus moins raides reliant directement le pied et l'arête supérieure de la tranchée.

Protection superficielle des talus. — Quelle que soit la nature du terrain dans lequel on ouvre une tranchée, à moins qu'il ne soit inattaquable par les intempéries, il faut protéger la surface des talus exposée au ravinement des eaux.

Revêtement en terre végétale. — Lorsqu'on a affaire à des terrains humides et par conséquent favorables aux plantations, on prévient la dégradation de la surface des talus par un revêtement en terre végétale susceptible d'assurer la croissance des semis. Pour qu'un tel revêtement ne se détache

pas du terrain, on taille ce dernier en gradins avant
de recevoir la terre végétale, dont l'épaisseur varie
de 0,25 à 0,30.

Pour que la couche rapportée se maintienne
bien, il faut hâter le développement de la végétation. L'ensemencement s'impose donc, mais il faut
aussi prévenir les dégâts pouvant survenir avant
le développement des semis.

Protection des talus par ensemencement. —
On sème surtout du gazon, du trèfle, des genêts ou
d'autres plantes poussant vite et ayant un grand
développement de racines. Ces plantations ré-
duisent la vitesse de l'écoulement de l'eau et conso-
lident les talus par leurs racines. Dans les mauvais
terrains, au point de vue de la réussite de l'ensemencement, on revêt les talus d'une couche de
terre végétale.

Quand les talus sont de très grande longueur,
ces précautions sont insuffisantes, car tout commencement de dégradation s'accentue rapidement,
surtout à la base des talus, où l'accumulation des
eaux forme des rigoles et toute brèche s'aggrave
en s'étendant de proche en proche en hauteur et
en profondeur.

On divise dans ce cas la hauteur du talus en
plusieurs tranches et, ces divisions sont presque
obligatoires toutes les fois que le semis d'herbes
n'est pas possible à cause du grand danger que
présentent de grandes surfaces d'herbes desséchées
par la chaleur d'été au point de vue des incendies.

Protection par des briquettes de gazon. — Les
briquettes de gazon qu'on détache de la surface de
l'emplacement des terrassements, rendent un grand

service pour la protection du talus et peuvent même, si le terrain n'est pas trop stérile, dispenser de l'application de la couche de terre végétale.

On emploie ces briquettes de gazon à plat et on cherche à établir une liaison parfaite entre la terre que retiennent les racines et la surface du talus, en battant à l'aide de tapes, les briquettes appliquées sur celui-ci après les avoir arrosées.

Quand on ne dispose pas d'un grand nombre de briquettes, on réduit la quantité de briquettes à employer en recouvrant une partie seulement de la surface du talus.

On forme, dans ce cas, à l'aide de briquettes posées à plat, des carrés à diagonales horizontales et dans le sens de la plus grande pente. Les côtés de ces carrés entourés d'une rangée de briquettes de 0,25 à 0,30 de largeur, ont, suivant la nature du terrain et le plus ou moins de facilité à se procurer des briquettes, 1, 2, ou 3 mètres. Dans les carrés non recouverts, on fait des semis.

M. Sazilly, dont les études et les travaux sur la consolidation des talus sont très estimés, préconise l'emploi des briquettes de gazon posées par assises avec lits normaux à la surface. Ce mode d'emploi n'assure la croissance du gazon que sur le bord extérieur de chaque briquette, tandis que le corps de la briquette avec ses racines feutrées ne constitue qu'une couche de terre admettant un talus plus raide.

M. Chapron, en opposition avec les idées de M. Sazilly, préconise l'emploi de briquettes à plat.

Les terrains qui ne peuvent pas être maintenus avec un talus moyen peu incliné, même sous l'abri d'un revêtement en gazon, mais qui peuvent comporter des talus de ce genre s'ils sont complètement protégés contre l'effet de l'eau et de la gelée, sont généralement consolidés par un pavage en pierres. Ce pavage résiste bien ; mais dès qu'il y a infiltration et corrosion du talus, il s'effondre.

Le plaquetage, c'est-à-dire le pavage avec des briquettes de gazon, présente donc sur le pavage en pierres l'avantage de former un revêtement élastique qui s'enfonce dans les creux qui peuvent se produire et rend ainsi les commencements de destruction visibles, tout en continuant à protéger les parties endommagées, même après l'affaissement.

Dans les terrains affouillables, il faut donc donner la préférence au plaquetage en gazon.

Clayonnage. — Un autre mode de consolidation et de protection des talus consiste à enfoncer à des distances de 0,50 à 0,80 des piquets alignés dans le talus en leur donnant une position perpendiculaire sur la surface de celui-ci tant qu'il n'est pas plus raide que 45° environ ; sur des talus plus raides, on donne aux piquets une position intermédiaire entre la verticale et celle qu'ils auraient eue si on les plantait perpendiculairement au talus.

Ces piquets sont en bois frais de saules ou d'acacias ayant 2 à 4 centimètres de diamètre et 0,60 à 0,80 de longueur et aussi droits que cela peut se faire. On les enfonce à coups de maillet de 0,15 à 0,30 dans le sol, après en avoir affûté la pointe. Si le terrain est humide, au bout de quelques jours ils prennent racine, ce qui prévient leur pourriture et aide, par les racines qui se développent, à la consolidation. Dans les terrains durs, on se sert, pour enfoncer ces piquets, d'un piquet armé qui de plus en ameublissant l'emplacement facilite le développement des racines. Sur ces piquets, on établit un clayonnage utile surtout dans les premiers temps, alors que la surface du talus n'est pas encore protégée par la végétation, ce clayonnage dépérit au bout de peu de temps, car les branches qui le constituent ne peuvent pas prendre racine; seules celles qui sont à proximité de la terre ou de détritus qu'amènent les eaux peuvent prendre racine et se développer; le clayonnage se fait avec des branches fraîches et flexibles de saule ou d'acacia et sur une hauteur de 0,15 à 0,20.

Ces clayonnages quand ils sont parallèles peuvent remplacer souvent les bermes, car ils arrêtent les détritus et font perdre à l'eau qui les transporte sa vitesse. Mais si les dépôts à l'amont des vannages atteignent quelque importance, il s'établit par la différence de niveau entre l'amont et l'aval de la rangée de clayonnage une chute par dessus les bourrelets et les eaux attaquent le talus au-dessous de chaque ligne de clayonnage.

Les piquets sont déchaussés et des ruptures de clayonnage et des ravinements dangereux peuvent se produire. On établit alors les clayonnages avec une pente telle que les eaux, arrivant sur eux et sur les dépôts formés à leur amont, s'écoulent plutôt longitudinalement que transversalement à la tranchée.

On a souvent établi des clayonnages en losanges, en entrecroisant des clayonnages obliques dans les

6.

deux sens : mais cette disposition n'est pas bien recommandable.

La protection des talus au moyen de clayonnages s'est généralisée; on l'emploie même pour les talus dont ni la hauteur ni la nature du terrain n'exigent de protection.

Un talus qui résiste au ravinement qui se produit dans le sens de la diagonale des losanges, suivant la plus forte pente du talus, aurait certainement pu résister à la corrosion par les eaux s'écoulant d'un seul jet sur toute son étendue sans aucune protection. Les eaux concentrées en ruisseaux déchaussent à l'aval les piquets d'angle et attaquent les surfaces encloses. Les clayonnages sont un excellent moyen pour protéger des talus de grande hauteur et ouverts dans des terrains attaquables par les eaux, mais ils doivent être établis en files parallèles, présentant en élévation une pente de 1 de hauteur sur 10 à 15 de base et se raccordant, après des parcours de 10 à 20 mètres, en arêtes de poisson, à des rigoles descendant suivant la pente du talus et protégées par un passage ou par des briquettes de gazon contre les corrosions.

La protection des rigoles servant à la descente n'est pas exempte de dangers. Celle faite à l'aide des briquettes de gazon est la moins coûteuse et la préférable dès que l'humidité du terrain peut les conserver vivantes.

Le pavage en pierres paraît plus solide, mais nous avons déjà dit que les eaux détrempent le dessous et reparaissent à un niveau inférieur. Le pavage est ainsi miné par places et s'effondre en donnant lieu à des éboulements locaux et qui se produisent surtout là ou il y a accumulation des eaux et où il faut plus de sécurité.

Murs échelonnés. — Dans les terrains compacts pouvant comme la craie ou certaines argiles sablonneuses, être maintenus presque à pic, on réduit considérablement le volume des terrassements en donnant aux gradins des faces presque verticales, à condition toutefois de les protéger contre les intempéries à l'aide de *murs de revête-ment*.

Ces genres de murs de revêtement ne doivent pas avoir plus de 5^m50 de hauteur et une épaisseur maximum de 0,75. Le fruit qu'on donne est très faible, 1 de base sur 6 à 8 de hauteur.

Au lieu de ces murs qui ne peuvent pas résister à une poussée quelque peu importante, on peut avec avantage construire des contreforts reliés au moyen de voûtes dans les talus instables. Ces piliers tournés vers l'intérieur des terres, rendent plus de service s'ils sont surchargés de terres ou de pierrées.

On peut également faire des petites voûtes le long des talus dans lesquels on enracine des piliers ; on remplit les intervalles d'un pavage à sec ou d'une couche de pierres.

Drainage. — Lorsque le terrain perméable, reposant sur une couche peu ou pas perméable, se trouve imbibé d'eau, il faut faciliter son écoulement. Pour cela, on cherche à concentrer les eaux pour les diriger ensuite vers des orifices où leur écoulement n'attaquerait pas le talus. On arrive à ce résultat par les *drains*. Ces drains peuvent être

faits soit en pierres sèches, soit en tuyaux de po
terie. Si la couche imperméable est plissée, o
place les drains dans les points les plus bas de s
surface ; la face de contact se dessèche et devien
moins favorable aux glissements.

Généralement le drainage seul suffit ; mais s'il
a besoin de faire des murs, il faut drainer aussi l
terrain soutenu, afin de diminuer la poussée. Le
drains se font en général avec des pierres logées a
fond d'un fossé ; les eaux trouvent voie pou
l'écoulement par les vides que laissent entre eu
les enrochements. Le fond des fossés doit atteindr
les couches imperméables pour que l'eau drainé
ne s'infiltre pas dans le sol et leur pente est régu
lière et continue. On constitue les drains à l'aid
de matériaux dont la grosseur va en décroissant e
on les recouvre à l'aide de feuillage ou de paille
On comble la partie supérieure à l'aide de la terre

Exécution des remblais. — Les procédés et l
plus ou moins de soin qu'on apporte à l'exécutio
des remblais dépendent surtout du but qu'ils doiven
remplir ; un remblai destiné à supporter une rout
peut supporter sans grands frais une réparation
due à un tassement subi après coup ; tandis que
ce même tassement serait fâcheux si le remblai de
vait supporter une voie ferrée ou un canal.

Les talus des remblais ordinaires ne reçoivent
que les eaux qui tombent sur eux et ne sont nulle
ment exposés à des eaux souterraines ; les talus des
canaux et des digues plongent dans l'eau et néces
sitent, par conséquent, une protection spéciale.
D'une manière générale, on devrait exclure l'argile
des matériaux propres à faire des remblais, mais

il y a des cas où l'on se trouve forcé de l'employer à moins qu'on préfère mettre les produits des déblais en dépôt et aller chercher au loin tout le remblai nécessaire ou remplacer le remblai par un ouvrage d'art. Si donc on se résigne à l'employer, on doit aviser aux moyens propres à rendre son emploi aussi peu dangereux que possible.

Hauteur limite des remblais. — Nous avons déjà dit que cette limite était de 30 mètres. Plus la hauteur d'un remblai est grande, plus on augmente les chances d'éboulements et de déformations.

Quand on fait des remblais de cette hauteur sur l'axe, dans des terrains trop inclinés, l'un des talus aura forcément une hauteur plus grande encore et, dans ce cas, on ne peut guère compter sur des talus raides.

Quand les remblais sont formés avec des matériaux résistants, on peut aller jusqu'à 40 mètres et même plus sans courir grand danger, mais il devient plus économique d'employer un viaduc.

Pour les remblais de grande hauteur, il faut réduire à 2 de hauteur au plus sur 3 de base l'inclinaison moyenne et établir à différentes hauteurs des banquettes de 0m 50 à 2 mètres de largeur. A la partie supérieure les talus peuvent être un peu plus raides; on doit se laisser guider par la nature du terrain sur la manière à faire.

Exécution des remblais. — Les différents modes d'exécution sont décrits ailleurs dans ce manuel et sont d'une grande importance.

Le remblai doit être fait soigneusement pour éviter les tassements ultérieurs ou tout au moins les réduire. Le remblai exécuté par déversement

des matériaux du haut de la tranchée qui précède
le point de déversement, soit du haut d'un appon-
tement, en avançant le point de déversement à
mesure que les parties voisines des déblais son
terminées, n'est pas bien comprimé et tassera pa
la suite. Il faut donc exclure ce procédé dit pa
déversement.

Les remblais en terre ne sont pas bien comprimés, même quand le transport des matériaux s
fait à la brouette ou au tombereau. Lorsque la nature du terrain, la hauteur et le but du rembla
exigent que les tassements futurs soient très faibles
que le corps du remblai soit compact et imperméable, il ne faut plus se contenter de la compressio
produite par le passage des brouettes; on a recour
dans ce cas à des opérations spéciales de pilonnag
et de corroyage.

Si les matériaux employés sont des mélanges d
terre et de sable argileux ou vaseux, on procède a
mélange intime à l'aide de la pioche et de la pell
et à la compression à l'aide de la tape et du pilon

Cette opération ainsi conduite exige beaucoup d
main-d'œuvre et devient très coûteuse.

Pour comprimer les masses formant le corps de
remblais, on se sert avec avantage du rouleau
corroyeur. Pour faire cette opération, on amène le
matériaux par couches minces et successives. A
l'aide du rouleau compresseur dont on se sert dans
le service de la construction et de l'entretien des
routes, qu'on fait passer plusieurs fois dans les
deux sens, la compression se fait bien si les matières ne sont pas comme les terres argileuses
sujettes à former des mottes.

Quand on exige un tassement suffisant pour rendre des remblais récents susceptibles de présenter une étanchéité telle qu'on demande, par exemple, aux digues de réservoirs, il faut corroyer et comprimer à la fois les terres ; on emploie pour cela un appareil représenté figure 21 ; cet appareil a été employé par M. A. Picard pour la construction du réservoir de Paroy. Pour former les digues de ce réservoir, les terres amenées par voitures étaient régalées par couches de 25 centimètres, puis soumises au corroyage à l'aide de l'appareil ci-dessus composé de deux séries de disques de 0^{m}60 de diamètre et 0,05 d'épaisseur montées à 0,122 d'écartement sur deux axes distincts et se recouvrant de 0,08 ; la caisse destinée à recevoir la surcharge a un mètre de côté et 0,30 de hauteur. La flèche de traction est fixée à un cadre de 1,60 de diamètre, permettant de faire tourner l'attelage pour changer le sens de la marche.

A vide cet appareil pèse 1,300 kilogrammes, mais la surcharge porte son poids à 2,100 kilogrammes. L'attelage se compose de quatre chevaux et on le fait passer quatre fois en chargeant de plus en plus.

En Angleterre on emploie souvent avec succès un moyen économique, pour prévenir l'éboulement des remblais exécutés par couches épaisses, qui consiste à procéder par couches concaves (fig. 22) et non pas horizontales.

Influence de la nature du sol sur la stabilité des remblais. — La nature du sol influe beaucoup sur la stabilité du remblai. Nous pouvons citer beaucoup d'exemples où, malgré tous les soins appor-

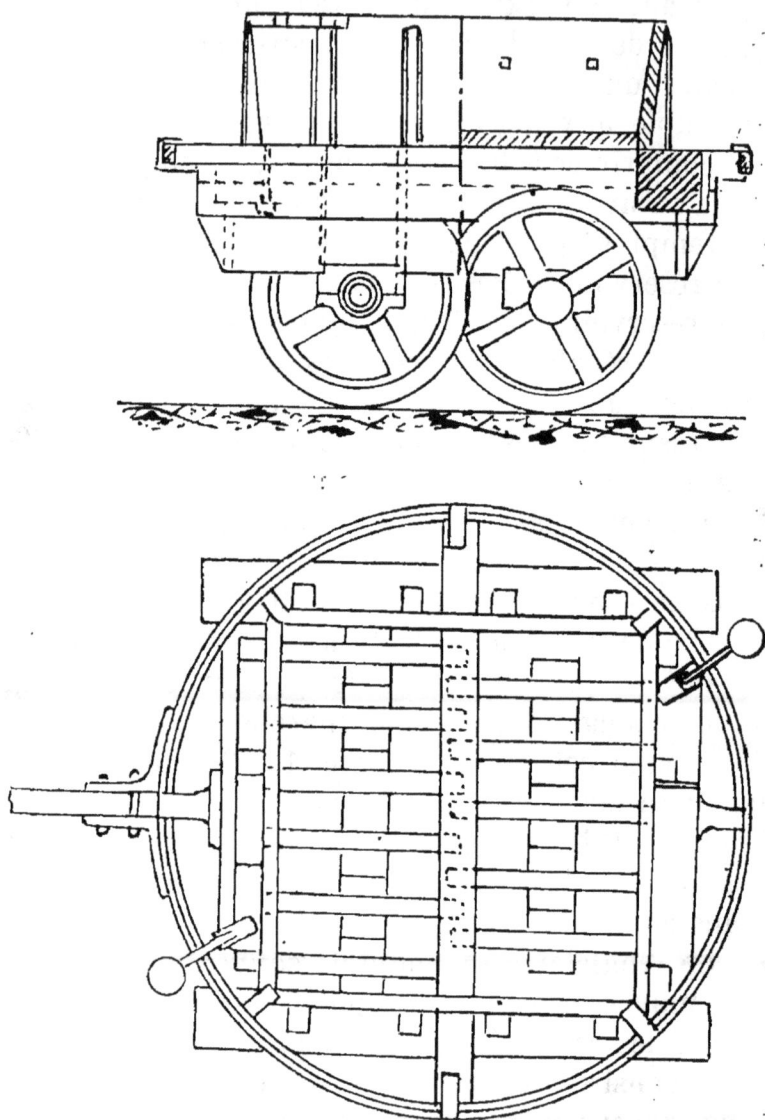

Fig. 21. Rouleau corroyeur.

tés à l'exécution des remblais, ceux-ci dès qu'ils atteignent une certaine hauteur, rompent par leur

poids l'équilibre, grâce auquel le sous-sol se maintenait.

Quand le sous-sol subit un déplacement vers le fond d'une vallée, par suite de la descente le long d'un plan de glissement, le remblai suit en général ce mouvement sans subir lui-même de déformations sensibles. La couronne s'abaisse donc et il faudrait ajouter des couches de remblai pour rattraper le ni-

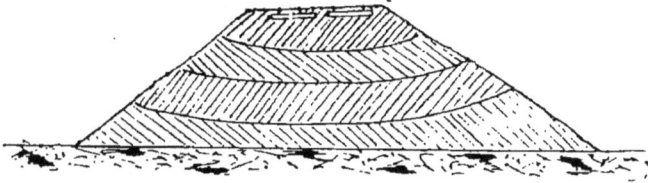

Fig. 22. Mode anglais de prévention des éboulements.

veau voulu ; mais ces additions ne font qu'augmenter la charge et, par conséquent, accentuer le mouvement de glissement.

Il faut donc commencer par arrêter tout mouvement du sol par les moyens que nous verrons plus loin et ne rétablir le niveau du remblai par des additions qu'après avoir obtenu par l'assainissement un équilibre stable dans les couches stratifiées du sol.

Des travaux de ce genre demandent beaucoup de temps et de plus leur effet ne se manifeste pas de suite. On ne peut cependant attendre que les résultats de la consolidation se manifestent pour poser la voie si le déblai doit servir à porter une voie de chemin de fer. Si l'on pousse l'exécution du remblai jusqu'à la cote voulue avant la consolidation parfaite du sous-sol, on provoquera un nouveau glissement qui retardera ainsi la consolidation tout en aggravant les déplacements.

Pour satisfaire donc à toutes les exigences de la consolidation, de l'assainissement et à celles de la circulation, il faut établir des estacades en bois assises sur le remblai inachevé et formant un viaduc provisoire pouvant servir pendant des années et ce n'est qu'après avoir acquis la certitude du desséchement du plan de glissement et de l'arrêt absolu de tout mouvement, qu'on procède lentement et par couches successives à l'achèvement du remblai jusqu'au niveau de la voie. Les matériaux sont amenés dans ce cas par le chemin de fer et versés du haut de l'estacade qui finit par s'enterrer. Pour que ces terres rapportées puissent se tasser librement, on enlève successivement et dès que les terres atteignent le niveau des rails tous les bois autres que les chandelles.

Terrain compressible. — Les remblais établis sur des sols compressibles subissent également des tassements, mais sans compromettre l'achèvement des travaux, car ces remblais s'enfoncent verticalement sans aucun mouvement latéral, ni élargissement. Tels sont les terrains renfermant des couches de tourbe desséchée qui peuvent supporter, sans céder, des charges plus ou moins grandes, suivant le degré de dessiccation de la tourbe et l'épaisseur de la couche de terrain non compressible qui les recouvre.

La compression est plus grande sous la partie centrale du remblai que sous les bas côtés ; pour cette raison la base du remblai doit affecter une forme convexe.

Souvent il se produit une séparation de la zone comprimée de celle qui ne l'est pas en provoquant les fissures parallèles à l'axe du remblai. Ces fissures doivent être fermées à l'aide de terre rapportée pour éviter la pénétration de l'eau dans les couches compressibles.

Si la couche compressible n'est pas très épaisse et les remblais d'une hauteur moyenne, les tassements résultant de la compression du sous-sol ne sont pas inquiétants. Seul le cube des terres à employer augmente. La compression du terrain ne s'effectue que successivement et par des chargements ultérieurs ; il est donc préférable de donner, dès le début, un surcroît de largeur à la couronne pour qu'elle ait la largeur voulue après les additions successives.

On doit chercher à répartir la charge du remblai sur toute l'emprise afin d'amoindrir la flèche qu'affecte le fond du remblai et le cube des terres à rapporter. Plusieurs moyens ont été indiqués pour cela, mais ils sont plus coûteux que les suites de l'inégalité des tassements. On peut, par exemple, commencer le remblai par une forte couche de sable pur ; mais aux abords des terrains tourbeux le sable pur fait défaut et il faut l'amener de loin.

Un autre moyen consiste dans l'établissement d'une ou plusieurs assises de fascines transversales ; mais les bois qui composent ces assises pourrissent à la longue et retardent le tassement central qui se produit plus tard, quand on est en droit de croire que le remblai est bien assis.

On peut encore rendre le terrain incompressible et prévenir tout tassement, par une compression artificielle. On bat des pieux dans le sol compressible pour le rendre plus dense et le nombre des pieux peut être quelquefois considérable ; le prix de revient augmente sensiblement. Pour diminuer la dépense, on peut retirer les pieux, qui une fois enfoncés et ayant refoulé le sol compressible ont rempli leur but, et remplir les trous qu'ils laissent par du sable. Ce procédé est également coûteux.

Terrain compressible et déplaçable. — Si le terrain sur lequel on établit un remblai est à la fois compressible et déplaçable, cas plus fréquent que celui des terrains simplement compressibles, il y a danger constant.

Les remblais établis sur des terrains semblables subissent d'abord un enfoncement qu'on corrige immédiatement par un chargement ; tandis qu'on croit le tassement arrêté, il arrive que subitement les pieds du remblai s'écartent en produisant un nouveau tassement plus considérable accompagné d'un déplacement des pieds des talus.

Une observation sérieuse du terrain voisin du remblai, au moment du premier tassement, aurait pu faire constater un surélèvement de part et d'autre du remblai, qui augmente quand on fait le rechargement et ne s'arrête que lorsque le milieu du remblai, après avoir refoulé de part et d'autre les matières composant la couche mobile, rencontre une couche de terrain solide ; ou bien quand les bourrelets formés de part et d'autre du remblai ont atteint une hauteur telle, que leur compression fait équilibre à la charge du remblai.

Les couches supérieures d'un terrain fuyant sont moins compactes que la partie inférieure ; elle se déplacent par conséquent plus facilement, et un remblai assis sur elles s'y enfoncera, pour peu qu'il atteigne une certaine hauteur. Cette pénétration commencera toujours à l'aplomb de la partie la plus élevée du remblai, c'est-à-dire entre les arêtes supérieures des talus. Le terrain plastique subit un déplacement latéral et le communique aux couches inférieures du remblai, lesquelles, manquant encore de cohésion, suivent le mouvement. Il se produit donc à la fois un tassement vertical et un élargissement dans le corps du remblai.

L'enlèvement de la couche la plus mobile du mauvais terrain amoindrit les mouvements transversaux; souvent on se contente de provoquer la pénétration des zones extérieures du remblai, en creusant des rigoles longitudinales sur l'emplacement des pieds des talus. et en les remplissant de pierres avant l'épandage de la première couche de remblai.

On obtiendrait le même résultat par le battage d'une série de palplanches le long de chaque pied de talus, car on augmente ainsi les difficultés que rencontre le déplacement des masses plastiques en intéressant une masse plus considérable au mouvement. De même les fascines de bois dont il a été question tout à l'heure constituent obstacle à l'élargissement de la base du remblai à travers le corps duquel elles sont placées.

Si on ne place qu'une rangée de fascines, celles-ci sont posées dans le sens transversal ; mais le plus souvent, on en pose plusieurs superposées et s'entrecroisant en formant ce qu'on appelle *matelassage*.

De même, on peut empêcher le sous-sol mobile d'un remblai de se déplacer latéralement, et maintenir l'équilibre entre les remblais et le sous-sol par la création de *banquettes latérales*, c'est-à-dire des remblais latéraux qui, en chargeant le terrain voisin du remblai, préviennent son soulèvement et augmentent les résistances s'opposant au déplacement latéral des couches mobiles du sous-sol. Quand un remblai se trouve au-dessus d'une mine en exploitation ou abandonnée, il pourrait se produire des mouvements dangereux. Si les mines sont peu profondes et abandonnées, on doit consolider les piliers qu'on y a laissé subsister afin d'éviter les effondrements souterrains et par conséquent les tassements.

Si la mine est en exploitation et que le remblai représente des intérêts très importants, il est de règle, aujourd'hui, d'interdire l'exploitation de la mine sur une certaine zone. Seulement l'établissement des galeries de communication reliant les parties de l'exploitation qui se trouvent de part et d'autre du remblai, peut être autorisé en précisant la largeur de la zone à respecter et l'ouverture des galeries qui passeront sous le remblai, ainsi que leur nombre, d'ailleurs très restreint.

Protection des talus des remblais. — Les talus des remblais ne sont jamais exposés qu'aux eaux qui tombent des cieux. On se contente souvent de revêtir les talus d'un semis ou de leur appliquer des briquettes de gazon et de disposer des bermes espacées suivant la nature du remblai de 3 à 6 mètres. Ces bermes doivent être plus larges que celles qu'on pratique dans les talus des tranchées ; leur largeur minimum sera de $0^m 50$ et elles affecteront une pente longitudinale pour déverser les eaux dans des rigoles suivant la pente des talus tapissés de briquettes de gazon.

Pour prévenir la dégradation des remblais, on doit reprendre à la pelle sur environ $0^m 30$ de profondeur la couche superficielle et la réemployer par assises et qu'on comprime à l'aide de tapes. Les piétinements des ouvriers faisant ce travail, qui s'exécute de bas en haut, contribuent également à la consolidation de la couche extérieure.

Lorsqu'un remblai traverse un ravin, on doit établir, dans le corps de ce remblai, un ouvrage d'art offrant un écoulement facile des eaux. De même, quand les conditions locales ne commandent pas l'exécution d'un ouvrage au passage d'un vallon, il peut s'accumuler une certaine quantité d'eau derrière les parties basses du remblai et il faut alors non seulement protéger les pieds du talus, mais assurer aussi la traversée des eaux sans endommager le corps du remblai.

Si le remblai est fait avec des débris de roche, l'écoulement transversal est tout assuré; mais s'il était fondé sur d'autres matériaux, il faut faire au pied une certaine longueur de remblai en enrochements et défendre le pied du talus amont par de grosses pierres.

D'une façon générale, même dans les vallons les plus perméables, il est préférable d'établir un aqueduc au point le plus bas et de faire quelques travaux de terrassement pour diriger les eaux vers cet aqueduc.

CHAPITRE XXI
Déblais souterrains

Généralités

Les déblais en souterrain nécessitent l'emploi des mêmes outils et procédés que les déblais à ciel ouvert. Seul l'espace dont on dispose pour toutes les opérations change, car, quelles que soient les dispositions prises, on sera toujours plus gêné dans un chantier souterrain que dans un chantier de déblai à ciel ouvert.

De plus, le nombre d'attaques ne peut pas être multiplié, et il faut, pour opérer rapidement, aviser aux moyens qui permettent la création d'un certain nombre de chantiers dits *attaques*, échelonnés le long du tunnel, et employer des procédés qui permettent le plus d'avancement possible dans chacune des attaques.

Le service des transports à l'intérieur d'un souterrain étant très difficile, entrave également le progrès du travail. Il faut que le service des transports se fasse sans occasionner des arrêts dans les travaux de déblaiement ou de revêtement.

Ces difficultés sont encore plus grandes, quand on construit des tunnels dans des terrains nécessitant des revêtements. Si ces revêtements doivent seulement mettre les parois du tunnel à l'abri de l'influence de l'air, leur épaisseur sera faible et le boisage, c'est-à-dire le revêtement provisoire, ne era guère encombrant. Si les terrains exercent des ressions, le boisage et le revêtement devront présenter une grande résistance.

Plus le terrain est mauvais, plus le boisage doit être fort ; les revêtements définitifs seront alors dans le même cas et nécessiteront l'agrandissement de l'excavation ; s'il fallait maintenir le boisage intégral à l'endroit où l'on exécute la maçonnerie, la section de l'excavation prendrait des dimensions encore plus fortes et nécessiterait un remplissage onéreux entre la maçonnerie et le terrain. On peut en général retirer au fur et à mesure de l'avancement des maçonneries les supports provisoires. Pour faciliter la démolition successive du boisage et la manœuvre de ses éléments, on cherche à lui donner des dispositions qui, tout en assurant une grande rigidité, permettent l'emploi de pièces de faible longueur.

Pour exécuter les maçonneries, on utilise de préférence des matériaux de faible échantillon ; très souvent des briques, souvent des moellons et seulement par exception des pierres de taille. On réduit le plus possible les cintres pour la construction des voûtes de revêtement, en créant le moins d'obstacles à la circulation. Les voûtes en briques sont préférables surtout quand elles sont exécutées par rouleaux superposés, car elles chargent très peu les cintres. Dans beaucoup de cas, on se sert du terrain même pour supporter la voûte pendant la construction.

Pour l'extraction des déblais, on s'attache à appliquer des moyens peu encombrants et puissants ; on échelonne, en outre, les chantiers d'extraction,

7.

de chargement et de transport des déblais, de façon qu'ils ne s'entravent pas réciproquement.

Les procédés qu'on emploie présentent des différences notables suivant la nature des terrains, la longueur des tunnels et la rapidité d'exécution ; ils sont connus sous les noms des pays où ils ont pris naissance ou dans lesquels ils ont été le plus employés et suivis.

Avant l'invention des perforateurs mécaniques qui permettent un avancement rapide, le seul moyen pour hâter l'achèvement d'un tunnel d'une certaine longueur était la création de points de départ intermédiaires pour aller à la rencontre des avancements partant des têtes du tunnel. Pour créer ces chantiers intermédiaires, il fallait atteindre l'axe du tunnel par puits ou galeries latérales. Aujourd'hui, les perforatrices mécaniques permettent l'avancement rapide des galeries de direction, sur lesquelles on échelonne à volonté un certain nombre de chambres de travail.

Les eaux d'infiltration créent des difficultés énormes dans les travaux souterrains. Dans les sables aquifères, ou lorsque le tunnel traverse des nappes souterraines, l'affluence des eaux peut devenir si considérable que des procédés de construction spéciaux s'imposent. En dehors même de ces cas particuliers, on peut dire que dans toute construction de tunnel, on rencontre des eaux en quantité plus ou moins grande suivant qu'on se trouve dans des terrains sablonneux, graveleux ou d'alluvion, ou des roches compactes.

L'épuisement à l'aide de pompes est le seul moyen pratique qu'on peut employer quel que soit le profil du tunnel et le procédé suivi pour l'exécution des déblais, mais il est très coûteux et d'autant plus que le volume d'eau est plus considérable et que la hauteur d'élévation est plus grande. C'est pourtant le seul moyen pratique dans les chantiers ouverts à l'aide de puits.

Dans les chantiers partant des têtes des tunnels, on peut faire écouler naturellement, par l'établissement de rigoles, les eaux rencontrées par les avancements qui partent des têtes. Il faut pour cela que le tunnel présente des pentes vers les deux têtes. Souvent il n'est pas facile de donner ces inclinaisons sans modifier le profil en long du tunnel en créant des pentes inverses pour assurer pendant la construction, l'écoulement naturel des eaux, partie vers une tête, partie vers l'autre.

Quel que soit le moyen employé pour éloigner les eaux de l'intérieur d'un tunnel en construction, il faut qu'il soit assez énergique pour éviter la stagnation des eaux.

Lorsqu'on rencontre des sources dans des terrains résistants, il faut par tout moyen les aveugler. On se sert pour cela de sacs remplis de mortier hydraulique ou de ciment pur. Si les sources jaillissent de terrains meubles, on les aveugle à l'aide de la mousse ou d'autres substances analogues qui retiennent les corps solides sans arrêter le débit des eaux.

Fonçage des puits. — La forme des puits dépend de la nature des terrains à traverser et du mode de soutènement adopté.

Dans les terrains solides, on donne aux puits une section rectangulaire ou circulaire. C'est surtout dans les exploitations des mines qu'on

emploie des puits dont le diamètre varie de deux à
cinq mètres.

Quand on construit des puits rectangulaires, on
doit avoir soin d'orienter ces puits de façon que la
poussée des terrains s'exerce sur le petit côté, qui
devra par conséquent, être parallèle à sa direction.
Quand les puits devront être muraillés, on leur
donnera une section circulaire ou elliptique ; quand
ils devront être cuvelés, la section sera circulaire
ou polygonale. La section circulaire résiste bien à
la pression des terrains, mais se prête mal à la
division nécessaire pour le service ultérieur du
puits ; dans les dimensions à donner à un puits. il
faut toujours tenir compte de l'épaisseur du revêtement.

Avant de procéder au fonçage d'un puits, on
devra se préoccuper des moyens nécessaires à
l'abatage des roches, à l'extraction des déblais, à la
descente des matériaux nécessaires au soutènement,
à l'aérage, à la circulation des ouvriers, à l'épuisement des eaux.

L'abatage se fera ensuite au pic et à l'aide de
coups de mine ; l'emploi des perforateurs est très
coûteux car il nécessite le remontage de tous les
appareils pendant le sautage des mines. On les
emploie cependant dans les roches dures et tenaces.

En Pensylvanie on a employé le sondage au
diamant noir.

Quel que soit le mode d'abatage employé, l'enlèvement des roches abattues devra se faire assez
rapidement pour ne pas retarder le service de
l'abatage ; cet enlèvement se fait au moyen de
bennes dont l'une monte pendant que l'autre

descend; elles sont mises en mouvement par un treuil mû à bras, par un manège ou par un treuil mécanique installé à l'orifice du puits.

La présence des ouvriers au fond du puits exige des précautions spéciales; il faut couvrir l'orifice en ménageant seulement le passage des bennes et le tout reste fermé pendant qu'on vide les bennes au jour; les dispositions adoptées sont variées; tantôt on emploie des volets à charnières, tantôt on fait avancer un vagon plat qui couvre l'orifice du puits et sur lequel on fait reposer la benne au jour. L'épuisement se fera par les bennes pour les faibles infiltrations; dans le cas contraire, on se servira de pompes qui seront descendues à mesure de l'avancement.

Lorsque le fonçage aura atteint une certaine profondeur, il faudra assurer une bonne circulation de l'air en établissant le long d'une des parois une série de tuyaux en bois ou en tôle et y envoyer de l'air par un ventilateur; il faudra que cet air arrive au front de taille avec une certaine vitesse pour chasser les fumées produites par les explosifs; l'air chargé de fumée remonte par le puits.

Soutènement des parois. — Lorsque le revêtement d'un puits doit être fait en bois, on soutient les parois à mesure de l'approfondissement par le boisage définitif. Lorsque le revêtement doit être en maçonnerie ou en métal, on a recours à un soutènement provisoire en bois ou en fer que l'on installe à mesure de l'approfondissement de l'excavation; on enlèvera ce soutènement à mesure que s'élèvera le soutènement définitif qui se fait de bas en haut et généralement par tronçons successifs d'une certaine hauteur.

Pour un puits circulaire, les cadres de boisage provisoire seront formés de pièces de bois grossièrement équarries et auront une forme polygonale, les assemblages étant à mi-bois et consolidés à l'aide d'éclisses en fer et de boulons. On placera d'abord à l'orifice un cadre rectangulaire de fort équarrissage posé sur le sol et d'autres, plus tard, encastrés dans la roche. Les cadres polygonaux se succéderont au-dessous, au fur et à mesure de l'enfoncement ; ils seront fortement serrés contre le terrain au moyen de coins et suspendus les uns aux autres au moyen de tirants en fer.

Pour empêcher les cadres de se rapprocher et pour établir une solidarité complète, on place entre deux cadres des montants serrés à l'aide de cales ; un garnissage plus ou moins complet sera placé derrière les cadres et serré par les coins.

Si le boisage provisoire doit se faire sur une grande hauteur à la fois, il deviendra nécessaire de placer tous les 20 ou 30 mètres un cadre porteur encastré dans la roche, en choisissant les assises qui présenteront le plus de solidité.

On a aussi recours aux soutènements provisoires en fer, qui diminuent la dépense et économisent le temps. On emploie pour cela des cercles en deux ou plusieurs parties, suivant les dimensions du puits. Ces cercles sont en fer plat ; fer en U, T, en vieux rails réunis par des boulons, ou mieux par des manchons avec cales en bois. Ces cercles sont espacés, suivant la nature des terrains, de 0^m50 à 1 mètre et reliés verticalement entre eux par des fers plats recourbés ; on loge, derrière, le garnissage nécessaire au maintien des terres.

Construction du revêtement. — L'épaisseur du revêtement varie avec la poussée des terrains et le diamètre du puits ; un blocage soigné doit toujours être fait pour remplir l'espace vide entre l'intrados et le terrain.

Dès que le puits a atteint la profondeur jugée convenable avec son soutènement provisoire, on établit au fond actuel un *rouet*, c'est-à-dire un fort cadre polygonal en bois appuyé dans le terrain et qui supportera la première passe de maçonnerie exécutée de bas en haut ; le soutènement provisoire sera enlevé à mesure et ses éléments resserviront pour les reprises suivantes.

Les suintements d'eau pendant l'exécution d'une passe, trouvent leur écoulement par des trous de tarière ménagés dans le rouet et qu'on bouche sitôt la passe terminée. Si les suintements sont trop abondants, on les réunit dans un rouet à gargouille qui les envoie au réservoir inférieur. En reprenant l'approfondissement, on a soin de laisser, sous le rouet de la passe supérieure, une corniche de terrain naturel pour servir de support, et quand la maçonnerie inférieure commencera à l'atteindre, on abattra cette corniche par fractions, en soutenant le rouet ou l'assise à l'aide de buttes remplacées ensuite par la maçonnerie.

Fonçage et soutènement d'un puits dans des terrains ébouleux. — Lorsque le terrain est ébouleux, la maçonnerie doit être exécutée en une seule fois de bas en haut et suivre de très près l'enlèvement du boisage provisoire qui a dû être fait complet à mesure de l'approfondissement. La méthode la plus employée est celle des palplanches divergentes : derrière un premier cadre polygonal, on enfonce, sous un angle de 10 à 15 degrés, des palplanches jointives de 0^m60 à 1 mètre de longueur, 0^m10 à 0^m15 de largeur et 3 centimètres d'épaisseur taillées en biseau. On a ainsi un garnissage complet qui précède l'excavation. Puis on déblaie sur une certaine profondeur, 0^m50 par exemple; et, avant que les palplanches, poussées par le terrain, aient pu reprendre une position verticale, on pose un second cadre autour duquel on agit comme pour le précédent en chassant un nouveau garnissage jointif et divergent, qui précédera un nouveau déblai.

Les palplanches conservant une position inclinée, on placera derrière les cadres un garnissage convenable, en calant avec soin les vides qui peuvent rester.

Les cadres sont reliés entre eux par de forts montants verticaux; quand le fonçage est terminé, on commence la maçonnerie en la faisant suivre de très près l'enlèvement des cadres.

Pour traverser des terrains aquifères, meubles et facilement pénétrables, on peut avoir recours à un procédé qui consiste à faire descendre tout d'une pièce et sur une trousse coupante, la maçonnerie construite au jour.

Une trousse coupante se compose (fig. 23) d'un cadre armé d'un sabot tranchant, sorte d'anneau de fonte dont la partie inférieure est taillée en biseau. Les trousses se font aussi en bois; elles sont alors composées de plusieurs assises de ma-

Trousse coupante avec revêtement
métallique

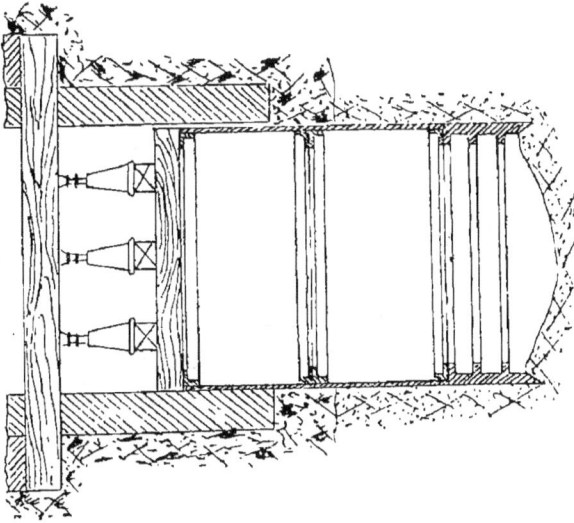

Trousse coupante avec revêtement
en maçonnerie

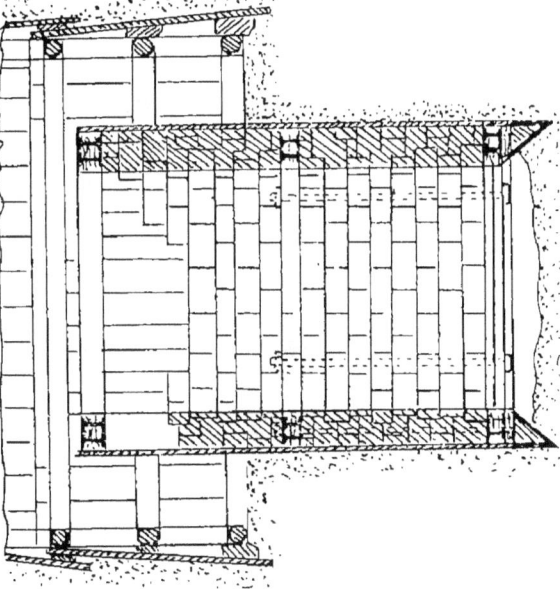

Fig. 23. Fonçage d'un puits dans les terrains ébouleux (trousse coupante).

driers réunis par des boulons et sont terminées à
leur partie inférieure par un cercle de fer taillé en
biseau.

La trousse coupante étant établie sur la surfac
bien nivelée de la couche meuble à traverser, o
construit dessus une certaine hauteur de maçon
nerie ou *tonne* qui formera le muraillement d
puits ; dans cette maçonnerie on intercale de di
tance en distance des rouets en bois, quelquefoi
en fer, les uns ou les autres réunis entre eux pa
des tirants en fer. En outre on cloue extérieure
ment des planches qui garantiront la maçonneri
dans une certaine mesure, lors de la descente.

Les ouvriers placés à l'intérieur procèdent
l'excavation en sapant bien régulièrement à l
base de la trousse. La tour descend par son poid
et pénètre dans le terrain ; on construit une nou
velle hauteur de maçonnerie et on recommenc
l'excavation. On voit de cette façon que le murail
lement est construit indépendamment des paroi
qu'il aura à soutenir après enfoncement. Une foi
arrivée au terrain solide, la trousse y pénètre d'un
certaine quantité et sert de base à tout le soutène
ment.

Pour préserver la maçonnerie contre les frotte
ments qui se produisent lors de la descente, on
peut construire la maçonnerie à l'intérieur d'une
tour en tôle. Si la maçonnerie a trop souffert, on
la double par un nouveau revêtement intérieur
mais alors on diminue d'autant la section utile ; la
grande difficulté, dans l'application, est de conser
ver la verticalité lors de la descente.

Lorsqu'en fonçant un puits, on vient à rencon
trer en profondeur une couche de sable ou d'allu
vions, on peut construire et disposer à l'intérieur
du puits un tube ou trousse en tôle ou fonte, d'une

hauteur un peu plus grande que celle de la couche à traverser reconnue par un sondage préalable. On fait descendre cette trousse en exerçant une pression à la partie supérieure au moyen de vis ou de vérins arc-boutés contre les pièces de bois encastrées dans la paroi du puits déjà boisée, on muraille et on opère comme dans le cas précédent.

Cuvelages. — Lorsque les puits traversent des terrains aquifères sur une grande hauteur, le soutènement doit résister à la poussée des terrains, être de plus étanche et résister à la pression des eaux. Ces soutènements spéciaux s'appellent *cuvelages* et sont construits en bois, en maçonnerie ou en fonte. Les grands puits que l'on veut cuveler en bois ont une forme polygonale afin de diminuer la portée des bois. Les puits cuvelés en maçonnerie ont une section circulaire ou elliptique; les cuvelages en fonte sont circulaires.

Fonçage à l'air comprimé. — L'air comprimé peut, dans certains cas, être avantageusement employé pour la traversée des zones aquifères situées à de faibles profondeurs. Le procédé de fonçage à l'air comprimé rend de très grands services dans l'établissement des piles de ponts.

On emploie, soit des sas solidaires du cuvelage, soit des sas fixes. Dans la première disposition, un sas à air, fonctionnant à la façon des écluses, est placé à la partie supérieure et renferme une chambre qui reçoit les roches provenant du fonçage. Les sables sont écoulés au jour, en même temps que l'eau, par un tuyau dans lequel la pression de l'air comprimé les chasse. A mesure de l'avancement du fonçage, on ajoute un nouvel anneau en démontant le sas à air et le fixant ensuite sur ce nouvel anneau.

Pour économiser l'air comprimé, on trouve quelquefois avantageux de l'envoyer par une colonne centrale qu'on allonge en même temps que le cuvelage.

Dans la disposition avec sas fixe, on établit celui-ci solidement à la tête du niveau et on le prolonge par des anneaux en fonte qui servent à former joint télescopique pendant la descente des anneaux. Ces anneaux sont constitués par des segments en fonte de dimensions telles qu'ils puissent passer par les portes du sas à air ; ils sont montés et assemblés à l'intérieur des anneaux en fonte solidaires du sas ; puis on les fait descendre à l'aide de vis ou de vérins convenablement disposés.

Lorsque le cuvelage est descendu d'une quantité équivalente à la hauteur d'un anneau, on remonte la vis et l'on assemble un nouvel anneau de cuvelage qui est descendu à son tour. On enlève les déblais par le sas, comme avec l'emploi du sas solidaire.

Fonçage à niveau plein. — Les divers procédés de fonçage que nous avons décrits se font à *niveau plat*, c'est-à-dire en épuisant les eaux pendant le fonçage, opération qui devient d'autant plus difficile que les eaux sont plus abondantes et les puits plus profonds.

On a alors songé à appliquer au fonçage les procédés de sondage, et, par suite à ne pas épuiser les eaux ; une fois le fonçage fait, on descend un cuvelage en fonte portant à sa base un joint préparé à l'avance, que le poids du cuvelage viendra serrer sur la roche ferme de façon à le rendre étanche.

M. Chaudron a résolu la question par l'emploi d'une boîte à mousse. Avec ce mode de fonçage à niveau plein, on n'avait pas à s'occuper de la quantité d'eau que donnent les terrains; mais comme le puits doit être foncé sur toute la hauteur à cuveler avant que l'on commence le revêtement, il faut que les terrains traversés soient suffisamment solides pour se maintenir sans soutènement pendant un certain temps.

Le creusement des puits par les procédés de sondage s'exécute au moyen d'appareils et d'outils tout à fait analogues à ceux employés dans les forages ; leurs dimensions sont appropriées au travail à exécuter. Ce sont surtout les trépans Knid et les trépans Lipmann qu'on emploie; ces derniers attaquent le fonçage avec un outil ayant le diamètre du trou à forer.

Cuvelage dans un fonçage à niveau plein. — Les travaux de fonçage sont poussés jusque dans les terrains solides et imperméables où l'on dresse une banquette à l'aide du trépan et du dragueur. C'est sur cette banquette qu'il s'agit de faire reposer la *boîte à mousse* destinée à former joint étanche et qui supportera tout le cuvelage formé d'anneaux complets en fonte avec nervures intérieures. La boîte à mousse se compose de deux anneaux en fonte entrant l'un dans l'autre et portant chacun une bride extérieure à sa partie inférieure et une intérieure à sa partie supérieure.

L'anneau du bas est suspendu à celui du haut à l'aide de tringles qui lui permettent de coulisser

dans ce dernier, en formant une sorte de join\
télescopique. L'espace annulaire compris entre le\
brides extérieures de ces deux anneaux est garni\
de mousse comprimée retenue par un filet.

Sur l'anneau supérieur de la boîte à mousse, on\
boulonne un anneau du cuvelage qui porte lui\
même un faux fond avec tubulure centrale.

L'installation au jour ayant été convenablemen\
transformée après la fin du fonçage, on suspend\
cette première partie au-dessus du puits au moyen\
de tiges filetées. Des engrenages permettent la\
manœuvre de chacune d'elles et la descente du\
cuvelage d'une certaine quantité. Lorsque l'épau-\
lement des tiges de suspension arrive à la hauteur\
du plancher, on place sous chacune d'elles une\
clef de retenue ; on peut alors dévisser les tiges\
filetées et les relever seules au moyen de leurs\
engrenages. L'orifice du puits se trouvant ainsi\
dégagé, on amène un anneau suspendu au câble\
d'un treuil, on visse de nouveau les tiges de sus-\
pension aux tiges filetées redescendues pour sup-\
porter le cuvelage ; on enlève les madriers sur les-\
quels s'appuyaient les clefs de retenue ; on fait\
descendre l'anneau du cuvelage jusqu'à ce qu'il\
repose sur le précédent, auquel on le boulonne.

On laisse alors le cuvelage s'enfoncer jusqu'à ce\
qu'il devienne de nouveau nécessaire de placer les\
clefs de retenue, ajouter un nouvel anneau, une\
nouvelle série de tiges et ainsi de suite. On voit\
qu'en continuant ainsi, le cuvelage portant sa boîte\
à mousse à sa partie inférieure descendra succes-\
sivement en s'augmentant chaque fois et par le\
haut, d'un nouvel anneau.

Le poids va donc devenir plus considérable à mesure de l'enfoncement et il pourrait arriver qu'il devienne tel que les tringles soient impuissantes à le soutenir. C'est pour cela qu'on a mis un faux fond qui fait de l'appareil un corps flottant.

Sur la tubulure de ce faux fond, on monte une ligne de tuyaux, à mesure de la descente, pour former ce qu'on nomme la colonne d'équilibre. On peut ne conserver au corps flottant qu'un poids déterminé ; la colonne permet de laisser pénétrer l'eau dans l'espace annulaire lorsque cela devient nécessaire, pour empêcher le cuvelage de flotter. Des robinets placés sur la colonne règlent l'arrivée de l'eau et son interruption.

On supprime quelquefois la colonne d'équilibre et on place simplement sur la tubulure du faux fond un robinet pouvant se manœuvrer du jour à l'aide de tringles et déterminant l'entrée de l'eau à l'intérieur du cuvelage trop allégé par suite de son immersion.

La boîte à mousse, placée à la base du cuvelage, descendra donc successivement avec celui-ci et arrivera sur la banquette disposée pour la recevoir ; on continuera à laisser descendre le cuvelage qui, par son poids, commencera à comprimer la mousse et à l'appliquer fortement contre la roche solide. On laisse alors entrer l'eau dans le cuvelage de façon à augmenter son poids et la mousse, chassée contre les parois du sol imperméable, forme un joint que l'on peut considérer comme étanche. On s'occupe ensuite de faire un bétonnage tout autour du cuvelage. On fait descendre le béton par des tubes en fer glissés dans l'espace annulaire,

compris entre le cuvelage et les parois. On remor⟨o⟩
ces tubes à mesure que le béton s'élève, ou bi⟨d⟩
on met le béton dans des caisses ayant la forme ⟨ı⟩
la zone annulaire ; on les descend à l'aide d'⟨ıb⟩
treuil et on les vide, une fois au fond, au moy⟨ıc⟩
d'un câble de manœuvre. Quand le bétonnage ⟨e e⟩
terminé, on procède à l'épuisement, après quoi ⟨ı i⟩
s'occupe de démonter la colonne d'équilibre et ⟨ıe⟩
faux fond.

La boîte à mousse étant bien assise et bi⟨ıc⟩
étanche, on pourrait continuer le fonçage par l⟨ı⟩
moyens ordinaires. Pour plus de sûreté, on fon⟨ıa⟩
de quelques mètres seulement et on établit a⟨ıs⟩
dessous une ou deux trousses picotées en font⟨ıa⟩
placées sur deux trousses en bois simplemei⟨ıp⟩
colletées et surmontées de deux anneaux de cuv⟨ı⟩
lage à panneaux. On les raccorde à la base de l⟨ıe⟩
boîte à mousse par un picotage horizontal q⟨ıp⟩
augmente les garanties d'imperméabilité.

Fonçage par congélation. — L'idée de tran⟨ıı⟩
former par la congélation les terrains aquifères ⟨e ı⟩
coulants en une masse suffisamment solide pou⟨ıc⟩
qu'on puisse l'attaquer comme une roche dure ord⟨ıo⟩
naire, a été rendue pratique par M. Poetsch, qu⟨ıı⟩
l'a appliquée, pour la première fois en 1883. L⟨ı⟩
froid est produit au jour par une machine à amm⟨ıo⟩
niaque (fig. 24), le véhicule est une dissolution d⟨ıı⟩
chlorure de calcium à 28° Beaumé, laquelle n⟨ı⟩
gèle qu'à —35°. Ce liquide refroidi à —25° est refoul⟨ıe⟩
par une pompe dans une série de récipients formé⟨ır⟩
chacun de deux tuyaux concentriques enfoncé⟨ıo⟩
dans le terrain à congeler. De là, le liquide retourn⟨ır⟩
à la machine à ammoniaque. Les terrains autou⟨ıo⟩

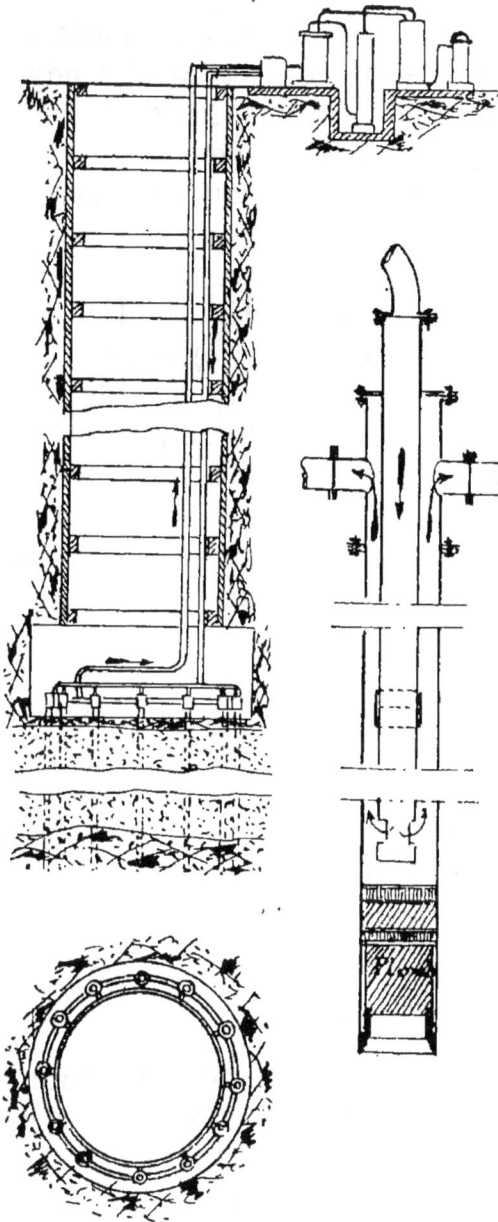

Fig. 24. Fonçage par congélation.

des tubes se congèlent progressivement et autour de chaque tuyau il se forme un cône de glace. Tous ces cônes se pénétreront et on obtiendra un bloc solide de forme et de dimensions déterminées.

Dans la pratique, lorsqu'on est près d'atteindre le terrain coulant, on élargit pour permettre l'enfoncement des tubes jusqu'au terrain solide. Ces tubes, espacés de 1 mètre les uns des autres, embrassent un pourtour dépassant de 0^m50 le périmètre extérieur du puits projeté.

Les tuyaux extérieurs sont en fer de 8 millimètres d'épaisseur et de 175 millimètres de diamètre ; ils portent à leur partie inférieure une frette en acier; quand ces tuyaux, assemblés à vis, seront arrivés au terrain solide, il deviendra nécessaire de boucher hermétiquement leur extrémité inférieure, pour éviter la perte du liquide réfrigérant, au moyen d'un obturateur en plomb légèrement conique; au-dessus, une couche de goudron, puis de ciment, puis du plâtre, du goudron, du ciment et enfin une rondelle en fer.

On descend à l'intérieur un tuyau en fer de 3 millimètres d'épaisseur et de 44 millimètres de diamètre intérieur. Ces tuyaux sont fixés à la bride supérieure des premiers et ils reçoivent par un distributeur horizontal le chlorure à basse température.

Ce liquide remonte, par l'espace annulaire, dans un collecteur horizontal et revient à la machine à ammoniaque. On obtient ainsi une circulation continue. Quand la solution sort à —15 ou —20, la masse est assez solide pour qu'on puisse procéder au fonçage à l'aide de pics et de pinces; on évite

l'emploi des explosifs par crainte des fissures et
pour ménager les tuyaux dans lesquels le liquide
réfrigérant doit continuer de circuler. Pour l'abatage, on s'est servi aussi d'un jet de vapeur. Pendant le fonçage, on place contre les parois un
simple soutènement provisoire ; quand on est
arrivé au terrain solide, on monte le cuvelage du
type que l'on aura choisi.

Avec le cuvelage en fonte, on peut craindre des
ruptures lors de la pose, au contact du froid intense
des terrains ; il y aura quelques précautions à
prendre dans ce sens. Quand le cuvelage est terminé, on fait circuler dans les tubes de l'eau
chaude : le terrain se dégèle autour des tuyaux et
on peut les enlever facilement.

Galeries

Dans l'exécution des tunnels, on commence
généralement par percer une galerie, dite de direction, qui sert en plus aux transports, à l'écoulement des eaux et à l'aérage.

L'emplacement de cette galerie par rapport au
profil transversal du tunnel, de même que
l'avance qu'on lui donne sur le travail d'abatage
ou d'élargissement varie nécessairement avec la
nature du terrain, l'ordre dans lequel se font les
travaux de déblai et de revêtement.

On donne, le plus souvent, aux galeries une
section en forme de trapèze isocèle avec sa grande
base à la partie inférieure. Dans toute galerie, on
aura soin de ménager, sur un des côtés ou au
milieu, une rigole de section suffisante, qu'on
entretiendra en parfait état, afin d'assurer l'écou-

lement régulier des eaux vers le réservoir d'où on o
les épuisera.

Malgré l'exiguïté de l'espace dans les galeries de
direction, dont la hauteur n'est souvent que de
2 mètres à 2ᵐ 50 et dont la largeur se trouve quelquefois limitée à environ 2 mètres, on arrive
maintenant à leur faire dépasser beaucoup les
chantiers d'élargissement, alors même que ceux-ci
ont été installés presque dès l'origine des travaux.

En concentrant toute l'attention et une grande
activité sur l'avancement des galeries de direction
on peut assez vite opérer leur rencontre, et dès
lors attaquer l'élargissement sur toute la longueur.

Les galeries de direction qui devancent l'élargissement d'un tunnel, présentent, comme nous
l'avons déjà dit, l'avantage de permettre l'ouverture de chambres de travail échelonnées, où l'on
exécute non seulement l'élargissement et l'approfondissement de l'excavation, mais aussi les revêtements ; on termine ainsi le tunnel à l'aide de
tronçons qui finissent par se rencontrer.

Quand la direction d'une galerie est déterminée
on commence le travail de percement en assuran
l'arrivée du courant d'air jusqu'au front de taille.
Dans leur travail, les ouvriers sont souvent portés
à dévier lorsqu'ils rencontrent sur un parement un
délit ou une fissure qui facilite l'abatage ; pour
s'assurer qu'une galerie se poursuit en ligne droite
on suspend dans l'axe deux fils à plomb à une
distance convenable, et on s'assure d'un coup
d'œil que le plan qui passe par ces deux fils passe
aussi par le milieu du front de taille.

Pour contrôler l'inclinaison, on se sert de l

règle et du fil à plomb. Lorsque les galeries sont percées en terrains résistants, elles peuvent se passer de soutènement ou de revêtement ; la couronne est taillée en forme de voûte. Mais, en général, les excavations ne peuvent rester ouvertes sans être consolidées et étayées. Les terrains, même quand ils paraissent solides, arrivent dans la plupart des cas, à se gonfler, se fendre et tomber en écailles. Cet effet doit être attribué, le plus souvent, à la pression des terrains supérieurs dont on a troublé l'équilibre. Pour soutenir les galeries autour d'une excavation on se sert du boisage.

Boisage. — Dans les conditions ordinaires, le mineur peut avancer son percement de 1 mètre avant d'avoir à soutenir les parois. Lui-même ou derrière lui le boiseur établit le soutènement au moyen de fermes ou cadres placés à des distances variables et sur lesquels s'appuient les bois de garnissage en contact avec les parois. Au moyen de coins, il conviendra d'établir le boisage dans un état de tension contre les roches, afin d'éviter que celles-ci ne se fissurent et se détachent. Le boisage sera plus ou moins complet suivant la tenue des terrains.

Le cadre ordinaire se compose de deux montants et d'un chapeau ; l'assemblage se fait de trois manières différentes, suivant que la pression s'exerce également au faîte et sur les côtés, ou bien que la pression verticale est la plus énergique ou enfin que la pression latérale l'emporte.

Quand les pressions latérales peuvent être considérées comme nulles, on doit préférer l'assemblage à *gueule de loup*, qu'on rencontre surtout dans les

8.

dépilages, où un même chapeau est quelquefois supporté par plusieurs montants.

Lorsque la pression est trop considérable, on ajoute aux cadres ordinaires des jambes de force ou *poussards obliques*.

Si le sol est mauvais et si les montants s'y enfoncent, on les fait reposer sur une *semelle*.

Dans d'autres cas, on pourra, au contraire, ramener le boisage à des éléments plus simples en supprimant un montant ou même les deux ; ces modifications ou simplifications seront commandées par chaque cas particulier.

La distance à laquelle on place deux cadres consécutifs, dépend de la tenue des terrains, de la dimension des galeries, de la grosseur et de la qualité des bois.

Si le terrain est meuble, la diminution de l'écartement des cadres ne suffit plus et il faut placer, entre les cadres et les parois, un garnissage formé suivant les circonstances, de planches, de croûtes de sciage de long, de rondins ou de fascines. Lorsque le terrain exerce des pressions obliques faisant redouter le renversement des cadres, des étais ou pièces longitudinales sont introduits entre eux pour venir en aide au garnissage et prévenir les déversements. Dès que l'excavation prend des dimensions plus grandes que celles des galeries de direction, c'est-à-dire dès qu'on augmente soit la hauteur, soit la largeur, le simple cadre ne suffit plus, pour peu qu'il y ait des pressions. Pour les galeries de grande hauteur on placera des tendards horizontaux sur lesquels on pourra appuyer un plancher divisant la galerie en deux parties, ménageant ainsi soit un compartiment d'aérage à la partie supérieure, soit un compartiment pour l'écoulement des eaux à la partie inférieure.

Quand la largeur est grande, on soutiendra le chapeau en son milieu par un montant vertical ou chandelle, assemblé à gueule de loup avec le chapeau.

Dans les terrains difficiles, aujourd'hui on emploie beaucoup des soutènements métalliques faits surtout avec des vieux rails. Avec ces vieux rails, on fait des cadres complets, en les cintrant un peu et les recourbant aux extrémités pour leur donner une assise plus solide. On fait aussi des cadres en plusieurs parties ou segments réunis par des éclisses ou par des fourreaux en fonte ou en fer dans lesquels on chasse des coins en bois.

Percement des galeries en terrains ébouleux. — Lorsqu'on doit percer une galerie en terrains ébouleux, il n'est pas possible de laisser sans protection, même pendant un temps très court, le pourtour de la galerie et le front de taille lui-même : le garnissage alors devra précéder l'excavation. Ce résultat s'obtient au moyen de *palplanches divergentes* pour le pourtour et d'un bouclier pour le front de taille.

Le dernier cadre avant d'arriver au terrain ébouleux étant établi, on garnit le front de taille à l'aide d'un bouclier formé de madriers horizontaux, maintenu à l'aide de pièces inclinées s'appuyant contre les montants des cadres ou contre de fortes chandelles spécialement disposées pour cela. On remplace le plus souvent ce bouclier par deux plus petits mis bout à bout, plus faciles à

manier et divisant en deux parties la largeur de la
galerie. On les maintient à l'aide de bois appuyés
sur un montant vertical, placé au milieu de la
galerie et calé lui-même par des pièces inclinées
qui reportent la pression du terrain sur les montants des cadres.

Lorsque le bouclier est ainsi placé, on enfonce,
suivant son périmètre, des palplanches contiguës
et divergentes, en chêne, taillées en biseau. La
divergence est obtenue en chassant la palplanche
entre l'intrados d'un cadre et l'extrados de celui
qui suit ; les cales placées sur les cadres sont
taillées de façon à donner la direction convenable.
On enfonce chacune des palplanches et on isole
ainsi un prisme de terrain qu'il y a lieu d'enlever.
Pour cela, on soulève un des madriers horizontaux du bouclier et on laisse venir le terrain ou on
l'enlève par un grattage au pic. On opère ainsi
sur tous les madriers en allant du haut en bas et
en ayant soin de les remplacer successivement, de
façon que le bouclier soit toujours en tension
contre le front de taille.

Si cela est utile, on bouchera avec du foin ou
de la paille les joints horizontaux entre les madriers. Les contrefiches qui tiennent le bouclier
seront, bien entendu, remplacées par d'autres de
longueur convenable.

Quand le front de taille est suffisamment avancé,
on place un autre cadre, autour duquel on dispose
une série de cales qui seront enlevées plus tard
pour le passage des palplanches. Puis, celles-ci
une fois chassées, on commence à enlever le terrain à l'avancement comme nous l'avons dit et on

place un nouveau cadre autour duquel on dispose encore les cales nécessaires.

A mesure que le vide s'est fait à l'intérieur des palplanches par l'avancement du front de taille, la poussée du terrain tend à ramener les palplanches et à les faire reposer : en avant sur les deux séries de cales du premier cadre, au milieu sur les cales du deuxième cadre et en arrière sur le troisième cadre. On vient alors battre de nouvelles palplanches qui prennent la place de la série de cales du cadre le plus rapproché du front de taille et on les enfonce dans le terrain en opérant comme il a été dit. Au lieu d'avoir tous les cadres de même hauteur, on place quelquefois alternativement un cadre plus élevé et plus large de l'épaisseur d'une des séries de cales.

Lorsque la sole et les parois verticales peuvent se maintenir seules pendant un certain temps, on ne bat les palplanches qu'au sommet de la galerie. D'autres fois, on renonce au boisage provisoire, et on maçonne à mesure de l'avancement. On emploie alors des cadres en fer et des palplanches en fer non divergentes. Le bouclier est appuyé contre le front de taille suivi d'aussi près que possible de la construction de la voûte ; on engage les palplanches dans le terrain en avant du bouclier, en laissant reposer l'autre bout sur l'anneau en maçonnerie ; on le fait alors avancer au moyen de pinces que l'on engage dans des trous réservés à cet effet à mi-épaisseur des palplanches.

Quand celles-ci auront pénétré d'une certaine quantité, on soulèvera chacune des pièces du bouclier successivement, pour procéder à l'avancement

de la galerie ; on démontera le cadre d'arrière en
fer pour le reporter en avant, on construira un
nouvel anneau de maçonnerie, on fera avancer les
palplanches, et ainsi de suite.

Les cadres, au nombre de trois ou quatre, sont
entretoisés entre eux pour mieux résister à la
pression du front de taille qui leur est commu-
niquée par les pièces qui maintiennent le bouclier.
Ces cadres sont en deux ou trois parties, faciles à
monter et à démonter.

Lorsque le terrain est coulant, et qu'on ne peut
découvrir la plus petite partie du front de taille
sans s'exposer à un afflux, en quelque sorte indé-
fini, du terrain, on commence par battre des palplanches jointives au toit et sur les parois. On a
recours à des picots que l'on enfonce à coups de
masse sur tout le front de taille, on refoule ainsi le
terrain au lieu de l'enlever. S'il est nécessaire,
on maintient par des madriers les picots déjà
enfoncés et que la pression exercée par les terrains
tendrait à ramener en arrière.

Quand la pression est devenue telle que le battage
n'agit plus, on perce des trous de tarière dans la
masse des picots, une partie du terrain s'écoule,
puis on bouche avec des chevilles et on recommence
le battage. Les cadres sont mis en place à mesure ;
on bat aussi des picots dans le sol de la galerie,
dès que l'avancement du front de taille laisse une
place suffisante ; puis on les recouvre par des fortes
semelles jointives pour les empêcher d'être refoulés.

Les galeries percées dans les terrains ébouleux
coulants doivent généralement être muraillées.
Pour cela, on enlève un ou deux cadres, les pal-

planches restant pour supporter les poussées et on construit successivement les anneaux de maçonnerie. Si on ne peut pas découvrir toute la surface à la fois, on n'en découvre qu'une partie et l'anneau se fait par tronçons. Quand cela sera nécessaire, on laissera le boisage intact derrière la maçonnerie.

Tunnels

Formes et dimensions. — Les tunnels pour chemins de fer sont très larges ; ainsi les tunnels pour lignes à deux voies ont ordinairement huit mètres de largeur et sept mètres de hauteur sous clef ; ils sont sans soutènement si le terrain est suffisamment solide ; dans le cas contraire, ils sont maçonnés. Le revêtement devra suivre de près l'excavation, dans des conditions telles que l'ensemble soit soutenu avant tout mouvement de terrain pouvant produire des éboulements.

Pour l'exécution d'un tunnel, le temps est un élément capital dont il faut faire la plus stricte économie ; aussi toutes les fois que cela sera possible, on l'attaquera non seulement par les deux têtes, mais encore par des points intermédiaires, en établissant des puits verticaux ou inclinés. Le nombre et la position de ces puits sont déterminés d'après l'étude géologique et topographique des terrains à traverser.

Pour la traversée des hautes montagnes, il faudra tenir compte de l'élévation de la température et s'assurer qu'on pourra maintenir dans les chantiers un aérage suffisant avec une température qui ne gênera pas le travail des ouvriers.

La traversée de terrains ébouleux et aquifères ne

pourra être pratiquée que par l'emploi de méthodes spéciales et coûteuses qu'on verra plus loin.

Dans le choix d'une méthode d'exécution d'un tunnel et dans l'établissement des divers chantiers, on aura à se préoccuper des questions d'aérage, de transport et d'écoulement des eaux ; il faut compter que la température augmente de un degré centigrade par trente mètres de pénétration ; que pour un tunnel à deux voies, on aura 65 mètres cubes environ de roche à abattre, lesquels donneront plus de cent mètres cubes de déblais à charger et à conduire dehors, si on tient compte du foisonnement ; que le revêtement exigera de 12 à 15 mètres cubes de matériaux : briques, pierres, ciment, et qu'enfin on aura à assurer la circulation des bois nécessaires au soutènement provisoire et à l'établissement des cintres.

Procédés divers d'exécution des tunnels. — Pour le percement des tunnels, l'ordre dans lequel on procède pour l'exécution des déblais et pour l'etablissement des revêtements ne devrait dépendre que de la nature du terrain et des conditions particulières dans lesquelles on se trouve. Mais les habitudes ou traditions des divers pays exercent toutefois une grande influence sur le choix des procédés, qui pour ce motif sont généralement désignés par le nom du pays où ils ont pris naissance et où ils sont de préférence employés.

Terrains résistants. Méthode par section entière ou méthode anglaise. — Quand un tunnel traverse des terrains résistants qui permettent à l'excavation de se tenir quelque temps sans soutènement, on attaque la section toute

entière par *gradins droits*, c'est-à-dire que le plus
élevé et qui comprend la calotte est poussé le plus
avant. De cette façon, les chantiers sont indé-
pendants les uns des autres.

Dans la répartition du travail, on se rappellera
que l'avancement du gradin qui précède les autres
sera le plus difficile, puisque son front de taille
sera en plein massif, tandis que les autres seront
dégagés sur deux faces.

On pratique ordinairement une galerie médiane
dans le gradin qui est en avance sur les autres et
on bat ensuite au large à droite et à gauche.

Les déblais de la partie supérieure et du battage
au large sont amenés par brouettes circulant sur
un pont volant, dans des wagons placés sur une
voie installée dans la partie entièrement excavée.

Le revêtement en maçonnerie peut suivre de
près le dernier chantier ; on le fera suivant les
règles ordinaires ; on aura soin de ne laisser
aucun vide entre la maçonnerie et les terrains, et
le garnir au contraire cet espace par un blocage
serré assurant la tension entre la maçonnerie et les
terrains. La voûte sera recouverte d'une chape en
ciment pour empêcher les infiltrations ; il sera bon
le recouvrir cette chape de planches pour empêcher que le blocage ne la détériore.

L'emploi de la perforation mécanique donne un
avancement de quatre à huit fois plus rapide qu'à
la main. Si donc on n'avait qu'un seul niveau de
roulage, le chargement et le transport des déblais
pourraient être considérés comme impossibles dans
un temps assez court et on perdrait l'avantage
résultant de l'emploi des moyens rapides de perfo-

ration. Il sera donc indispensable de créer un grand
nombre de points d'attaque, afin que les travaux
marchent tous avec la plus grande rapidité, sans
amener d'encombrement.

Le fonçage d'un grand nombre de puits est rare-
ment applicable. Aussi l'ouverture des divers points
d'attaque devra-t-elle partir de la galerie d'axe
poussée avec le plus de rapidité possible. Dans les
considérations qui décideront du choix à faire pour
la percée d'un long tunnel, on ne devra pas oublier
que les terrains pourront changer de nature, et que
si on traverse, à un moment donné, des roches
parfaitement résistantes, on est exposé à trouver
plus loin des terrains fissurés ou des terrains non
consistants exerçant des pressions plus ou moins
énergiques. Il faudra donc que les méthodes
choisies et les dispositions adoptées puissent se
prêter facilement aux modifications réclamées par
le changement dans la nature des terrains.

Pour pouvoir assurer dans les tunnels le service
des transports, et de plus pour reconnaître le
terrain avant de l'attaquer sur toute la section du
tunnel, les Anglais commencent maintenant, en
général, par une galerie de faible section située
dans l'axe et au bas du profil ; on attaque ensuite
la section entière par gradins renversés, la galerie
du bas étant en avance de plusieurs mètres.

*Terrains non résistants. Méthode par section
divisée.* — Comme dans les galeries, on aura
recours à des soutènements provisoires en bois ou
en métal, que l'on enlèvera à mesure des progrès du
soutènement définitif en maçonnerie. Si l'on a
affaire à des terrains fissurés et de consistance

moyenne dans lesquels les galeries de mines seraient boisées avec cadres et garnissage à claire-voie, on conduira le travail par la méthode dite à *section divisée*, c'est-à-dire qu'on percera, de part et d'autre de la galerie d'axe, l'excavation par portions successives, le soutènement définitif étant obtenu par des anneaux de maçonnerie raccordés entre eux.

Les méthodes par section divisée se modifient suivant les cas, mais peuvent se ramener à deux types principaux procédant, l'un de la *base au sommet*, l'autre, au contraire, du *sommet à la base*.

Lorsqu'on va de la base au sommet, on commence par percer, sur l'emplacement des pieds-droits, deux galeries boisées d'une largeur suffisante pour comprendre l'épaisseur des maçonneries et un passage nécessaire pour le transport des matériaux. De distance en distance, on se porte, au moyen de rampes, à la partie supérieure du tunnel où l'on perce une galerie dans l'axe, comprenant le clavage de la voûte. Cette galerie est boisée et munie d'une voie ferrée.

Pendant ce travail, on remplace successivement le boisage des galeries inférieures par des pieds-droits en maçonnerie qu'on élève jusqu'à la naissance de la voûte, en soutenant au besoin le stross par des boussards. De la galerie supérieure et de distance en distance, on bat au large pour ouvrir des chambres de trois à dix mètres de longueur dans lesquelles on viendra construire la voûte ; ces chambres laissent entre elles des massifs pleins pour le soutènement.

A mesure de l'élargissement des chambres, on maintient le terrain par des longrines et par un boisage en éventail appuyé sur le stross. On monte un cintre entre chaque boisage et on maçonne sur les couchis portés par des cintres ; à mesure qu'on enlève un poussard du boisage, on le remplace par un plus court qui s'appuie sur le cintre et que l'on supprime à mesure que la voûte progresse.

Les premières chambres étant muraillées et leur voûte clavée, on attaque les massifs qui les séparent, on place le boisage en éventail, les cintres et on maçonne la voûte que l'on raccorde aux tronçons précédemment exécutés. On procède enfin à l'enlèvement du stross et à la construction du radier s'il y a lieu.

La méthode que nous venons d'indiquer est la plus naturelle. On préfère pourtant souvent celle qui consiste à faire la voûte, c'est-à-dire la partie la plus délicate de l'ouvrage, avant que l'excavation inférieure n'ait diminué la solidité des terrains ; ce procédé permet aussi de réduire la dépense en bois employés au soutènement provisoire.

Dans l'axe du tunnel et au sommet, on perce une galerie à grande section, quatre mètres, par exemple, de hauteur sur cinq mètres de largeur. On avance cette galerie en la boisant solidement et la divisant en deux par un plancher, formant double galerie ; des rails sont posés sur le sol et sur le plancher.

De distance en distance, on ouvre des chambres en battant au large ; ces chambres sont séparées par des massifs et soutenues par des boisages en éventail appuyés sur le sol.

Comme tout à l'heure, on place les cintres entre deux boisages, on soutient par des petits poussards quand on enlève le boisage en éventail et on maçonne la voûte.

On reprend ensuite les massifs laissés entre les chambres et on procède à l'achèvement de la voûte, dont les naissances s'appuient par conséquent sur le terrain.

Puis, on déblaie le stross par deux gradins, en laissant la voûte appuyée sur le terrain qu'on blinde, s'il est nécessaire.

On procède ensuite à l'enlèvement des pieds-droits naturels qu'on remplace par des pieds-droits en maçonnerie. Cet enlèvement se fait par tranchées successives, laissant entre elles des massifs intacts et on se raccorde, par petites portions, sous les naissances de la voûte. On traite ensuite de la même manière les massifs et on raccorde le tout. Enfin, on construit le radier.

Il arrive souvent avec cette méthode, que, malgré toutes les précautions prises, la voûte s'abaisse notablement.

Il faut tenir compte de ce fait dans la construction et surélever la voûte de la quantité dont on suppose qu'elle s'abaissera, une fois le travail terminé.

Entre ces deux méthodes dont l'une commence la construction par la base et laisse le stross du milieu à débloquer en dernier lieu, et l'autre qui construit d'abord la voûte, déblaie le stross et prend en sous-œuvre la construction des pieds-droits, il y a grand nombre de variantes dont les avantages et les inconvénients devront être considérés dans chaque cas particulier.

Terrains ébouleux. — Lorsque les terrains sont

ébouleux, les garnissages doivent être jointifs et les fronts de taille soutenus. On procède le plus souvent par section entière et le muraillement sera exécuté par anneaux complets. Le percement avancera, soit fractionné en plusieurs parties, comme dans la *méthode autrichienne*, soit en perçant seulement une galerie d'avancement et en attaquant ensuite tout le front de taille comme dans la *méthode anglaise*.

Méthode autrichienne. — Dans la méthode autrichienne, le percement et le soutènement provisoire de l'excavation se font par portions; le boisage est combiné de telle sorte que le soutènement de chacune de ses portions soit une partie du soutènement d'ensemble. On commence par percer une galerie d'axe à la base du tunnel, on la boise solidement, puis on en perce une autre au-dessus, qui comprend le clavage de la voûte et dont le boisage formera la continuation de celui de la galerie de base. On bat au large sur la demi-hauteur de la grlerie supérieure et on boise en s'appuyant sur un entrait horizontal provisoire; puis on élargit la partie inférieure de cette galerie en boisant solidement.

On vient enfin battre au large de chaque côté de la galerie de base et tous les divers boisages viennent terminer l'ensemble du soutènement de l'excavation.

Les bois employés sont ronds, préparés et assemblés au jour, puis repérés, démontés et amenés aux chantiers où ils sont réassemblés à mesure de l'avancement qui se fait, pour chaque partie, à l'aide de palplanches et de boucliers.

Quand le soutènement est établi sur une certaine longueur, on place les cintres entre les boisages et on procède au muraillement.

Méthode anglaise. — On perce encore à la base du tunnel une galerie d'axe qui permettra de donner une direction précise et mettra les différents chantiers en communication. L'excavation entière est ensuite attaquée et progressivement pourvue d'un boisage spécial. Ce boisage se compose de deux parties, l'une destinée à soutenir le front de taille, l'autre les parois.

Le garnissage du front de taille est composé de fortes planches ou madriers horizontaux contigus soutenus par un bouclier. Celui-ci est constitué par des pièces de bois verticales ou légèrement en éventail, maintenues par deux grandes traverses principales formées chacune de deux pièces assemblées à trait de Jupiter après leur introduction dans l'excavation. Ces traverses placées horizontalement, sont soutenues par deux jambes de force ou poussards inclinés.

Le garnissage destiné à maintenir les parois et la voûte est composé de pièces de bois rond, exemptes de nœuds et d'irrégularités. Ces pièces placées horizontalement, sont appuyées par un bout sur le muraillement déjà fait et sont contenues, de l'autre, par les pièces du bouclier.

Derrière ces rondins sont placées des planchettes imbriquées, c'est-à-dire à recouvrement, qui forment contre les parois un garnissage aussi serré que l'exige la nature plus ou moins ébouleuse du terrain.

Si nous considérons un chantier avec son soutènement complet, nous voyons que, dans l'excavation complètement libre on pourra monter les cintres, puis les couchis et construire un anneau de maçonnerie à la suite du précédent.

A ce moment, les bois horizontaux sont presque complètement engagés derrière la maçonnerie; mais on a eu soin, lors de la construction, de les rendre libres au moyen de tasseaux placés entre les briques ou les moellons et le garnissage.

Pour poursuivre l'avancement, on commence l'excavation par la partie supérieure en enlevant successivement les madriers du haut du bouclier. A mesure que ces excavations avancent, on fait glisser les rondins au moyen de pinces engagées dans le bois et appuyées contre la maçonnerie, puis on place au-dessus d'eux des planches de garnissage.

Dans cette manœuvre, on enlève successivement toutes les pièces du bouclier pour les rétablir plus loin; on pratique ainsi un premier gradin qui a pour longueur la partie disponible des rondins; ceux-ci, pendant la période d'avancement, sont soutenus provisoirement par des bois verticaux ou inclinés appuyés sur le sol du gradin.

L'avancement du gradin supérieur une fois terminé et le garnissage rétabli, on démonte la partie inférieure du bouclier, on procède à l'abatage et on remonte progressivement les boisages du bouclier. Le soutènement complet est alors rétabli et on procède à la construction d'un nouvel anneau de maçonnerie.

L'avancement s'obtient donc par une succession d'anneaux complets de trois à quatre briques d'épaisseur et qui ont pu conserver dans les terrains sablonneux et inconsistants les conditions d'unité et de stabilité qu'on n'eût pu obtenir avec les méthodes par section divisée.

Boisages. — Lorsqu'on procède à l'excavation par gradins droits et que celle-ci est faite sur toute la largeur de la calotte, on soutient les couchis que l'on applique contre le terrain, soit à l'aide de chandelles formant éventail, soit à l'aide de vrais cintres, qui, suivant le mode d'excavation et les besoins de la circulation, sont retroussés ou non, et s'appuient soit sur des traverses, soit sur des semelles appliquées contre les bas-côtés de l'excavation. Lorsque le déblai embrasse plus que la calotte, ces cintres au lieu de reposer sur le massif de terrain occupant la place de la partie inférieure de l'excavation, sont soutenues par des montants auxquels des croix de Saint-André ou des traverses et contrefiches donnent la stabilité nécessaire pour résister aux poussées du terrain.

Boisage de la partie inférieure. — En opérant par gradins s'étendant sur toute la largeur, il faut dans des terrains exerçant des pressions, soutenir le boisage de la calotte au fur et à mesure de l'enlèvement du sol qui le portait. On est alors conduit à établir par étages le boisage compris entre les pieds-droits et, par suite, les montants n'ont plus que la hauteur des étages successifs. Ils reposent sur des pièces transversales, leur servant de semelles et devenant des chapeaux pour l'étage inférieur dont les montants sont placés à l'aplomb de ceux de l'étage supérieur.

Dans le cas de l'enlèvement des parties infé-

9.

rieures du terrain par cunettes longitudinales, on ne procède généralement à ces déblais complémentaires qu'après le revêtement de la voûte. Le boisage établi dans ces cunettes sert à la fois au maintien des parois et au soutien des retombées de la voûte, que l'on reprend en sous-œuvre pour la faire reposer sur les pieds-droits.

Le procédé qui consiste à faire le déblai sur toute l'étendue du profil, avant l'exécution de la voûte, nécessite des boisages très forts.

Si la galerie d'avancement ou de direction se trouve à la base du profil, le boisage de la galerie même se fait comme il a été dit ci-dessus, mais pour procéder aux travaux d'élargissement et de déblai du profil entier, il faut tout d'abord s'élever jusque dans la calotte. Le boisage devient dans ce cas plus compliqué, car il comprend le maintien du boisage de la galerie de base, celui des puits par lesquels on s'élève de distance en distance de la galerie inférieure à la supérieure et enfin le boisage de la galerie en calotte et des élargissements et approfondissements.

Nous ne pouvons pas signaler toutes les variations de boisages, car elles peuvent varier avec la nature des terrains et la méthode d'exécution.

Boisage métallique. — L'idée de substituer aux bois des pièces en fer occupant, tout en présentant la même résistance, beaucoup moins d'espace, a dû nécessairement se présenter à l'esprit des constructeurs. Des boisages et des cintres métalliques ont en effet été employés et M. Rziha, qui le premier a mis cette idée à exécution, a su leur donner des formes et dispositions pratiques. Mais s'il est pos-

sible de fixer dès l'origine la forme de l'intrados
du revêtement, il n'est pas facile de dire à l'avance
quelle sera la forme de l'excavation. Suivant la
nature du terrain rencontré, l'épaisseur des maçonneries devra varier ; de plus les irrégularités de
l'excavation devront être suivies par le boisage. Il
faudra donc avoir une grande variété d'éléments
métalliques ou de pièces métalliques ajustables à
sa disposition. En tout cas il faudra s'aider de dou-
blures en bois pour bien remplir le but, qui est
de soutenir le terrain en tous ses points.

Pour éviter une trop grande multiplication des
assemblages, les cintres métalliques se composent
de cadres ayant des dimensions assez considérables
et étant dès lors d'une manipulation difficile.

Boisages métalliques système Rziha. — C'est
en 1862 que M. Rziha eut l'occasion d'appliquer en
grand son système de cintres et de boisages métalliques. Il les employa dans les tunnels de Naens
et d'Ippens, construits en Allemagne, sur la ligne
de Kreiensen-Holzminden, et ayant 879 mètres et
206 mètres de longueur, 6 mètres de hauteur et
8 mètres d'ouverture. Le terrain traversé, peu résistant, nécessitait un fort revêtement avec radier
sur toute la longueur. Dans le tunnel de Naens,
traversant la formation dite Keuper, on rencontra
des couches de calcaire tendre, alternant avec des
couches de marne. Dans ce tunnel, de même que
dans celui d'Ippens, ouvert dans les marnes du
lias, on rencontra beaucoup d'eau détrempant les
marnes.

Dans ces tunnels, le bordage devait non seulement
assurer le maintien du pourtour de l'excavation,

mais fournir de plus les points d'appui au blindage des faces d'attaque. Grâce aux bons résultats obtenus par ce système, sous la direction vigilante de M. Rziha, on l'employa dans la suite à quelques autres tunnels, mais son application ne s'est pas généralisée.

Avec les boisages ordinaires, il faut, lorsque l'on passe à l'exécution du revêtement, enlever successivement une grande partie des pièces pour pouvoir poser les cintres. Dans les terrains difficiles, les charpentes en bois obstruent jusqu'à la moitié de la section du tunnel et dans les terrains moyennement meubles, le boisage occupe souvent encore le quart de la section.

M. Rziha a employé des cintres doubles et concentriques. Le cintre extérieur, qui maintient la poussée des terres par l'intermédiaire de palplanches et qui tient la place du futur muraillement, doit être solide, élastique et facile à démonter ; aussi est-il composé de voussoirs en fer réunis par des brides boulonnées ; M. Rziha emploie, pour les former, des rails Vignole courbés et soudés, le boudin se trouvant à l'intérieur.

Le second cintre sur lequel est transmise la pression des terres et qui servira, en outre, à donner la forme à la voûte, est en fonte ; il est composé de plusieurs pièces à section double T, boulonnées entre elles. Les voussoirs du cintre en fer sont appuyés sur ce second cintre et fixés par des boulons à crochets.

Des traverses horizontales (fig. 25 et 26) solidement calées dans des encoches venues de fonte, divisent la hauteur du tunnel en trois étages ; les deux séries supérieures sont en outre maintenues sur leur longueur par des tirants accrochés au cintre en fonte ; la série inférieure est soutenue également en deux points par des supports en fonte boulonnés sur la partie inférieure du cintre.

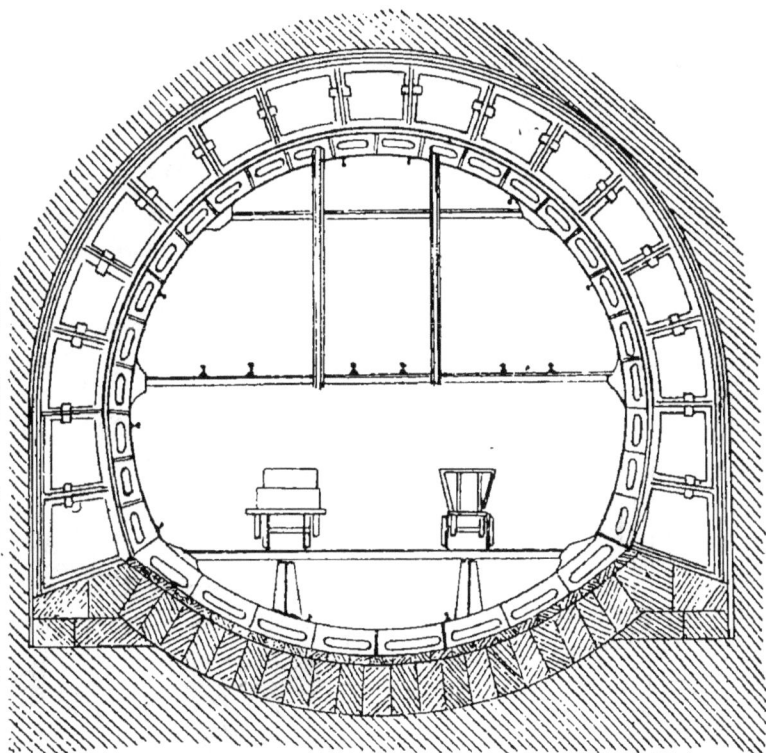

Fig. 25. Cintre métallique Rziha.

Ces pièces transversales sont destinées à porter des rails parallèles à l'axe du tunnel pour servir aux voies de roulage.

M. Rziha emploie huit cintres complets par chantier, réunis entre eux par un contreventement, afin d'assurer leur résistance. On établit ordinai-

rement un plancher sur la largeur entière du
tunnel ; ce plancher porte trois voies de roulage

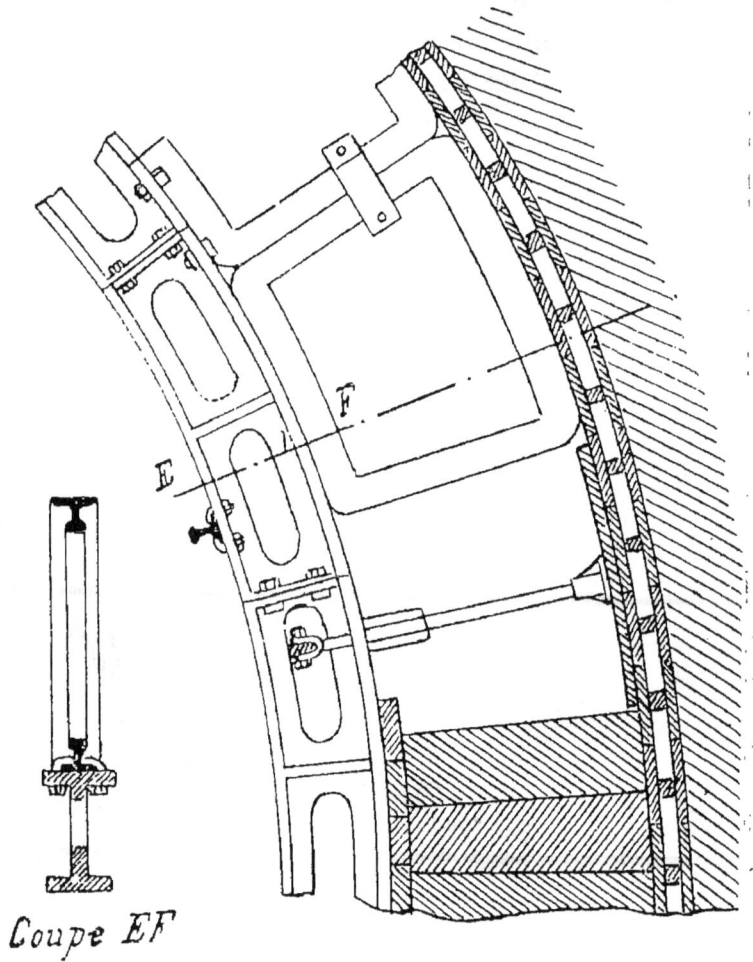

Coupe EF

Fig. 26.   Cintre métallique Rziha (détails).

qui permettent de multiplier les points d'attaque
d'enlever rapidement les déblais ; ce plancher facilite, en outre, la ventilation des travaux, la circulation et la surveillance.

Ces dispositions établies, on commence l'attaque du terrain en enfonçant des palplanches sur tout le périmètre, autour du cintre en fer, puis on procède à l'excavation de la partie supérieure du front de taille, en posant contre celui-ci des madriers de garnissage, maintenus par des poussards à vis appuyés d'une part contre les pièces verticales du bouclier et, de l'autre, sur l'ensemble des cintres. On poursuit l'excavation de proche en proche sur toute la surface, et on fait la place pour un nouveau cintre. Celui d'arrière étant devenu libre par la construction d'un nouvel anneau de maçonnerie, on le démonte pour le rétablir à l'avancement.

On procède au revêtement, en enlevant successivement les voussoirs en fer et en leur substituant des pierres de taille, qui reposent sur des couchis préalablement posés sur les cintres en fonte. Dans l'intervalle on soutient, s'il est nécessaire, le garnissage par des poussards à vis.

Dès que la maçonnerie est bien prise, pieds-droits et voûte, on démonte l'arc renversé. D'autres fois, on juge préférable de commencer par le radier.

Pour assurer la possibilité de l'emploi des éléments métalliques pour des pressions variables suivant les terrains, M. Rziha, change l'espacement des fermes, qu'il relie entre elles par des pièces de fer et par des pièces de bois. Le réglage des parties déformées, l'enlèvement des cadres, de même que le serrage des blindages vers la face de l'attaque s'opèrent au moyen de vérins prenant appui sur le cintre.

Emploi de l'air comprimé. — L'emploi de l'air comprimé peut rendre de grands services pour le

passage des terrains fluants et aquifères ; il a
appliqué avec succès au tunnel passant so
l'Hudson et qui relie New-York à Jersey-City.
anneau de tête en maçonnerie étant construit, on
ferme par un obturateur, sorte de caisson en tôle
deux fonds espacés d'environ quatre mètres ;
tout est entretoisé et renforcé de façon à pouvoi
supporter sans déformation la pression de l'a
comprimé. L'intervalle resté libre entre les deu
fonds est rempli d'argile.

Le joint étanche est obtenu sur tout le pourtou
à l'aide de coins en bois avec corrois d'argile.

Trois sas à air de forme circulaire ou elliptiqu
sont réservés à la partie inférieure, celui du milie
pour le personnel, les deux autres pour les m
tériaux. Deux tuyaux amènent, l'un, l'air comprim
l'autre, l'eau sous pression. Un troisième tuya
à la partie inférieure, permettra la sortie d
déblais enlevés par siphonnage.

Les déblais du front de taille sont jetés dans u
bac en tôle où on les fait barboter et d'où ils so
évacués au moyen de l'eau sous pression ;
parties non désagrégées sont chargées dans
vagonnets et éclusées par les sas.

La chambre de travail, comprise entre le caisso
et le front de taille, augmente de capacité à mesu
de l'avancement. Les pertes d'air comprin
augmentent ; aussi, après un avancement de d
à vingt mètres, faudra-t-il établir un nouvea
caisson plus rapproché du front de taille.

L'air comprimé oppose une contre-pression à
poussée des terrains et refoule l'eau d'infiltratio
L'enlèvement d'une bonne partie des déblais p

…eau, diminue l'encombrement et permet d'activer … travail.

… Pour la traversée des terrains coulants et aqui-…ères, on pourra avoir intérêt à employer des pro-…édés analogues à celui du fonçage des puits par …congélation.

… *Revêtement des souterrains.* — Le revêtement … es tunnels est utile, non seulement pour ceux qui … traversent des terrains exerçant des pressions, en … aison du défaut de résistance constaté lors de … eur ouverture, mais même pour la plupart des … souterrains dans lesquels le déblai n'a pu être … xécuté qu'en usant de la mine.

… Dans les terrains meubles ou dans des roches … élitées, dans lesquels de gros blocs menacent de … e détacher, le revêtement doit être suffisamment … ort pour résister à des pressions souvent très consi-…érables. Si ces pressions ne sont pas symétriques, … e qui arrive dans des terrains présentant des plans … e glissement, le revêtement devra supporter des … résultantes obliques très dangereuses.

… Certains terrains présentant, au moment de l'at-…aque, tous les signes d'une grande résistance, sont … sujets à subir, sous l'influence de l'air et de la gelée, … les modifications telles que, pour éviter leur bour-…souflement et leur chute, il soit nécessaire de les … mettre à l'abri de ces agents destructeurs. En … pareil cas, le revêtement peut n'avoir, s'il est … établi en temps utile, qu'une faible épaisseur.

… Les roches rapprochées des têtes étant plus … exposées à subir les variations des agents atmo-…sphériques, on donne souvent un excédent d'épais-…seur au revêtement dans ces parties.

Même dans les tunnels ouverts à travers de
roches dures et non altérables, il importe tellement
de mettre l'intérieur du tunnel à l'abri des chute
de débris rocheux, qu'on n'hésite pas à les revêti
pour le moins dans leur partie supérieure e
appuyant les naissances des voûtes sur les roche

Modes d'exécution. — Le revêtement maçonn
d'un tunnel se compose des deux pieds-droits, de l
voûte reposant sur ces pieds-droits et du radier qu
les relie à leur base.

Le revêtement devra s'étendre sur tout le pour
tour mis à nu, lorsqu'il aura pour but de mettre l
terrain à l'abri de l'influence de l'air et de la gelée
il comprendra alors les pieds-droits et la voûte, mai
le radier pourra être le plus souvent supprimé, ca
la couche de ballast, dans laquelle on établit l
voie du chemin de fer, ou qui constitue le corps d
la chaussée, suivant le but du tunnel, fait office d
protecteur contre les intempéries. Tout au contrair
l'omission du radier ne doit se faire qu'aprè
une réflexion mûre, quand le revêtement est appel
à résister à des pressions exercées par le terrai
Un radier reliant le bas des pieds-droits est d'un
efficacité bien plus grande que tout enracineme
de ceux-ci dans le terrain.

Lorsque les pressions paraissent devoir s'exerce
dans un sens oblique, il est utile non seulement d
donner aux pieds-droits une plus grande épaisseu
mais aussi de les appareiller comme des voûte
reportant les pressions vers leurs naissance
c'est-à-dire vers la voûte du tunnel, et vers so
radier.

Pour la construction des voûtes, on emploi

généralement des matériaux de petit échantillon ; la brique présente à ce point de vue des avantages. Si l'épaisseur du revêtement dépasse de beaucoup les dimensions des matériaux employés, on peut, ou bien faire des maçonneries enchevêtrées, ou constituer l'épaisseur par juxtaposition d'un certain nombre de couches de maçonnerie, ayant chacune une épaisseur correspondant à la dimension des matériaux. En employant la brique pour la construction de la voûte, c'est en général, ce dernier procédé qui est suivi. Cette construction par rouleaux présente l'avantage de peu charger les cintres et de permettre dès lors de réduire leurs dimensions.

Il faut avoir soin de porter la maçonnerie contre le terrain, en lui faisant épouser les légères irrégularités. Mais si les irrégularités de l'excavation sont grandes, et s'il n'y a pas de motifs particuliers pour augmenter l'épaisseur de la maçonnerie, on a soin de remplir les intervalles entre l'extrados et le terrain, à l'aide de débris de roche ou de gravier. Ce remplissage prévient des éboulements qui, tout en étant limités, pourraient donner naissance à des mouvements dans le terrain et par cela à des chocs ou à des pressions très fortes.

Les revêtements des tunnels sont faits généralement en maçonnerie à mortier hydraulique à cause de leur exposition aux eaux d'infiltration ; de plus il présente l'avantage de durcir rapidement, ce qui permet d'enlever les cintres peu de temps après la clôture des voûtes.

D'une façon générale, il est impossible de recouvrir les voûtes d'une chape protectrice contre les infiltrations. Si la maçonnerie est bien faite, les eaux qui suintent à travers le terrain ne peuvent pas passer vers l'intérieur du tunnel, sauf à travers quelques-uns des matériaux qui sont poreux.

Pour prévenir donc l'emprisonnement des eaux d'infiltration et l'effet nuisible qu'elles peuvent exercer sur le terrain, on ménage de distance en distance dans les retombées des voûtes, et au bas des pieds-droits, des barbacanes qui livrent passage aux eaux et les font arriver à l'intérieur du tunnel.

On facilite l'écoulement de ces eaux vers les têtes du tunnel, en construisant un ou deux aqueducs dans le sens longitudinal. S'il n'y en a qu'un, on le place dans l'axe du tunnel lorsque celui-ci est à deux voies ; il longe au contraire l'un des pieds-droits dans le cas de tunnel à une voie et dans ce cas le fond de l'excavation reçoit une pente transversale vers ce côté.

La section des aqueducs dépend de la longueur du tunnel et de l'état d'humidité du terrain. Lorsqu'il y a un radier l'intrados de celui-ci sert de seuil à l'aqueduc, qui en dehors des orifices communiquant avec les barbacanes, en comporte d'autres pour recueillir les eaux qui s'accumulent sur le radier.

Niches ou caponnières. — Lorsque le profil d'un tunnel est d'une largeur insuffisante pour permettre le garage d'un homme, lors du passage d'un train, il devient nécessaire de ménager de distance en distance des refuges. Même dans les tunnels où un homme peut, en se rangeant, laisser passer un train sans être en danger, ces *niches* ou *caponnières* sont nécessaires pour y déposer les outils de l'entretien des voies ; on leur donne au minimum

deux mètres de hauteur sur un mètre de profondeur
et deux mètres de largeur.

On creuse ces niches en quinconce et l'écartement
entre deux niches situées d'un même côté n'est
jamais inférieur à 100 mètres.

Dans les tunnels de grande longueur, on ménage
de distance en distance, entre les niches ayant les
dimensions ci-dessus, des *refuges* ou chambres
dans lesquelles des équipes d'ouvriers avec leurs
outils peuvent se garer ; elles présentent des dimensions plus grandes.

Têtes des tunnels. — Un tunnel est toujours
précédé de tranchées ; la face de fond de la tranchée
doit être soutenue par un mur formant l'une des
têtes du tunnel.

*Etude comparative des procédés d'exécution
des tunnels.* — Une fois que le tracé d'un tunnel
est arrêté, on doit procéder à son exécution dans le
temps le plus court possible. Si la hauteur des
terrains au-dessus du tunnel est telle qu'elle exclue
la possibilité de foncer des puits, pour augmenter
le nombre des points d'attaque, ceux-ci devront
forcément se réduire à deux, un à chacune des têtes
qui seront quelquefois éloignées l'une de l'autre de
plusieurs kilomètres.

La méthode adoptée devra pouvoir se prêter, au
moyen de modifications convenables, à la traversée des terrains de diverses natures qu'on sera
susceptible de rencontrer.

L'emploi de la perforation mécanique s'impose
aujourd'hui, mais on ne peut encore songer à
l'appliquer sur toute la section du tunnel et sur un
seul front d'attaque ; le chargement et le transport

des déblais seraient des causes de retard qui paralyseraient le travail.

L'avancement rapide pour être bien profitable, nécessitera l'ouverture et l'organisation rationnelle d'un certain nombre de chambres de travail intermédiaires. L'achèvement d'un tunnel se trouve dès lors intimement lié à la façon dont ces chantiers intermédiaires sont organisés, et par là, au procédé de percement employé.

On attaquera donc le tunnel, à chacune de ses deux têtes, par une galerie d'avancement, située à la base ou au sommet, et qu'on poussera à l'aide de la perforation mécanique, avec toute la rapidité possible.

On créera, le long de cette galerie, un nombre de points d'attaque suffisant pour compléter l'excavation sans amener d'encombrement dans les chantiers. Les travaux d'excavation complète et le revêtement devront suivre de près l'avancement du front de taille, afin que le tunnel puisse être fini en aussi peu de temps que possible après la rencontre des deux galeries d'avancement parties de chaque tête.

On devra donc chercher à concentrer les chantiers sur la moindre longueur, puisque cette longueur sera seule à achever après la rencontre ; on aura ainsi l'avantage de faciliter l'aérage, les chantiers étant moins disséminés ; l'extraction des déblais sera aussi plus rapide.

Deux méthodes principales ont été employées pour l'exécution des longs tunnels ; la galerie d'avancement est, pour l'une, au faîte, pour l'autre à la base ; la première a été appliquée au Saint-Gothard, la seconde à l'Arlberg.

Procédé avec galerie au faîte. — On commence à percer, dans l'axe du tunnel et au clavage de la voûte, une galerie d'avancement, en employant la perforation mécanique de préférence. A 250 mètres en arrière du front de taille de la galerie, on battra au large dans plusieurs chantiers pour ouvrir l'excavation.

On procédera dans d'autres chantiers plus éloignés, à la construction de la calotte de la voûte, à l'enlèvement du stross entre les futurs pieds-droits, soit par deux niveaux, soit par un seul ; les niveaux sont raccordés par des rampes, dont le développement dépendra de la hauteur à racheter.

La cunette sera attaquée en plusieurs points et on procédera successivement à la construction en sous-œuvre de chacun des pieds-droits, lorsque l'excavation sera terminée en profondeur. Enfin on construira le radier.

L'aérage pendant le travail, est obtenu à l'aide de ventilateurs soufflants et de tuyaux de 40 à 50 centimètres de diamètre allant jusqu'au front de taille.

L'emploi des perforateurs à air comprimé, outre qu'il contribue à l'aérage des chantiers, produit, en raison de la détente, un abaissement de la température. Les ouvriers échelonnés à deux ou trois niveaux, sont en contact direct avec le courant d'air.

Le transport des déblais jusqu'à la plate-forme exigera une ou plusieurs rampes qu'on devra déplacer à mesure de l'avancement des travaux ; il en résultera de grandes pertes de temps et un long développement des chantiers ; on a essayé, sans grand succès, de substituer à ces rampes des élévateurs mécaniques, c'est-à-dire des élévateurs assurant le déplacement des wagons d'un niveau à l'autre. Tout en présentant sur les rampes l'avantage d'exiger moins de travail et de causer moins de gêne lors des changements d'emplacements, ce système dut être abandonné à cause de l'attaque que ces appareils subissaient par les gaz contenus dans l'atmosphère ; ils refusaient bientôt tout service.

L'attaque de la cunette du stross se fait forcément par des fouilles en contre-bas ; les déblais sont rejetés sur des banquettes d'où ils sont repris pour être mis en wagon.

Dans le cas d'une venue d'eau, il faut faire l'épuisement.

On voit que la série des chantiers s'étend sur une grande longueur en arrière du front de taille de la galerie d'axe ; on peut obtenir pour celle-ci un avancement de 150 mètres par mois.

Elle est en avance sur les travaux d'élargissement de	250	mètres
Le battage au large des deux côtés occupe.	500	—
Les cunettes pour compléter l'emplacement du cintre	500	—
La construction du cintre.	250	—
Une première cunette à deux ou trois niveaux.	500	—
La construction du premier pied-droit. . .	250	—
Le creusement de la deuxième cunette. . .	250	—
La construction du deuxième pied-droit, radier, rigole	250	—

Les chantiers se développent donc sur une

longueur de 2,750 mètres, de telle sorte que, lors de la rencontre des deux tronçons de la galerie, il restera encore 5,500 mètres de tunnel à achever.

Procédé avec galerie de base. — On perce encore dans l'axe du tunnel, une galerie d'avancement partant des deux têtes et en employant la perforation mécanique, mais au niveau du sol du terrain.

Du toit de cette galerie et de distance en distance, on monte des cheminées jusqu'au faîte du tunnel, et les rapprochant d'autant plus qu'on voudra obtenir un travail plus rapide ; à l'Arlberg, on les a espacées de 60 mètres dans les bons terrains et de 24 mètres dans les terrains moins résistants.

Ces cheminées servent à l'ouverture d'une galerie de faîte, qui sera séparée de celle de base par un petit stross. A mesure que la première s'éloigne de la cheminée, on perce des ouvertures au-dessous desquelles des wagons viennent recevoir les déblais.

Après la rencontre de deux tronçons de la galerie de calotte, on bat au large, en soutenant l'excavation par un boisage en éventail appuyé sur une longue poutre qui repose sur le stross. Quand on abattra celui-ci, la poutre sera maintenue à l'aide de montants provisoires. Ces battages au large se font par anneaux de 8 mètres de largeur espacés l'un de l'autre de 30 mètres.

On construit la maçonnerie en commençant par les pieds-droits, dès que l'excavation d'un anneau est terminée. Mais rien n'empêcherait, on le comprend, de construire la voûte avant de déblayer le stross, si ce mode de procéder paraissait plus avantageux.

Terrassier. — Tome II. 10

Cette méthode sera du reste modifiée suivant le
cas. C'est ainsi qu'on pourra ouvrir, au-dessus d
la galerie d'avancement, une cunette en deu
étages se suivant de près, l'étage supérieur éta
percé à la machine. Le battage au large et l'e
lèvement du stross suivent à une certaine distanc
Le percement est moins coûteux qu'en employa
des cheminées ; mais le boisage doit être plu
résistant pour supporter le choc des coups de mi
et pour maintenir les deux faces latérales de l'exc
vation.

Dans les méthodes avec galerie de base, le
chantiers peuvent être beaucoup plus concentré
qu'avec les galeries de faîte et ne pas s'étendr
au delà de mille mètres en arrière du front d
taille ; sur cette longueur, plusieurs anneaux
trouveront complètement achevés. Aussi après
que les deux tronçons de la galerie d'axe se seron
rencontrés, le tunnel pourra-t-il être achevé dan
un temps beaucoup plus court que si on avait pro
cédé par galerie de faîte.

Avec la galerie de base, les transports se font à
niveau de la voie définitive ; l'enlèvement de
roches abattues sera donc plus rapide et l'o
n'aura pas à déplacer les voies de service comm
dans la méthode précédente.

L'aérage sera assuré par des ventilateurs sou
flants et des conduites de 40 à 50 centimètres ave
branchements de 30 centimètres pour les chantiers
L'air est envoyé à la pression de 0,20 atmosphèr
sans qu'on ait à l'élever au delà de 0,35, même pou
des longueurs de 4,000 mètres.

Dans chaque cas particulier, il faudra teni

compte des avantages et des inconvénients de chacune des méthodes à appliquer.

Comparaison au point de vue du prix de revient. — Le prix de revient des déblais que nécessite l'ouverture d'un souterrain est bien plus élevé dans la galerie d'avancement, où le travail est gêné, que dans le stross, où les déblais peuvent être chargés directement et éloignés sans transbordement, et où les conditions du travail approchent davantage de celles des déblais à ciel ouvert.

Entre ces deux cas extrêmes, il y a une série de conditions d'exécution intermédiaires et, par conséquent, les prix de revient des déblais sont en réalité très variables.

On peut admettre, avec M. Bridel, ingénieur en chef du chemin de fer du Saint-Gothard, qu'en moyenne les deux méthodes d'exécution conduisent aux rapports suivants : dans la roche dure, nécessitant la mine, le mètre cube de déblai d'une galerie, ayant 4 à 4,50 mètres carrés de section, coûte trois fois plus que l'abatage du stross, et le mètre cube extrait en élargissement de la calotte et en cunette, une fois et demie le prix de cet abatage.

Ces rapports de 3 : 1,5 : 1, n'ont rien d'absolu ; ainsi pour les roches très dures ils s'élèvent à 4 : 2 : 1, tandis qu'ils s'abaissent à 2 : 1,50 : 1 dans les roches tendres.

Lorsque le travail du percement commence par la galerie de faîte, il faut ouvrir une cunette pour descendre au second étage de l'excavation et on trouve, en considérant un profil total de 55 mètres carrés à ouvrir dans la roche dure, les équivalents suivants pour l'excavation d'un mètre courant de tunnel :

		Equivalent en mètres cubes du stross
4^{m3}	de galerie d'avancement (4×3). . .	12^{m3}
15^{m3}	de battage en largeur ($15 \times 1,5$). . .	22 50
$9^{m3} 5$	de cunette de stross ($9,5 \times 1,5$). . .	14.25
$26^{m3} 5$	de stross ou de revanché.	26.50
55^{m3}	d'excavation correspondent à	75.25

Chaque mètre cube d'excavation correspond donc dans ce cas à environ $1^{m3} 35$ d'excavation de stross au point de vue du prix de revient.

Lorsque le travail de percement du tunnel commence par la galerie de base une analyse analogue donne les chiffres suivants :

4^{m3}	de galerie d'avancement (4×3). . .	12^{m3}
$4^{m3} 6$	de galerie en calotte ($4,6 \times 3$) . . .	13.80
$8^{m3} 4$	de battage en large en calotte ($8,4 \times 1,50$).	12.60
38^{m3}	de stross ou de revanché.	38. »
55^{m3}	d'excavation correspondent à	76.40

Chaque mètre cube d'excavation correspond donc dans ce cas à environ $1^{m3} 39$ d'excavation de stross au point de vue du prix de revient.

Cette différence, qui n'est que de $1^{m3} 15$ par mètre courant, en faveur du procédé par galerie de faîte, augmente et atteint 6^{m3} quand on renonce à la cunette pour atteindre le second plan; mais la suppression de ce raccordement entraverait et renchérirait les travaux.

La faible différence d'unité de travail trouvée par l'analyse que nous venons de faire, en faveur de la galerie de faîte, est plus que compensée par les facilités et avantages que présente la galerie d'avancement à la base. De plus cette dernière permet de ventiler avec grosse conduite et à faible pression.

En somme, M. Bridel trouve que le coût du mètre courant de l'Arlberg, ouvert dans des roches plus dures que celles du Saint-Gothard, n'a été, dans les sections éloignées de 3 à 4 kilomètres des têtes, c'est-à-dire dans des conditions correspondantes à la distance moyenne du Saint-Gothard, que de 2,650 francs environ, tandis que le prix du mètre courant du Saint-Gothard était de 3,630 francs et que ce prix n'était pas rémunérateur pour l'entrepreneur, tandis que celui de l'Arlberg a eu du bénéfice. On peut donc conclure que le prix de revient par mètre courant de tunnels de grande longueur, exécutés par la méthode avec galerie d'avancement au faîte est bien plus élevé que celui auquel on arrive en procédant par la méthode avec galerie de base. Cette différence doit être supérieure à celle des prix cités plus haut, c'est-à-dire à 980 francs.

On doit donc donner la préférence au procédé par galerie de base toutes les fois qu'un tunnel de grande longueur doit être percé dans des terrains très durs.

Dans les terrains non résistants et surtout dans les terrains exerçant des pressions, il sera toujours prudent de faire suivre de près le chantier d'excavation par celui de revêtement. La galerie de faîte préparant l'exécution de la voûte, sera alors souvent préférable à celle de base.

D'une façon générale le choix du procédé de construction d'un tunnel résultera de l'examen raisonné de toutes les conditions spéciales et de la connaissance des avantages et des inconvénients des diverses méthodes.

CHAPITRE XXII

Emploi du bouclier dans la construction des souterrains

—

Depuis un certain nombre d'années on a employé, dans l'exécution des souterrains, la méthode dite du *bouclier*. Les différents et importants travaux exécutés jusqu'à présent par cette méthode et ceux qui sont en cours permettent de lui prédire un grand avenir. Son emploi se recommande aussi bien dans les travaux sous l'eau que dans les travaux urbains et courants, car il procure l'avantage d'exécuter vite et à bon compte, sans interrompre la circulation des voies superficielles ; de plus, les ouvriers travaillent à l'abri de tout accident.

Composition d'un bouclier

Le bouclier est une sorte de blindage métallique à l'abri duquel s'exécutent les fouilles et le revêtement d'une galerie souterraine et qui, en outre, déplace progressivement suivant les besoins de l'avancement, en maintenant toujours les terres et en offrant une protection efficace pour les ouvriers et les ouvrages, car il remplace les anciens boisages coûteux et compliqués et très souvent impuissants à supporter les poussées des terres adjacentes aux fouilles.

L'inventeur du bouclier est un ingénieur français du nom d'Isambert Brunel (1823), qui a proposé de construire un tunnel sous la Tamise, à Londres. Si on examine son invention, on y retrouve tous les principes du bouclier tel qu'on le construit aujourd'hui pour l'exécution des travaux dans les terrains pleins d'eau, sans consistance, et sous les cours d'eau les plus profonds.

Le bouclier n'est pas un outil d'une forme invariable; ses dispositions varient suivant la nature des terrains où on devra travailler, et si on tient compte des divers travaux exécutés jusqu'à présent, tant en France qu'à l'étranger, on peut distinguer trois sortes de boucliers, chacune d'elles comportant dans la pratique beaucoup de variantes intermédiaires et le talent de l'entrepreneur réside précisément dans l'étude de la forme qu'il convient d'adopter dans chaque cas.

Les trois catégories de boucliers sont les suivantes :

1° Le bouclier qui convient admirablement aux terrains argileux fermes, qu'il faut simplement soutenir et soustraire à l'action de l'air, c'est le bouclier connu sous le nom de *bouclier Greathead*;

2° Celui qui doit travailler dans les terrains mous qui coulent et ne peuvent se tenir sous aucun talus;

3° Enfin celui qui doit travailler dans des terrains ébouleux mais secs, soit naturellement, soit
asséchés à l'air comprimé.

Un bouclier est composé d'une enveloppe en tôle
de fer ou d'acier ayant 14 millimètres d'épaisseur,
complètement lisse à l'extérieur et doublée à l'intérieur sur tous les joints par de larges plats de
même épaisseur. Dans sa partie centrale, cette
enveloppe épouse la forme de l'ouvrage qu'on exécute, sur une longueur variable suivant les constructeurs et forme ce qu'on appelle le *corps du bouclier*. Sa partie antérieure forme l'*avant-bec* et est
découpée en visière sur une certaine hauteur, la
partie inférieure manque totalement.

La partie arrière sert à construire le revêtement
définitif.

L'enveloppe doit être absolument lisse et par suite
assemblée avec des rivets à tête fraisée et il faut
qu'elle soit absolument cylindrique et non conique.
Cette conicité obligerait à ouvrir la fouille trop
large et provoquerait des tassements à l'arrière.

L'enveloppe doit être aussi mince que possible
pour réduire le vide laissé autour du revêtement
lors de l'avancement, tout en ayant une rigidité
suffisante pour ne pas se déformer sous la pression
des terres, notamment dans la queue, où la place
est laissée entièrement libre pour la construction
du revêtement. On la fait généralement en tôle
d'acier et on la forme d'au moins deux épaisseurs,
de façon à pouvoir recouper les joints et éviter
l'emploi de couvre-joints dont la saillie serait
aussi gênante à l'extérieur qu'à l'intérieur.

L'épaisseur de l'enveloppe varie avec le diamètre

et dépend également de l'entretoisement intérieur destiné à raidir l'enveloppe.

Le couteau doit être très fort, car s'il peut être déformé, cela entrave la marche du bouclier et entraîne de graves conséquences. On le soutient alors à l'aide de goussets et souvent on le renforce par une garniture supplémentaire en tôle.

L'avant-bec, c'est-à-dire la partie comprise entre le couteau et le corps du bouclier, était au début très court et il devenait très difficile d'y travailler. On a dû y remédier et ajouter une visière qui n'est autre chose que le prolongement de l'enveloppe.

Quand le diamètre est grand, la poutre circulaire ne présente pas assez de résistance à la poussée des terres et aux efforts qui se produisent dans le couteau pendant l'avancement. Il faut donc renforcer l'enveloppe par des divisions verticales et horizontales qui constituent ainsi un puissant entretoisement. D'ailleurs, ces divisions jouent un rôle important dans le travail, soit comme plancher pour les ouvriers, soit pour fractionner la chambre de travail en cellules.

Le corps du bouclier ne sert qu'à renfermer les organes du bouclier, vérins, sas à air, grues de levage, pompes, machines motrices, etc. Sans cela on pourrait s'en passer, car il constitue un excédent de poids coûteux et un allongement du bouclier qui devient une gêne pour le passage dans les courbes.

Il est utilisé cependant, pour reporter sur le terrain le poids du bouclier et des terres qu'il supporte, dans le cas d'un avant-bec en visière et de l'emploi d'une queue seulement à la voûte. Il faut en tout cas s'efforcer de raccourcir le plus possible cette région.

On doit renforcer l'enveloppe dans l'étendue du corps; dans les premiers boucliers, on a employé un fort anneau en fonte servant en même temps de logement aux vérins. Plus tard, on s'est servi de poutres mais qui présentaient l'inconvénient d'encombrer trop la section. Il eût été d'ailleurs très facile de réduire les dimensions de ces parties et même les supprimer par l'emploi des traverses horizontales et verticales réunies à l'enveloppe par des goussets.

Les vérins seraient alors attachés à ces divisions horizontales et verticales et à l'enveloppe par des goussets et reportés aussi près de l'avancement que le permettent les besoins du travail.

La queue sert pour la construction du revêtement définitif; elle doit être absolùment lisse pour glisser aisément entre ce revêtement et le terrain, et aussi mince que possible pour éviter d'exagérer le vide qu'elle laisse en se retirant et de provoquer ainsi des tassements.

Avec le revêtement en fonte, elle a généralement une longueur égale à celle de un ou deux anneaux et s'étend sur tout le périmètre du souterrain.

Dans les terrains durs et secs, dans lesquels la cloison est supprimée, la queue est limitée à la voûte et arrêtée au niveau des naissances; elle est toutefois considérablement allongée, de manière à permettre d'exécuter simultanément trois anneaux de maçonnerie; mais comme elle n'a besoin d'être lisse que sur la longueur du dernier anneau de voûte, rien n'a empêché de placer les renforcements que nécessitait la grande longueur de l'enveloppe. Ces renforcements ont consisté en goussets attachés à la maîtresse poutre. Dans les cas où ces poutres sont supprimées, les goussets sont remplacés par des divisions verticales coupées en léger surplomb, en intercalant de petites poutres beaucoup moins hautes. Nous verrons d'ailleurs, par les exemples suivants, les modifications qu'on a apportées à la construction du bouclier et au mode de son emploi.

Travaux exécutés pour la construction du collecteur de Clichy

La ville de Paris a été obligée, par la loi du 10 juillet 1894, d'envoyer, avant l'année 1900 la totalité des eaux d'égout dans les champs d'épuration de Gennevilliers, d'Achères, etc., et à cesser tout déversement en Seine. Pour obtenir ce résultat, toutes les eaux doivent être réunies à l'usine municipale de Clichy, où elles seront relevées et renvoyées par le siphon de Clichy. Les deux collecteurs existants d'Asnières et de Marceau sont devenus insuffisants et il a fallu prévoir la construction d'un troisième, celui de Clichy. Cet ouvrage partirait de la place de la Trinité et suivrait la rue et l'avenue de Clichy jusqu'aux fortifications ; en dehors de Paris, il suivrait le boulevard National jusqu'à une faible distance de la Seine et ne le quitterait que pour aller vers l'usine.

Le profil en travers de cet ouvrage est représenté (fig. 27). C'est une section elliptique de 6 mètres de largeur sur 5 mètres de hauteur avec revêtement en maçonnerie de $0^m 40$ d'épaisseur à la voûte, de

0^m60 aux naissances, et de 0^m45 au radier. A l'intérieur est ménagée une cuvette de 4 mètres de largeur et 2 mètres de profondeur, bordée de chaque côté de deux banquettes de circulation de 0^m90 de largeur. Seule la partie comprise entre les places de la Trinité et de Clichy aura une largeur de 5 mètres au lieu de 6.

La pente continue du collecteur est de 0^m30 par

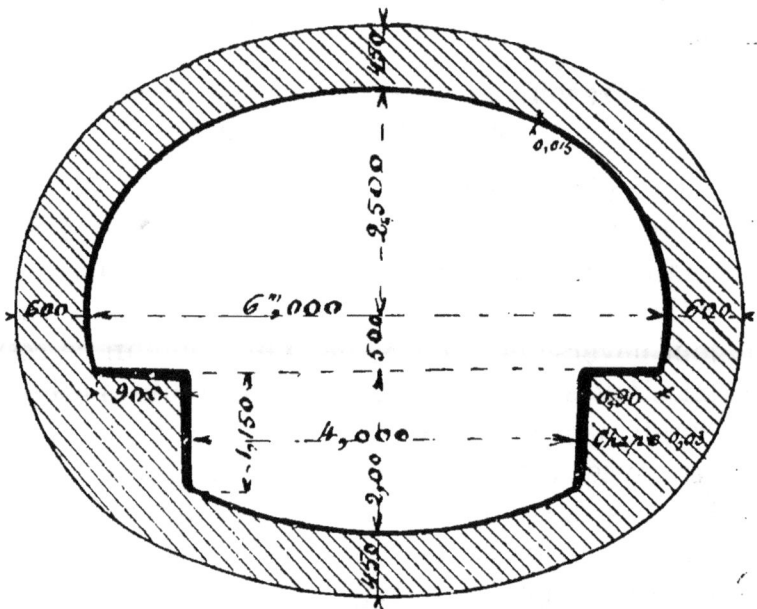

Fig. 27. Collecteur de Clichy (section en travers).

kilomètre; la partie intra-muros comporte des travaux à grande profondeur, tandis que la partie extra-muros s'effectue presque à fleur de terre. Pour cette raison on a divisé les travaux en deux lots bien distincts : 1° Construction du collecteur extra-muros ; 2° Construction intra-muros.

Construction du collecteur extra-muros

Le boulevard National, sous lequel devait passer ledit collecteur, ayant une largeur de 12 mètres seulement, avec trottoirs étroits et plantés, de plus, sillonné par une voie double de tramways mécaniques, a obligé le service de l'assainissement d'imposer aux entrepreneurs l'exécution de l'ouvrage entièrement en souterrain, quoiqu'il fût autorisé à le faire exécuter à ciel ouvert en ouvrant une tranchée de 8 mètres de large. D'ailleurs, la nature du terrain (sable ébouleux) laissait la certitude que la partie inférieure de l'ouvrage serait construite dans une nappe d'eau très abondante. Des différents projets présentés, quatre seulement furent retenus; ils comprenaient tous l'exécution de la voûte dans la partie sèche, puis ultérieurement celle des pieds-droits et du radier dans les couches aquifères. Pour les parties basses, les entrepreneurs se servaient des méthodes habituelles; quant à la partie haute, au lieu de placer le blindage pièce à pièce au fur et à mesure du dégagement de la fouille, ils proposaient de le monter d'un coup à l'abri d'un bouclier métallique, les maçonneries devaient être faites à l'arrière sous ce blindage.

Le projet le mieux conçu et le plus économique, présenté par M. Chagnaud, fut agréé. Cet entrepreneur s'engageait à faire tout le travail en souterrain au prix de 1,016 fr. 60 par mètre courant.

Le bouclier dont s'est servi M. Chagnaud a été construit par la maison Augé. Pour le construire et le mettre en place sans interrompre ni gêner la circulation, on profita d'un carrefour où l'on fit une fouille parallèle au boulevard National que l'on descendit jusqu'au niveau des naissances ; dans cette fouille, on a construit le bouclier dont le montage fut terminé le 8 décembre après dix-sept jours de travail. Pendant le montage, on avait préparé sous la chaussée du boulevard une galerie boisée à l'emplacement du collecteur et dans la nuit du 10 au 11 décembre, on y a mis en place le bouclier en le ripant parallèlement.

Bouclier. — Le bouclier Chagnaud (fig. 28 et 29) se composait d'une enveloppe en tôle de fer

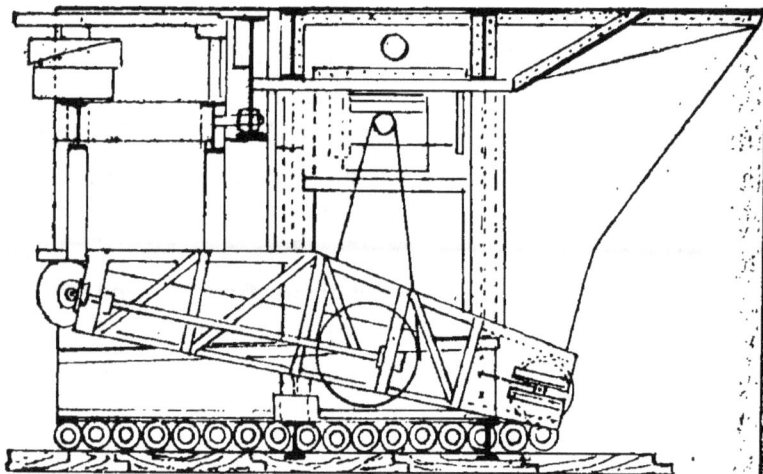

Fig. 28. Collecteur de Clichy extra-muros. Bouclier Chagnaud (coupe verticale en long).

de 14 millimètres d'épaisseur, de forme demi-elliptique, de 7ᵐ25 de largeur et de 2ᵐ95 de hauteur, renforcée à tous les joints par de larges plates-bandes de même épaisseur. Cette enveloppe était supportée par deux poutres elliptiques constituées par une âme en tôle de 0ᵐ012 d'épaisseur et 0ᵐ50

e hauteur, par une semelle inférieure de 20 milli-
nètres d'épaisseur et de 0ᵐ30 de largeur et par
ornières $\frac{80 \times 80}{10}$ servant à l'assemblage de l'âme

nt avec la semelle qu'avec l'enveloppe. Ces deux
outres espacées de 1ᵐ40 d'axe en axe formaient
e corps du bouclier ; elles étaient réunies entre
lles par douze entretoises de 0ᵐ50 de hauteur for-

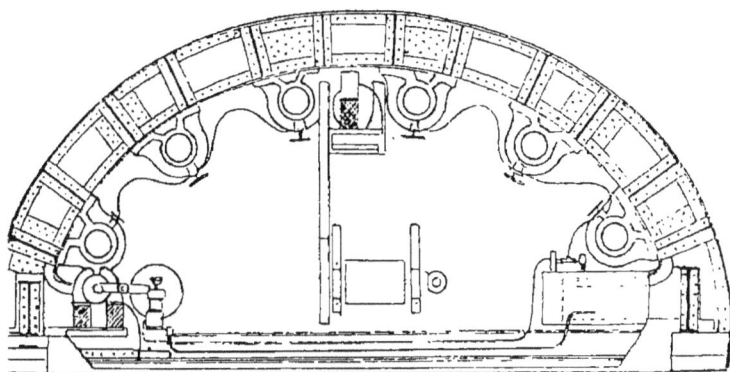

Fig. 29. Collecteur de Clichy extra-muros (coupe
transversale du bouclier Chagnaud).

ées d'une âme de 10 millimètres et des cornières
$\frac{80 \times 80}{10}$ et placées suivant les génératrices de

enveloppe. Les figures 30 et 31 donnent le détail
une poutre et des entretoises.

L'avant-bec avait au début 1ᵐ20 de longueur au
ommet et formait visière ; postérieurement, on a
à allonger les tôles de l'enveloppe et les goussets
e l'avant-bec de manière à arriver à une longueur
e 2ᵐ10.

Les tôles et les cornières entrant dans la compo-

sition de ces goussets avaient les mêmes dimensions que celles des entretoises. La queue était
lisse et avait 1ᵐ75 de longueur.

Les deux poutres transversales reposaient sur
deux poutres longitudinales de 0ᵐ55 de hauteur

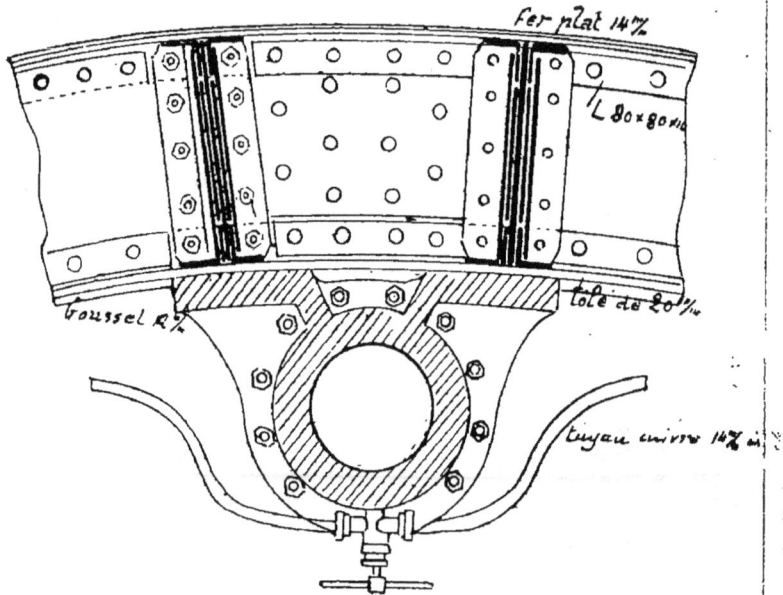

Fig. 30. Collecteur de Clichy extra-muros. Bouclier Chagna
(détails d'une poutre et support d'un vérin).

avec âme en tôle et deux semelles de 300×20 assemblées par cornières de $\dfrac{80 \times 80}{12}$, allant de l'extrémité
arrière de la queue jusqu'à la poutre elliptique
d'avant. Dans l'avant-bec, elles étaient remplacées
par deux sabots en fonte (fig. 32). Pour entretoiser
l'appareil suivant le diamètre horizontal et porter
le plancher de travail, on avait placé deux poutres
horizontales, perpendiculaires à l'axe du souterrain

et raccordées aux poutres elliptiques. Cette disposition présentait le défaut de réduire énormément
la hauteur libre sur les côtés et de placer le plancher de service à près de un mètre au-dessus
du fond de la fouille, dans la chambre de travail;
il en résultait une grande gêne pour la circulation
des ouvriers et l'évacuation des déblais et il a fallu

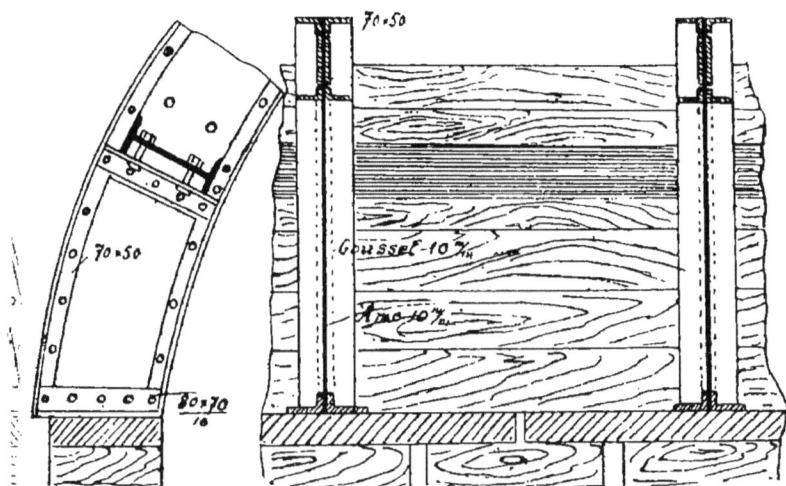

Fig. 31.   Collecteur de Clichy extra-muros (entretoises
recouvrant les cintres).

les couper dans la partie centrale sur 4 mètres de
longueur en conservant seulement la semelle inférieure de 300×20 qui est devenue la semelle supérieure d'une autre poutre de 0^m28 de hauteur
placée en dessous et formée de deux fers en C de
$245 \times 80 \times 12$ placés dos à dos et d'une semelle
inférieure de 230×14, comme cela se voit sur la
figure 29. C'est sur ces poutres que fut placé le
plancher de service en tôle de 0^m01 d'épaisseur et
à 0^m52 en contre-bas de sa position primitive,

Tout le poids du bouclier fut reporté sur les
flancs à l'aide de deux chemins latéraux, lisses, de
0,600, formés d'une tôle de 20 millimètres d'épaisseur, placée sous les longerons et étendue jusqu'à
l'arête inférieure de l'enveloppe à laquelle elle
s'assemble par cornière. Ces deux surfaces d'appui

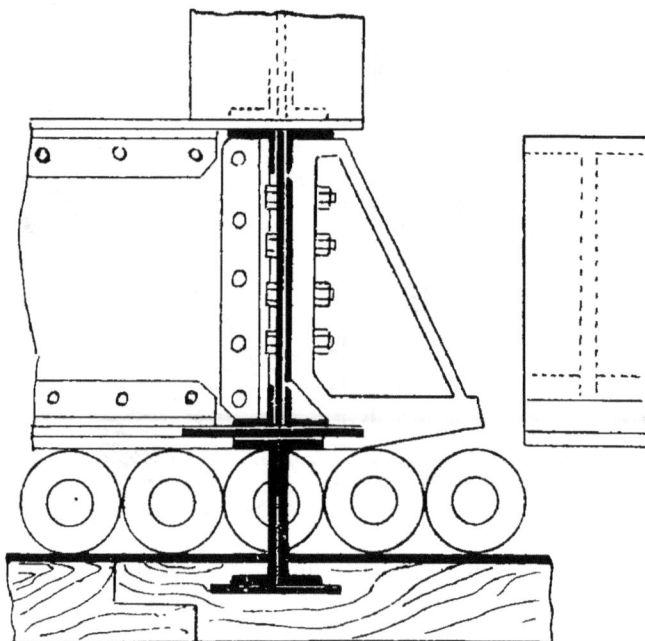

Fig. 32. Collecteur de Clichy extra-muros
(détails du sabot et du chemin de roulement).

reposaient par l'intermédiaire de rouleaux en
fonte sur un chemin de roulement en bois d'orme.

Les rouleaux en fonte avaient 0^m18 de diamètre
et 0^m50 de longueur avec un vide central de 0^m06.
Les bois du chemin de roulement avaient 0^m13 d'é-
paisseur, 0^m50 de largeur et 1 mètre de longueur
utile ; ils se plaçaient les uns à la suite des autres et

s'assemblaient à mi-bois de 0^m15 de profondeur. La face supérieure de ces chemins était en outre garnie d'une plaque de tôle de 0^m01 d'épaisseur.

Vérins. — L'avancement du bouclier était assuré au moyen de six vérins (fig. 29) placés sous les poutres elliptiques à l'aplomb des entretoises et espacés de 1,20 d'axe en axe. Le diamètre de leur cylindre était de 0^m24 (fig. 33) et l'épaisseur des parois de 0,07. Leur course de 1 mètre. La pression

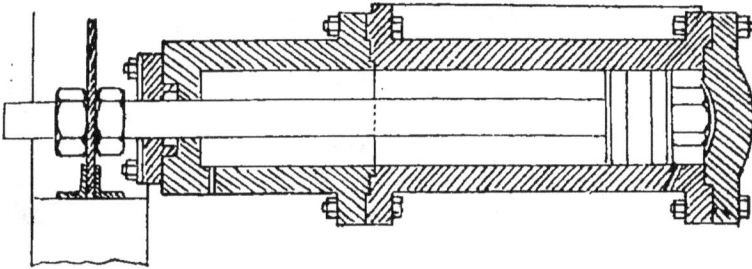

Fig. 33. Collecteur de Clichy extra-muros
(détail d'un vérin).

de l'eau variait de 50 à 200 kilogrammes par centimètre carré, soit 22 tonnes à 90 tonnes par vérin.

Les tiges de ces vérins ayant 0,10 de diamètre, étaient toutes réunies par doubles écrous à une poutre elleptique mobile, placée sous la queue de l'appareil et pouvant avancer et reculer en frottant contre l'enveloppe métallique et s'appuyant en bas sur les longerons ; les vérins étaient à double effet.

Poutre mobile. — La poutre mobile elliptique était destinée à répartir uniformément la pression et se composait d'une âme (fig. 34) de 0,92 de hau-

teur et 0,01 d'épaisseur, d'une semelle inférieur
de 0,30 de largeur sur 0,014 d'épaisseur, d'un
semelle supérieure de 0,40 de largeur et de même
épaisseur assemblées à l'âme par des cornières d
80×80×14. Ce surcroît de largeur de la semell
supérieure était renforcé en dessous par un fe

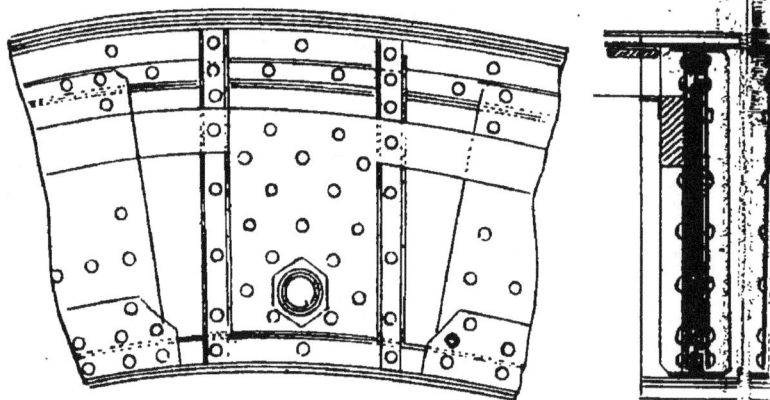

Fig. 34. Collecteur de Clichy extra-muros.
Bouclier Chagnaud (détail de la poutre mobile).

plat de 20 millimètres d'épaisseur et 0,014 de lar
geur.

Appareils accessoires. Cintres et entretoises
— Nous avons dit que le bouclier prenait appu
par l'intermédiaire de la poutre mobile contr
trente cintres (fig. 35, 36) solidement entretoisé
soutenant le blindage provisoire et servant
l'exécution des maçonneries. Chacun d'eux éta
formé d'une âme de 0,36 de hauteur sur 0,0 0
d'épaisseur et de quatre cornières de 70×70×1(
On le composait de deux demi-cintres symétriqu
assemblés par trois éclisses, deux latérales et un
inférieure.

Ces cintres étaient espacés de 1 mètre d'axe en axe et au droit de chaque vérin réunis entre eux par des cornières de 55×55×7 et des boulons de 18 millimètres.

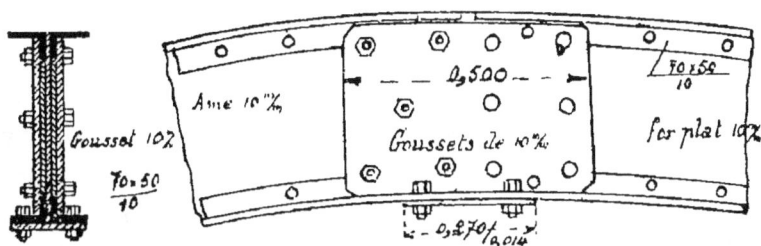

Fig. 35. Collecteur de Clichy extra-muros (détail d'un cintre).

Fig. 36. Collecteur de Clichy extra-muros (exécution des maçonneries et cintres).

Pose de l'appareil et fonctionnement. — Nous avons expliqué déjà le moyen employé pour construire le bouclier et l'amener à sa position de travail; voyons maintenant son fonctionnement. On commence par déblayer sous l'avant-bec jusqu'à

11.

l'arête de la trousse coupante suivant un talus aussi
raide que possible. Si le terrain était bon, on dé-
blayait sur une longueur de 1 mètre correspondant à une course entière, autrement on fraction-
nait la course. En face de chaque longeron on
exécutait une fouille dite *four* pour loger la semelle,
les longerons et les rouleaux d'avancement du
bouclier.

Ces opérations terminées, on mettait en mouvement les pompes pour donner de l'eau sous pression aux vérins; le bouclier avançait sur les rouleaux; le couteau pénétrait dans le sol qui était
ainsi désagrégé et tombait naturellement sans le
secours des ouvriers. Quand la course était finie
il ne restait plus qu'à abattre le massif central.

Pendant tout ce temps la poutre mobile est fortement serrée contre le blindage et supporte la
queue du bouclier. Quand les vérins revenaient
en arrière, ils ramenaient avec eux la poutre, la
queue du bouclier se trouvait complètement dégagée
et prête à abriter une nouvelle longueur de blindage. On montait alors et on réglait un nouveau
cintre qu'on reliait au précédent par des cornières.
Le blindage se composait de couchis de $1,00 \times 0,08
\times 0,16$ appliqués contre la queue et portant sur des
faux chapeaux au-dessus de chaque cintre; sur le
cintre primitif on plaçait des coins de serrage qui
reportaient sur le cintre la pression des terres sur
le blindage. Sur le nouveau cintre un faux chapeau et de butons servaient pour serrer le blindage sous la queue du bouclier et dégager la poutre
pour une course suivante. Comme la queue du
bouclier en avançant laissait un vide de 0,03, on

employait des coins placés entre les cintres et les faux chapeaux pour appliquer le blindage contre le terrain.

On était dès lors ramené au procédé ordinaire d'une fouille boisée, prête à recevoir la maçonnerie. Cette maçonnerie s'exécutait 10 à 20 mètres en arrière ; on faisait d'abord les murettes sur la hauteur du calage, puis on exécutait la voûte en enlevant un à un les couchis du blindage et en les reportant sur les cintres comme on le voit sur la figure 36.

Ce mode de construction était très coûteux, car il fallait laisser beaucoup de bois au-dessus de l'extrados pour empêcher le sable de fluer, en provoquant des tassements de la chaussée. L'entrepreneur fut donc obligé de mettre par-dessus les couchis des feuilles de tôle mince de 5 millimètres d'épaisseur ayant 1 mètre sur 1 mètre qui tout en n'étant pas suffisantes pour supporter la poussée des terres quand on enlevait les couchis du blindage, empêchaient quand même les excavations de se produire ; on repliait leurs bords afin d'empêcher leur entraînement par le bouclier.

Organisation générale du chantier. — En raison de la faible section libre dont la hauteur ne dépassait guère 2 mètres, on a été conduit à évacuer les déblais mécaniquement à l'aide d'un transporteur formé d'une courroie en coton mue par une dynamo qui versait les terres directement dans des vagons amenés derrière le bouclier. Deux locomotives amenaient les trains formés jusqu'en aval du pont de Clichy, où s'opérait la décharge dans une île submersible.

Les matériaux nécessaires pour la construction arrivaient par bateau jusqu'à une estacade spéciale où un transporteur Temperley les transbordait directement dans des vagonnets sans aucune reprise et qu'on transportait de suite sur le chantier.

L'usine électrique, d'une force de cinquante chevaux, comprenait une locomobile Weyher et Richemond de vingt-cinq à trente chevaux, une locomobile Rouffet de quinze à vingt chevaux et deux dynamos, une Gramme et une Edison, débitant chacune 80 ampères sous une tension de 220 volts.

La consommation de l'énergie se répartissait comme suit :

Dynamo Gramme :

Transporteur Temperley	50 à 60	ampères
Pompes élévatoires	15 à 25	—
Malaxeur	15	—
8 lampes à arc	36	—
	116	—

Dynamo Edison :

Dynamo du bouclier	15 à 20	ampères
Dynamo du transporteur	15 à 20	—
50 lampes	15	—
Ventilateur	34	—
	79	—

La dynamo Gramme, d'après ce tableau, paraît être surchargée, mais il faut remarquer que la marche des divers appareils était réglée de façon à ne pas dépasser son débit normal de 80 ampères.

Terrains rencontrés. Incidents et avaries. — On a eu à traverser des sables argileux mous, à deux reprises différentes, et en raison de la faible sur-face d'appui des longerons, il a fallu battre des pieux sous les semelles et malgré cela on a eu un enfoncement du bouclier de 0,15 environ.

On rencontra également de gros blocs de grès noyés dans des sables, de vieilles maçonneries qu'on dut démolir, d'anciens égouts, etc., un banc de pouddingue très dur sur une longueur de (50 mètres.

Quand on rencontra du terrain composé de sable fin, sec, et coulant, en raison de la grande hauteur du front d'attaque, il se produisit des glissements déterminant des tassements de la chaussée ; la circulation ne fut pourtant jamais arrêtée.

A la fin de sa longue course, le bouclier était encore dans un très bon état ; la poutre mobile seule était disloquée ; les cintres, quoique déformés, auraient pu servir encore.

Conclusion. — Cette méthode est en somme un procédé mixte où l'emploi d'une armature métal-lique se combine avec celui des blindages comme dans l'exécution sur bois. Les tassements n'étaient pas moindres que dans l'emploi exclusif du bois, ils étaient normalement de 0,06 ; à savoir 0,03 au moment de l'échappement de la queue du bouclier et 0,03 pendant l'exécution de la maçonnerie. Les petites excavations laissées sur les flancs du bou-clier, dans les terrains ébouleux, étaient masquées par les plaques de tôle de blindage et il était impossible de les bourrer, ni de recourir à l'injec-tion qui eût remédié complètement à cet inconvé-nient.

L'engin lui-même prêtait à la critique ; la progression par roulement n'était pas bien aisée ; l'enlèvement, le transport et la pose des rouleaux de fonte se faisait mal ; pour peu que les ouvriers chargés de ce travail ne donnent pas aux rouleaux une direction convenable, le bouclier s'engageait mal et déviait de sa direction.

La poutre mobile ne servait qu'à rendre les vérins solidaires les uns des autres et elle les chargeait inutilement d'un poids vertical considérable ; il aurait mieux valu que les tiges des vérins fussent munies de larges patins. Son seul usage était de soutenir le faux chapeau pendant l'exécution du blindage.

Il a cependant permis de constater, la possibilité d'exécuter rapidement et sans accident un ouvrage important sous une voie publique, à une faible profondeur, sans gêner la circulation, à condition de prendre toutes les précautions nécessaires pour protéger les galeries voisines soumises à une forte pression au moment du passage du bouclier.

Construction du collecteur de Clichy. Partie intra-muros.

Nous avons dit que pour cette partie, le collecteur avait la même section transversale que pour la partie extra-muros sauf sur son parcours entre les places Clichy et de la Trinité où sa forme est un peu plus circulaire, la largeur totale étant de 6^m10. La plus faible hauteur de terre sur l'extrados est de 5 mètres, la plus grande de 34 mètres. En raison de cette grande profondeur, on n'a admis à l'adjudication que les entrepreneurs ayant une grande expérience des souterrains.

MM. Fougerolle frères, furent déclarés adjudica-

mètres avec un rabais de 31 0/0 sur le prix de 1.130 francs le mètre courant pour la partie la plus large et de 960 francs pour la partie la plus étroite prenant à leur charge tous les travaux d'asséchement par l'amenée des eaux à un puisard unique à l'entrée du souterrain.

Ces Messieurs ont expliqué la cause de ce grand rabais, dans l'espoir de faire ces travaux vite et économiquement par une nouvelle application de la méthode du bouclier.

Bouclier. — Le bouclier de MM. Fougerolle (fig. 37 et 38) permet d'exécuter la fouille sur toute la section et de monter la maçonnerie à l'abri même du bouclier sans l'intermédiaire d'aucun boisage. Il se composait essentiellement d'une enveloppe en tôle de 14 millimètres d'épaisseur complètement lisse à l'extérieur et doublée à l'intérieur sur tous les joints par des larges plats de même épaisseur, épousant exactement la forme de l'extrados des maçonneries dans sa partie centrale sur 3ᵐ 65 de longueur. Elle est soutenue dans cette partie par deux poutres elliptiques ayant 1ᵐ 22 de hauteur au niveau du grand axe et 1ᵐ 02 sur le petit axe, formées d'une âme de 10 millimètres d'épaisseur et de quatre cornières de 80×80×10 et entretoisée par douze entretoises longitudinales de même composition, servant à la fois à porter les vérins.

Les deux poutres elliptiques sont espacées de 1ᵐ 82 d'axe en axe et par conséquent l'enveloppe elliptique s'étend à 0ᵐ 65 à l'arrière et à 1ᵐ 20 à l'avant.

Dans l'avant-bec, la partie de l'enveloppe en

saillie formant trousse coupante est renforcée par
des consoles faisant suite aux entretoises et de
même construction. A la partie supérieure, sur
1ᵐ350 de longueur, l'enveloppe est coupée en
visière sur 2ᵐ79 de hauteur et 0ᵐ77 de longueur
et se raccorde par une partie horizontale de 0ᵐ58 de

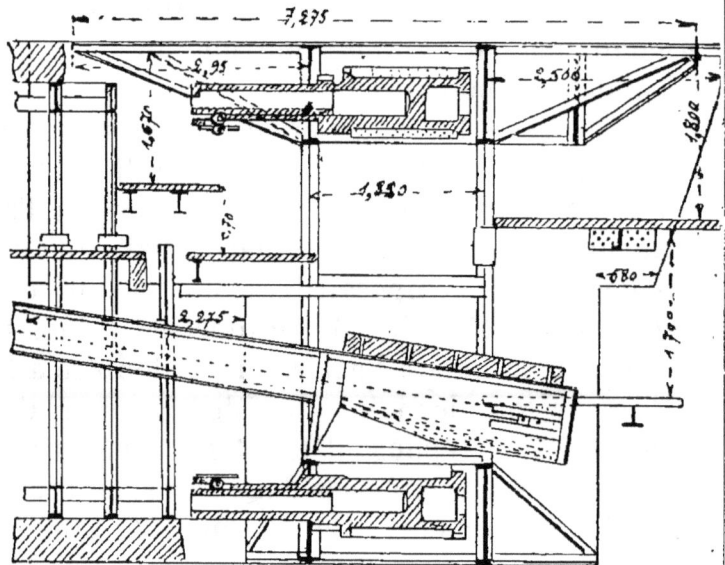

Fig. 37.   Collecteur de Clichy intra-muros. Bouclier
Fougerolle frères (coupe en long).

longueur avec le reste de l'enveloppe, tandis que la
partie inférieure est totalement supprimée.

Dans la queue, sur une longueur de 2ᵐ275, l'enveloppe n'existe que sur la même hauteur de 2ᵐ79, elle
est coupée par des plans verticaux et horizontaux
et manque dans la partie inférieure. La queue du
bouclier est soutenue par des goussets identiques à
ceux de l'avant-bec. Dans la partie au-dessus de

naissances, ces goussets ont dû être prolongés, car on a constaté que les tôles de l'enveloppe avaient tendance à fléchir. Le porte-à-faux de l'arrière-bec était de 0ᵐ 50, et c'est à son abri qu'on devait construire la maçonnerie de revêtement.

Sur le diamètre horizontal, on avait prévu deux

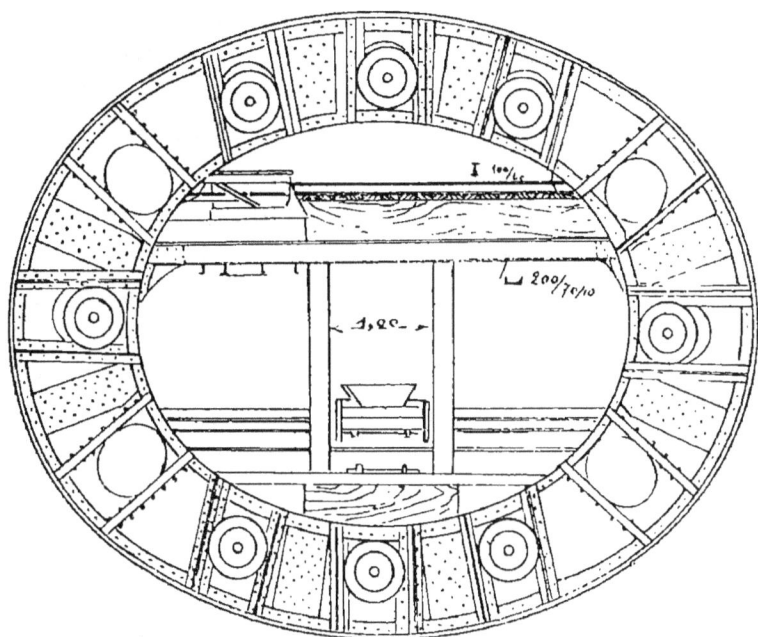

Fig. 38. Collecteur de Clichy intra-muros. Bouclier Fougerolle frères (coupe transversale).

oreilles de section triangulaire destinées à empêcher le mouvement de rotation du bouclier autour de son axe ; mais on les supprima dès les essais, de crainte qu'elles ne produisent un effet contraire.

Planchers. — La hauteur du bouclier est divisée dans chacune de ses trois parties, en trois chambres de travail, par deux planchers placés à des hauteurs

différentes : le premier à 1^m80 au-dessous de la génératrice supérieure, le deuxième à 1^m70 au-dessous
du premier ; ils sont en retraite de 0^m70 l'un par
rapport à l'autre et sont formés par des madriers
reposant sur des fers en U boulonnés au bouclier.
Dans le corps se trouve un plancher solide pour
porter la machinerie (dynamo et pompes d'alimentation des vérins) ; il s'étend à 1^m20 au delà de la
grande poutre d'arrière. Dans la queue, il n'y a
qu'un seul plancher pour les maçons occupés à la
construction de la voûte ; il s'étend à 2 mètres
au delà de la poutre d'arrière et est porté par deux
fers en U boulonnés sur l'enveloppe ; il est placé à
1^m67 de la génératrice supérieure pour permettre
aux ouvriers de travailler aisément jusqu'au sommet
de la voûte.

Vérins. — Les vérins sont au nombre de douze
et d'une construction analogue à ceux de M. Chagnaud, mais quatre d'entre eux ne furent jamais
montés. Deux des huit vérins étaient sur le diamètre
horizontal, les six autres étaient groupés autour de
l'axe vertical. Comme ces vérins n'avaient pas à
ramener de poutre mobile, ils étaient à simple effet
avec une course de 0^m60 et on les ramenait à leur
position arrière à l'aide d'un pignon et d'une crémail-
lère ; leur diamètre était de 0^m24 et la pression
maxima exercée de 200 kg. par centimètre carré.

Cintres. — Les cintres (fig. 39, 40, 41) tout
entiers métalliques étaient formés d'une âme de
6 millimètres et de 0^m353 de hauteur, raidie par
quatre cornières de 62 × 62 × 6 et en quatre morceaux :
les deux morceaux inférieurs s'élevaient un peu
au-dessus des naissances et s'assemblaient aux deux

norceaux supérieurs par quatre boulons de 18 millimètres et des éclisses de 10 millimètres d'épaisseur.
Au droit de chaque vérin, l'âme des cintres est
renforcée par deux fourrures de 6 et de 10 millimètres d'épaisseur et de 0ᵐ40 de longueur portant

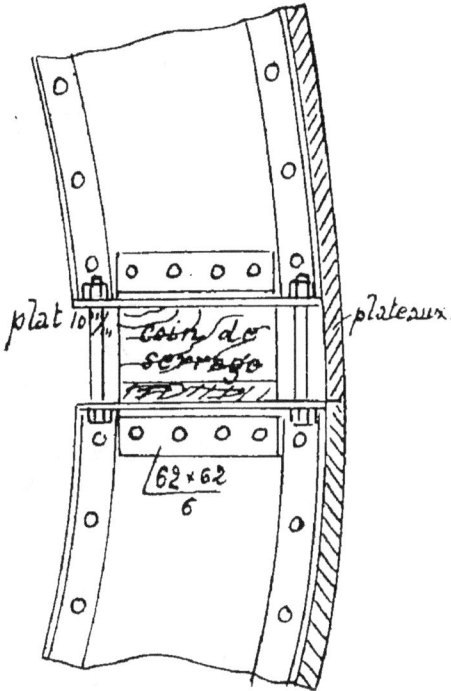

Fig. 39. Collecteur de Clichy intra-muros (joint
de deux demi-cintres Fougerolle).

quatre trous pour l'assemblage des entretoises
creuses en fonte (fig. 41) ayant 0ᵐ12 de diamètre et
ᵐ03 d'épaisseur ; leurs semelles étaient carrées de
ᵐ05 d'épaisseur et portaient quatre trous pour les
boulons ; leur longueur était de 0ᵐ56, représentant un écartement des cintres de 0ᵐ60.

Ces cintres, au nombre de trente, étant très peu chargés, pouvaient par conséquent reculer sous la poussée des vérins au moment de l'avancement du bouclier, aussi les ancrait-on de distance en distance dans le revêtement (fig. 42). Une plaque en tôle de 10 millimètres d'épaisseur, présentant un œillet, est scellée dans la maçonnerie et reliée à une entretoise par un collier et des boulons de 20 millimètres. Ces ancrages étaient plantés tous

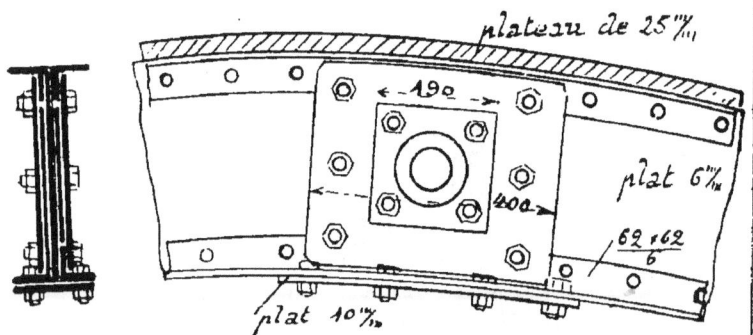

Fig. 40. Collecteur de Clichy intra-muros
(détails d'un cintre Fougerolle).

les quatre cintres et on ne mettait en service les ancrages d'un anneau que quand la maçonnerie de cet anneau avait fait une prise complète. Quand un ancrage devenait inutile, il suffisait de l'arracher et de boucher son logement.

Pour exécuter la voûte, on plaçait sur les cintres des panneaux en planches de 25 millimètres, assemblés sur deux fers en U de 50 × 50 × 6 et recouverts d'une tôle mince (fig. 43).

Transporteur. — L'évacuation des déblais du front d'attaque à l'arrière devait être rapide, afin

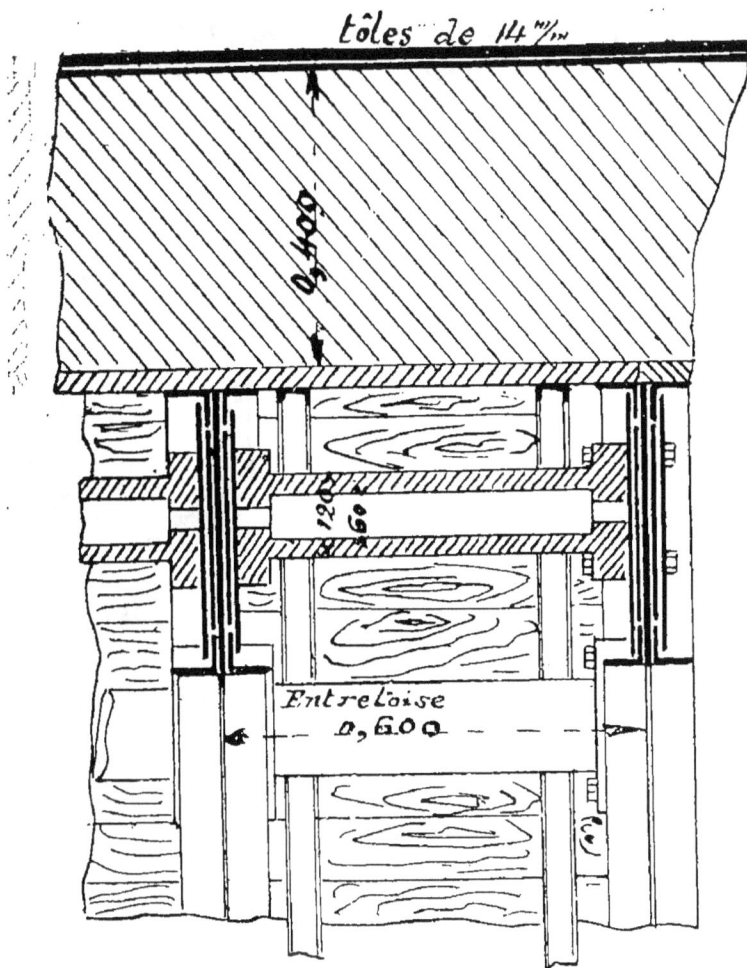

Fig. 41. Collecteur de Clichy intra-muros
(coupe en long des cintres avec les entretoises).

d'éviter les encombrements dans une section aussi
réduite que celle-ci. On a employé un tablier transporteur à commande électrique, attaché d'un bout
au bouclier et reposant par l'autre sur un chariot.
La longueur de ce transporteur était de 25 mètres,

et il était placé à une hauteur telle que l'on pouva[it]
garer au-dessous tout un train de wagonnets qu[i]
se chargeaient successivement.

Les matériaux arrivaient par une rampe qu'o[n]
déplaçait tous les 100 mètres sur un plancher d[e]

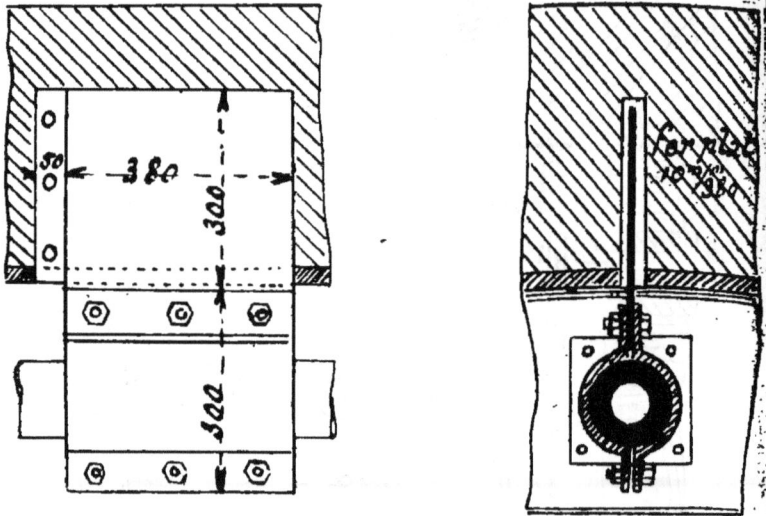

Fig. 42. Collecteur de Clichy intra-muros
(détail d'un ancrage).

service établi à la hauteur des naissances, par-dessus [...]
le transporteur.

Fonctionnement de l'appareil. — Dès qu'on a
admis l'eau sous pression dans les cylindres des
vérins, leurs tiges viennent en contact avec les
cintres et le bouclier avance et exécute toute sa
course de 0^{m}60. Pendant ce temps, la queue glisse
entre les terres et la maçonnerie. Le travail des
maçonneries s'exécute à l'arrière sous la tôle, sur
trois anneaux de 0^{m}60 chacun correspondant res-
pectivement au radier, aux pieds-droits et à la voûte.

our empêcher l'entraînement des maçonneries ui sont soigneusement bourrées de mortier, on asse une fiche de poseur entre la queue et la maçonnerie, ce qui permet de plus de bourrer du ortier dans le vide laissé par la queue.

Le gâchage du mortier s'effectuait sur le plancher

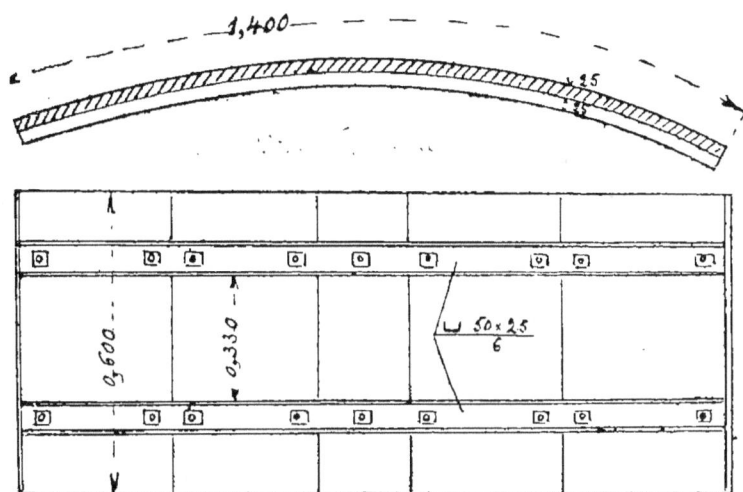

g. 43. Construction du collecteur de Clichy intra-muros
(détail d'un panneau remplaçant les couchis,
système Fougerolle).

lu haut, pour tout le chantier ; on l'envoyait sur e radier au moyen de trémies.

Sur les panneaux servant de couchis, on avait oin de mettre une couche épaisse de mortier vant de placer les moellons de la voûte et on obtenait ainsi un dégrossissage intérieur bien supérieur à celui qu'on fait après coup et l'exécution de l'enduit se réduit à très peu de chose.

Le revêtement était exécuté en meulière et

mortier, en ciment de Portland dosé à 350 kilogr
de ciment par mètre cube de sable. La voûte
obtenue était très solide et généralement très
étanche sans fissures au décintrement. Il y a e
cependant un point où l'on a traversé des terrain
absolument bouleversés, où l'eau venait en abon
dance. Là, malgré le renforcement de la voûte
l'eau se faisait jour à travers les maçonneries. O
a asséché cette maçonnerie en se servant de l'in
jecteur de Greathead, et avec très peu de frais, o
a obtenu un succès complet.

Organisation du chantier. — A la barrière, l
souterrain était desservi par deux galeries provi
soires en bois. Le bouclier a été construit pa
M. Augé à la barrière même de Clichy, dans un
grande chambre boisée. Le montage a commenc
le 9 mars 1896 et il était complètement terminé fi
mars ; le 2 avril, on mettait en marche. Au départ
il avança dans le calcaire de Saint-Ouen ; il travers
ensuite des marnes, et à partir de la rue Chalabre
des sables verts fortement agglomérés. Sous l
rue de Clichy, il rencontra le calcaire grossier, de
marnes, des sables et des terrains d'alluvions. L
départ étant fait du point bas, l'assainissemen
était facile à l'aide d'une goulotte boisée de 0^m40 d
longueur et de 0^m25 de hauteur, placée sous l
radier et conduisant les eaux à un puisard creus
sous le boulevard Berthier. L'épuisement s'opérai
à l'aide de trois pompes Dumont, dont une seul
suffisait ordinairement. Dans les terrains fluents, o
fermait le front d'attaque par des cadres et de
panneaux et on ne travaillait que par des sections
réduites.

Incidents. — D'abord les vérins en fonte se sont brisés et il a fallu les remplacer par d'autres en acier. Dans la traversée d'un sable humide, la tôle d'arrière s'affaissa sensiblement et pour assurer à la calotte son épaisseur normale, il a fallu la redresser, ce qu'on fit à l'aide de deux galeries faites en long et en travers du bouclier.

En 1898, il a fallu entrer dans la section réduite ; pour cela, on a enlevé un mètre de tôle à la partie

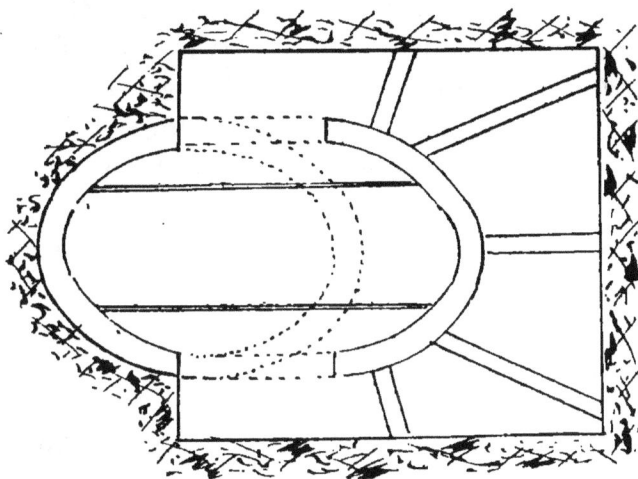

Fig. 44. Collecteur de Clichy intra-muros
(modification du bouclier).

supérieure et à la partie inférieure ; on a supprimé la partie correspondante des poutres elliptiques de support et on a remonté les deux morceaux restants. Cette opération très délicate n'a demandé que cinq jours. Pour cela, on creusa (fig. 44) une grande chambre autour de la moitié seulement de l'appareil, laissant l'autre moitié encastrée dans le

sol, on ripa la première contre elle et on rétablit
les rivures et les assemblages. Des vérins à vis
empêchaient tout déversement du bouclier. Pour
le ripage, on a employé des tendeurs à vis.

Conclusion. — Ce système paraît plus perfectionné que celui de M. Chagnaud, car il permettait
d'ouvrir toute la section du souterrain d'un coup,
et d'établir le revêtement complet en maçonnerie
sous l'armature même, sans emploi de blindage,
ni de boisage.

Cependant, il y a eu beaucoup de défauts dans
la construction de l'engin. Les poutres elliptiques
quoique très encombrantes étaient insuffisantes.
Les vérins peu nombreux et très lourds, le couteau
faible et enfin le bouclier manquait un peu d'équilibre; la machinerie étant placée un peu de côté sur
la droite pour ne pas obstruer la section, l'appareil
avait tendance à se déverser de ce côté et on était
obligé de s'opposer à ce mouvement en chargeant
le plancher à gauche à l'aide de gueuses de fonte.

Malgré toutes ces restrictions, de détail en
somme, on ne peut que féliciter MM. Fougerolle
pour leur initiative si hardie qui a ouvert une voie
nouvelle pleine d'avenir.

CHAPITRE XXIII

Chemin de fer Métropolitain de Paris

—

Généralités

La construction d'un réseau de chemin de fer Métropolitain dans Paris, était à l'étude depuis 1856 (projets Flachat et Braine). Depuis un certain nombre d'années, on s'était aperçu de l'encombrement non seulement des voies principales, mais d'autres secondaires ; de plus l'ouverture de l'Exposition de 1900 devait amener une circulation intense, il a fallu par conséquent penser à l'amélioration des transports en commun. Une décision ministérielle du 22 novembre 1895, avait reconnu au métropolitain le caractère de chemin de fer d'intérêt local ; une loi du 30 mars 1898 autorisa la ville de Paris à pourvoir à l'exécution et à l'exploitation du réseau dans les conditions de la loi du 11 juin 1880, du cahier des charges et de la convention passée par la ville de Paris avec le concessionnaire chargé d'assurer le service.

Les bases de l'étude ont été les suivantes :

Largeur maxima du matériel, 2^m40 ; distance minima entre les parapets ou constructions et le matériel sur 2 mètres de hauteur au moins, 0^m70 ; largeur de la voie, 1^m44.

La ville établit l'infrastructure : tunnels, tranchées et viaducs ; la superstructure, c'est-à-dire installation des voies et transmissions, aménagement des accès et des stations, création et organisation des usines, etc..., est à la charge du concessionnaire, soit de la « Compagnie du Métropolitain de Paris »,

La durée de la concession est de trente-cinq années. Le délai de livraison du réseau entier prend fin le 30 mars 1911. Dix mois après la réception d'une ligne, le concessionnaire doit la livrer à l'exploitation, sous peine de déchéance.

Le tracé en plan ne doit pas présenter des courbes de rayon inférieur à 75 mètres ; un palier de 50 mètres de longueur au moins, doit séparer deux courbes en sens contraire. La pente maxima est de 4 millimètres par mètre et un palier de 50 mètres de longueur séparera toujours une pente de la rampe suivante.

Fraction du réseau exécutée. — La longueur totale du réseau est de 64,697^{m}50, y compris les raccordements. Aujourd'hui cinq fractions de ce réseau sont en exploitation : la fraction de la porte de Vincennes à la porte Maillot ; la fraction suivant le périmètre des anciens boulevards extérieurs ; la fraction de la place Gambetta à Villiers ; celle du Châtelet à la porte Clignancourt et celle de la place d'Italie à la Gare du Nord.

Section transversale des ouvrages voûtés. — Il y a trois types d'ouvrages voûtés suivant qu'on construit : le souterrain à une voie, le souterrain à deux voies et les stations.

Souterrain à une voie. — La largeur du souterrain à une seule voie est de 3^{m}90 au niveau du rail, de 4^{m}30 au niveau des naissances, c'est-à-dire à 1^{m}85 au-dessus du rail ; les pieds-droits ont 2^{m}52 de hauteur et sont circulaires avec 8^m75 de rayon de courbure ; le radier est convexe suivant un arc de cercle de 21^m17 de rayon et de 0^m075 de flèche. Les épaisseurs des maçonneries sont :

	Radier.	0^m475
	Pieds-droits	0^m600
Voûte :	Clef.	0^m50
—	Naissances.	0^m60

Ce qui donne comme dimensions extérieures extrêmes :

Hauteur	5^m67
Largeur	5^m50

Ce type est construit seulement pour les raccordements de différentes voies entre elles.

Souterrain à deux voies. — C'est le type courant. Sa largeur est de 6^m60 au niveau du rail, et le 7^m10 aux naissances, c'est-à-dire à 2^m43 au-dessus de ce même rail ; le radier est concave suivant un arc de 20^m60 de rayon de courbure ; les pieds-droits circulaires avec un rayon de 11^m935 ; la voûte elliptique avec une montée de 2^m07. Les épaisseurs sont :

Radier sur l'axe.	0^m50
Pieds-droits.	0^m75
Voûte à la clef	0^m55

Ce qui fait pour les dimensions extérieures extrêmes :

Largeur	8^m60
Hauteur	6^m25

12.

La section intérieure est revêtue d'un enduit continu de 2 centimètres d'épaisseur. Des niches en quinconce et espacées de 25 mètres d'axe en axe sont réservées dans les pieds-droits.

Stations voûtées. — La largeur intérieure des stations est de 14m14 à 1m50 au-dessus du rail, c'est-à-dire au niveau des naissances de la voûte elliptique qui a 3m50 de montée ; le radier est également demi-elliptique de 2m20 de petit axe. Les épaisseurs des maçonneries sont :

Radier sur l'axe. 0m50
Pieds-droits. 2m00
Voûte à la clef. 0m70

La hauteur totale intérieure est de 5m70 sur l'axe et les dimensions extérieures extrêmes :

Hauteur. 6m90
Largeur. 18m14

Exécution des travaux. — Nous allons donner ici la description des travaux exécutés sur une seule fraction de ce vaste réseau, car il serait matériellement impossible de la faire complète dans le cadre si restreint d'un manuel.

Construction de la première fraction. — Cette fraction d'une longueur de 13,976m24 a été divisée en onze lots dont dix ont été confiés à des entrepreneurs ; le premier a été exécuté en régie directement par la Ville. Elle comprend la ligne de la porte de Vincennes à la porte Maillot et les embranchements de l'Etoile à la porte Dauphine et au Trocadéro.

Nomenclature des lots, longueur et limite des lots

Nos des lots	Limite des lots	Longueur des lots
1	De la porte de Vincennes à la rue de Reuilly.	1789^m83
2	De la rue de Reuilly à la rue Lacuée . . .	1335^m54
3	De la rue Lacuée à la station Saint-Paul. .	1137^m18
4	De la station Saint-Paul incluse à la station du Châtelet.	1161^m62
5	De la station du Châtelet incluse à celle des Tuileries.	1328^m50
6	De la station des Tuileries inclusivement à celle des Champs-Elysées.	1236^m22
7	De la station des Champs-Elysées incluse à celle de l'Alma inclusivement.	1176^m05
8	De la station de l'Avenue de l'Alma à la porte Maillot..	1406^m84
9	De la station de l'Etoile inclusivement à celle de la place Victor Hugo.	1084^m54
10	De la station Victor Hugo inclusivement à celle de la porte Dauphine.	755^m22
11	De la station de la place de l'Etoile inclusivement à celle du Trocadéro inclusiv[1].	1564^m70

Par jour de retard sur la date fixée pour la livraison de chaque lot, les entrepreneurs devaient subir une retenue de 2,000 francs ; par contre ils toucheraient une prime égale par chaque jour d'avance.

Procédés d'exécution. — Pour ne pas entraver la circulation, on a imposé aux entrepreneurs, l'emploi de boucliers, mais en leur laissant le choix du système à adopter sous réserve d'approbation administrative et en les rendant responsables de tous accidents ou dommages que leur façon de procéder entraînerait pour les immeubles voisins ou les ouvrages publics et privés. Dans huit lots, on s'est servi du bouclier pour l'exécution de la section courante à deux voies ; pour la section à voie unique et pour les stations, on a employé les méthodes ordinaires de boisage. Dans les 5ᵉ, 9ᵉ et 10ᵉ lots, les entrepreneurs firent usage des anciennes méthodes.

Boucliers employés et répartition de ces boucliers dans les différents lots. — Onze boucliers furent mis en service, quatre d'entre eux ont été construits par la maison Champigneul ; deux d'entre eux ont servi au 1ᵉʳ lot exécuté en régie et les deux autres, dans les 8ᵉ et 11ᵉ lots.

Les sept autres avaient été construits par la maison Baudet et Donon pour la partie métallique et par M. Morane jeune pour la machinerie ; ces boucliers, quoique construits par la même maison, étaient de systèmes différents, réalisant les idées personnelles de chaque entrepreneur.

Ces sept boucliers étaient répartis ainsi qu'il suit :

Un bouclier système Charrieux-Dioudonnat, du nom de l'entrepreneur, dans le deuxième lot ;

Deux boucliers identiques dans le troisième lot ;

Deux boucliers type Wéber dans le quatrième lot ;

Un bouclier type Lamarre, du nom de l'entrepreneur, par lot, dans les 6ᵉ et 7ᵉ lots.

Description des boucliers Champigneul. — L'armature se composait essentiellement d'une tôle d'acier de 18 millimètres d'épaisseur épousant exactement la forme d'extrados de la section à reconstruire (fig. 45, 46) et soutenue par deux poutres principales elliptiques ayant 0^m60 de hauteur en clef et 0^m802 en pied, formées d'une âme de 20 millimètres d'épaisseur et de quatre cornières de $100\times100\times12$, rivées, d'une part à l'enveloppe, et de l'autre à une semelle de 15 millimètres d'épaisseur et de 0^m29 de largeur. Une poutre horizon-

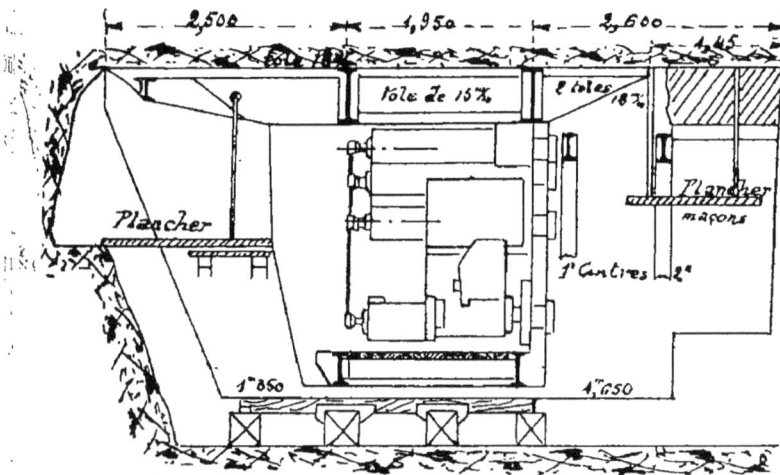

Fig. 45.   Construction du Métropolitain de Paris.
Bouclier Champigneul
(coupe verticale et longitudinale).

tale et transversale réunissait les pieds de chaque arc ; elle était formée d'une âme de $0,34\times0,012$, de quatre cornières de $100\times100\times12$ et de deux semelles de $0,26\times0,012$. Les maîtresses poutres étaient écartées de 1^m95 d'axe en axe. L'armature descendait de $0,695$ au-dessous des naissances, et elle était taillée en visière à l'avant sur 1^m15 de longueur ; en queue elle était coupée carrément sur

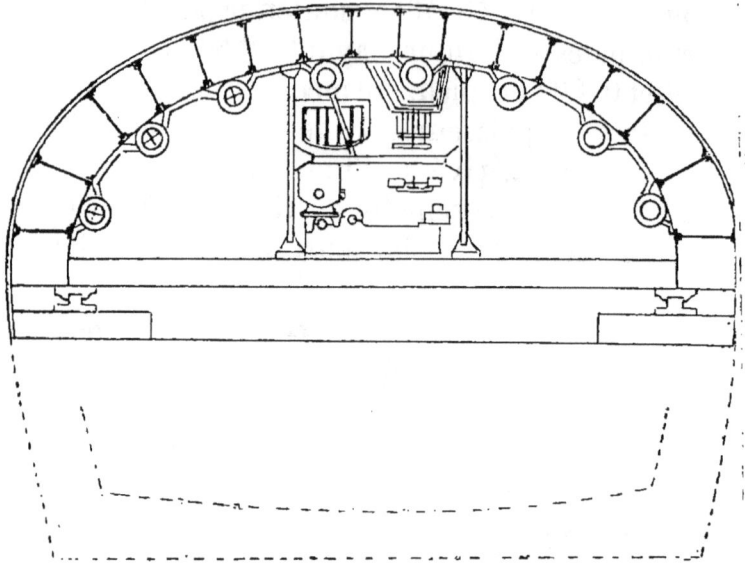

Fig. 46. Construction du Métropolitain de Paris.
Bouclier Champigneul (coupe en travers).

0,950 de longueur et ne descendait que jusqu'au
niveau des naissances.

De cette façon l'armature, qui avait une longueur
totale de 7^m05, était divisée en trois parties ayant
les longueurs suivantes :

Avant-bec	2^m50
Corps.	1 95
Arrière-bec ou queue	2 60
Total.	7 05

Les deux poutres étaient entretoisées par seize
entretoises ayant toute leur hauteur; l'avant-bec
était soutenu à son extrémité par des fers en U
de 0,160 × 0,060 rivés sur un fer plat de 0,160
× 0,015 ; seize consoles de 1^m60 de longueur soute-

elaient son pied. Des consoles analogues consoli-
aient le talon de l'arrière-bec, dont l'extrémité
libre et en porte-à-faux de 1^{m}45 de longueur était
renforcée sur toute sa longueur par une tôle d'acier
de 18 millimètres d'épaisseur.

Vérins. — Les vérins étaient au nombre de huit,
régulièrement espacés sur le périmètre de l'intérieur de l'engin et fixés au-dessous des caissons
formés par les poutres principales, les deux enve-
loppes et les entretoises. Le piston avait 0^{m}24 de
diamètre, nécessitant pour l'avancement une pression de 60 à 80 kilogr. par centimètre carré. Le
vérin de rappel était placé dans l'axe du piston
plongeur pour éviter tout coincement au retour.

La surface frottante de l'engin était de 70 mètres
carrés. La course de l'engin était de 1 mètre et
s'effectuait en seize minutes.

Machinerie et planchers. — Un plancher horizontal formée de deux poutrelles d'entretoisement
des arcs et de neuf longerons longitudinaux d'une
composition de 0^{m}26 × 0,010 et cornières 80 × 80
× 9, recouvert de madriers, supportait en son
milieu la machinerie (dynamo et pompes); de part
et d'autre de cet emplacement occupant 2^{m}14 de
largeur, tout était libre sur 2 mètres de hauteur
maxima.

Dans l'avant-bec, un seul plancher suspendu
partageait la chambre de travail en deux parties ;
celle en dessous avait 2 mètres de hauteur libre,
tandis que celle au-dessus n'avait que 1^{m}80 à la
clef.

Des palplanches pouvaient facilement glisser
entre la tôle de l'avant-bec et des cornières dispo-

sées *ad hoc* pour abriter les ouvriers dans les terrains ébouleux.

Appui du bouclier. — Le bouclier reposait sur le sol par l'intermédiaire de deux rails creux (fig. 47) sur lesquels il glissait; entre le rail e

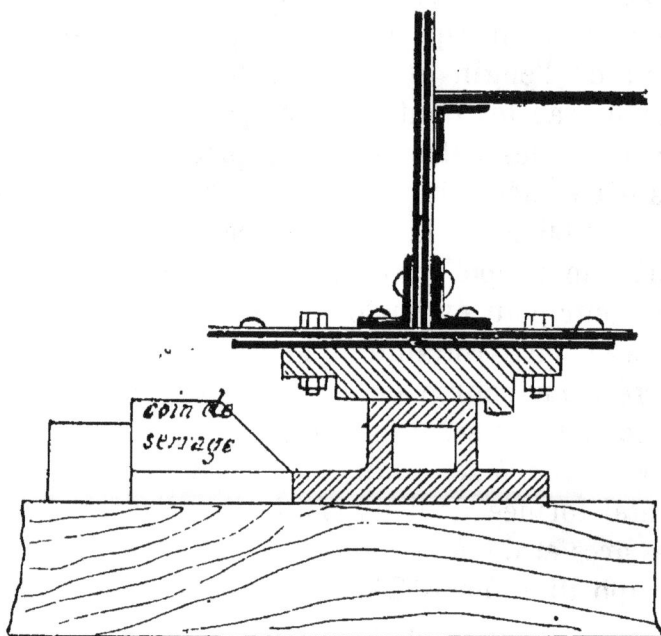

Fig. 47. Bouclier Champigneul (détail de l'appui sur le sol).
Chantiers du Métropolitain de Paris.

l'engin, on interposait une semelle à talon intérieur destinée à assurer le réglage en plan, le rail était posé sur des madriers placés bout à bout et assemblés à mi-bois.

Cintres et entretoises. — Les cintres étaient en fer et au nombre de trente, espacés de un mètre d'axe en axe; ils étaient constitués d'une âme de 7 millimètres d'épaisseur, de 0ᵐ320 de hauteur à la clef et 0ᵐ305 aux naissances et de quatre cornières de 80×80×9 fixées par des rivets de 18 millimètres. Chaque cintre était construit en deux parties; on réglait isolément chaque partie à l'aide de coins reposant sur des madriers et on faisait ensuite l'assemblage à l'aide de cornières de 100 ×100×12 et des fourrures.

Les cintres étaient réunis entre eux par huit entretoises boulonnées sur eux par l'intermédiaire de butées en fonte et des plaques de renfort de 230×7 sur lesquelles prenaient appui également les vérins.

Fonctionnement du bouclier dans le premier lot. — Dans ce lot, nous avons dit que la Ville a employé deux boucliers partant tous deux de la place de la Nation, et se dirigeant l'un vers la porte de Vincennes, et l'autre vers la porte de Reuilly. Nous n'allons pas entrer dans des détails sur leur construction, ni sur les retards apportés à leur livraison. Nous allons décrire seulement le mode de fonctionnement de chacun d'eux, vu qu'on a mis en œuvre, dans leur conduite, deux méthodes bien différentes.

1° *Bouclier allant sur Vincennes.* — Une galerie blindée précédait l'engin de 80 mètres environ (fig. 48, 49, 50, 51) et servait à reconnaître le terrain traversé et à diriger le percement et surtout elle permettait l'enlèvement rapide des déblais. Les ouvriers déblayaient le plafond de la galerie sous l'avant-bec et les déblais tombaient par des trémies verseuses directement dans les vagons disposés en

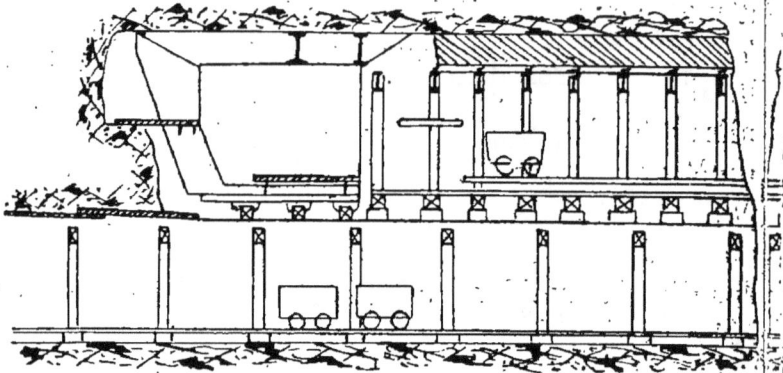

Fig. 48. Construction du Métropolitain de Paris.
Chantier de Vincennes (vue en élévation).

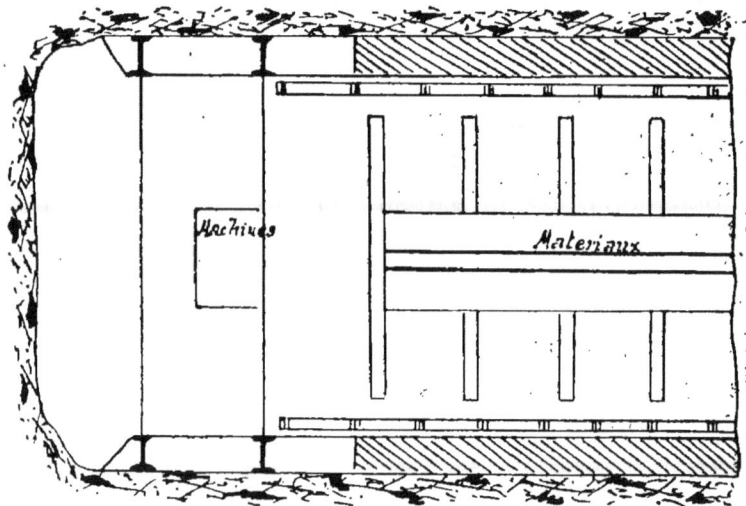

Fig. 49. Construction du Métropolitain de Paris.
Chantier de Vincennes (vue en plan).

rames au fond de la cunette; dès qu'une rame était
pleine, on la remplaçait par une vide; l'approche
des matériaux se faisait par une voie posée sur un
plancher reposant sur les parois de la cunette.

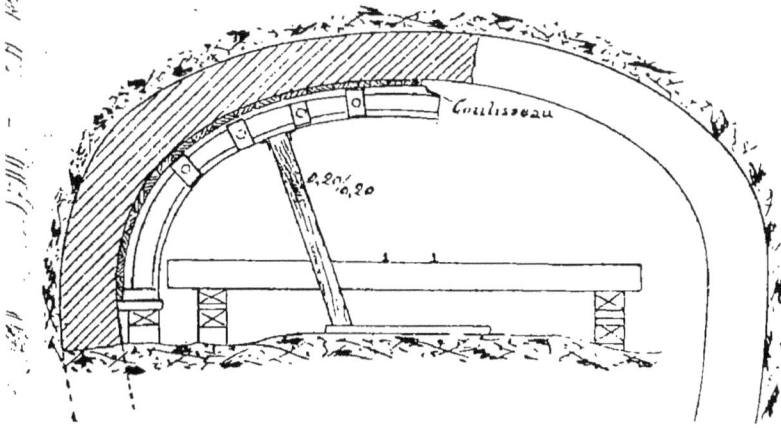

Fig. 50. Construction du Métropolitain de Paris
(premier lot, élévation d'un cintre).

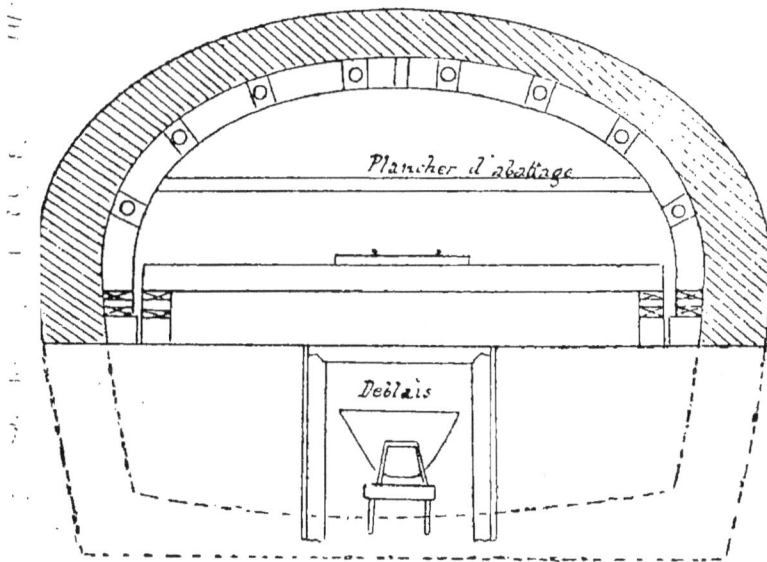

Fig. 51. Construction du Métropolitain de Paris.
Chantier de Vincennes (coupe sous les cintres).

On avait deux équipes de cinq ouvriers, deux
nineurs à l'abatage et trois terrassiers au charge-

ment, travaillant onze heures par jour ; l'avancement de la galerie de reconnaissance était ainsi de 3ᵐ40 par jour.

2° *Bouclier allant vers Reuilly* (fig. 52 à 56). — Il y avait environ 70 mètres cubes de déblais à extraire par mètre courant ; sur ce total, on enlevait sous le bouclier 37 mètres cubes correspondant exactement à la surface de 26ᵐ² occupée par le bouclier. L'opération de déblaiement et de construction de la voûte maçonnée comprenait quatre phases bien distinctes :

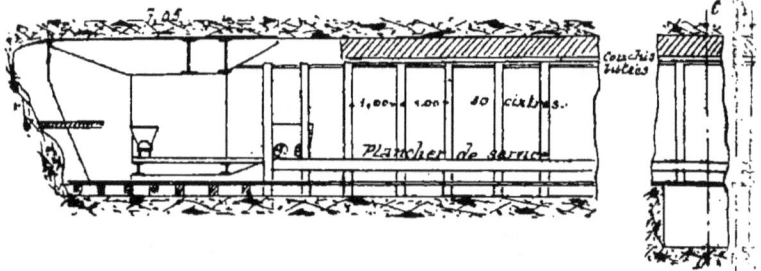

Fig. 52. Construction du Métropolitain de Paris.
Premier lot. Chantier de Reuilly (élévation du chantier).

truction de la voûte maçonnée comprenait quatre phases bien distinctes :

a) Les terrassiers abattaient sous l'avant-bec se tenant aux deux étages. Sur le plancher du bouclier, il y avait une voie transversale reliée par deux plaques tournantes à deux voies latérales établies sur un plancher de service sur toute la longueur du chantier (fig. 53). Les vagons vides arrivant par exemple à droite de la caisse renfermant la machinerie, étaient placés parallèlement au front de taille, recevaient leur chargement et repartaient sur la voie de gauche ; il n'y avait donc pas d'interruption dans le travail.

Les matériaux nécessaires arrivaient par une voie centrale passant entre les deux butons de renforcement des cintres.

b) A l'endroit des derniers cintres d'arrière, on ouvrait une tranchée centrale de 2ᵐ 20 de largeur; on y établissait une voie qui recevait les déblais

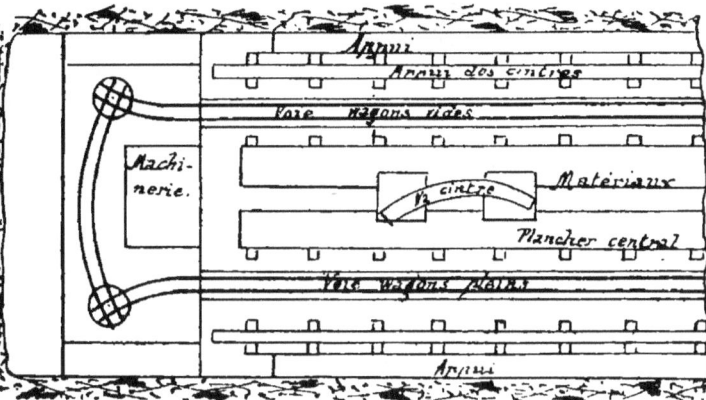

Fig. 53. Construction du Métropolitain de Paris.
Premier lot. Chantier de Reuilly (plan du chantier).

des vagons arrivant par les voies latérales, qu'on déversait à l'aide de trémies.

c) On procédait à l'abatage latéral du grand stross en lui donnant un talus aussi raide que nécessaire qu'il fallait soutenir parfois (fig. 55).

d) Enfin on effectuait la reprise en sous-œuvre des pieds-droits et la construction du radier, par anneaux de 2 mètres de largeur; entre deux anneaux successifs, on laissait un intervalle de 4 mètres; après une solidification de ces parties, on construisait les parties intermédiaires. Quand le revête-

ment était fini (fig. 56), on enlevait sur cette parti[e]
le plancher de support de la voie supérieure pou[r]
le reporter en avant.

La construction de la voûte se faisait sous l[a]
queue de l'armature sur une longueur de deu[x]

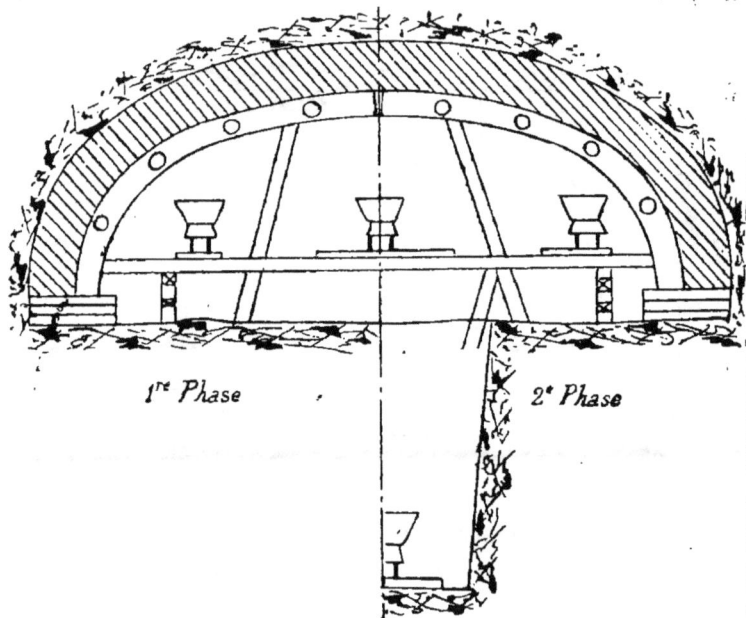

Fig. 54. Construction du Métropolitain de Paris.
Premier lot. Chantier de Reuilly
(première et deuxième phases de l'opération).

mètres et par échelons ; c'est-à-dire un premie[r]
atelier amorçait les pieds-droits, un autre constr[ui]
sait les retombées et le troisième clavait.

Le plancher étant suspendu à la voûte, à chaqu[e]
course, il fallait le démonter pour pouvoir plac[er]
le nouveau cintre ; c'était là une mauvaise disp[o]
sition.

Entre la maçonnerie et la tôle, on laissait un vide de 7 à 8 centimètres qu'on bourrait soigneusement pendant la course suivante, à l'aide du mortier ordinaire. Ce bourrage devenait souvent impraticable,

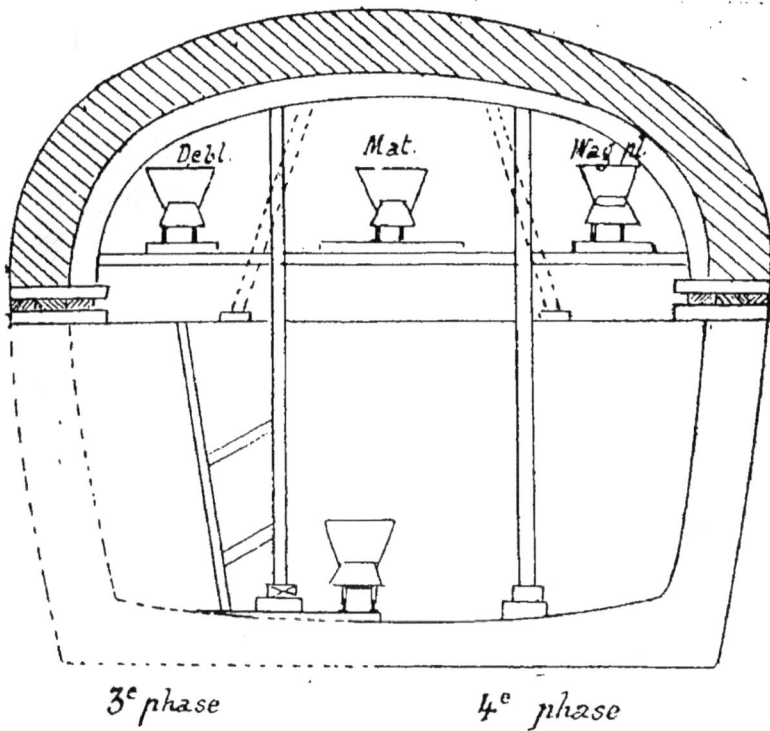

Fig. 55. Construction du Métropolitain de Paris.
Premier lot. Bouclier de Reuilly.
Abatage latéral et construction des pieds-droits
(troisième et quatrième phases de l'opération).

car à mesure que le bouclier avançait, le terrain disloqué s'affaissait sur l'extrados de la voûte et provoquait des ébranlements des terres jusqu'à la chaussée, où l'on constata souvent des tassements jusqu'à 80 centimètres.

Le seul incident à noter fut le déversement du deuxième bouclier de 30 centimètres sur la gauche du tracé ; on le corrigea graduellement par la pose convenable de son chemin de glissement et l'effort combiné des vérins.

On a coupé également la queue du bouclier de

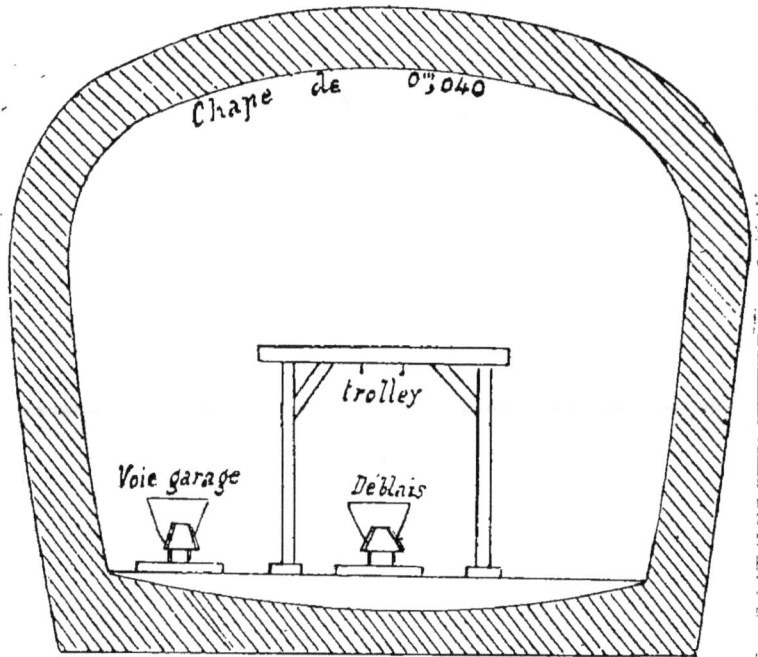

Fig. 56. Construction du Métropolitain de Paris.
Premier lot. Chantier de Reuilly
(partie achevée).

Reuilly à 0^m70 au-dessus du niveau des naissances pour bloquer fortement les maçonneries contre le sol, on a ainsi évité les petites fissures de la voûte à la clef qui provenaient du manque de charge aux reins.

Le bouclier de Vincennes fut construit de cette façon dès le commencement, car il fut monté bien après celui allant sur Reuilly.

Fonctionnement du bouclier Champigneul dans les huitième et onzième lots. — Dans le huitième lot on est parti de la place de l'Étoile vers la porte Maillot. La méthode employée fut presque identique à celle mise en pratique dans le premier lot pour aller vers Vincennes ; une galerie centrale précédait de 100 mètres environ la marche du bouclier. Sous l'avant-bec les mineurs creusaient devant eux des sillons qu'ils prolongeaient sur toute la hauteur, le bouclier dans sa marche en avant faisait tomber les terres intermédiaires.

Le plancher des maçons était suspendu aux deux poutres maîtresses par l'intermédiaire de deux poutrelles et il était ainsi entraîné dans chaque course.

Le revêtement fut établi en béton sur la longueur de la chambre de montage, soit 10 mètres, et sur le reste du parcours en meulière. Les pieds-droits furent construits beaucoup plus tard.

Description du bouclier Dioudonnat (fig. 57 et 58). — Ce bouclier, employé dans les deuxième et troisième lots, était formé de deux tôles de 12 millimètres d'épaisseur et de 6^m750 de longueur épousant la forme de l'extrados de la voûte à construire jusqu'à 0,725 en dessous des naissances, soutenues par deux poutres maîtresses d'une forme spéciale distantes de 1^m50 et laissant aux naissances une largeur libre de 5^m06.

Chaque poutre se composait d'une traverse inférieure horizontale, formée d'une âme de 0,590 de

13.

hauteur et de 11 millimètres d'épaisseur, fixée par quatre cornières de $90 \times 90 \times 9$, en haut à une semelle de 0,250 de largeur, en bas à une tôle reliant d'une façon continue les deux poutres; de deux montants de 0,890 de largeur légèrement inclinés sur la verticale et de la même composi-

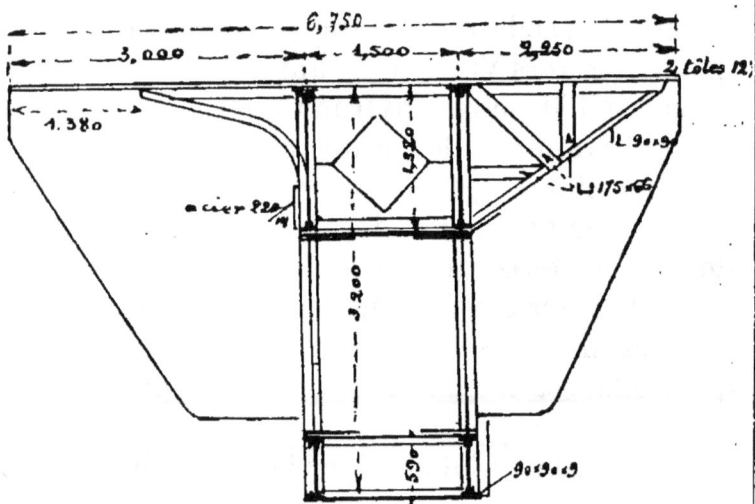

Fig. 57. Construction du Métropolitain de Paris.
Deuxième et troisième lots.
Bouclier Dioudonnat (coupe en long).

tion et enfin d'une traverse supérieure elliptique ayant à la clef 1^m32 de hauteur supportant direc- tement les tôles d'enveloppe.

Ces poutres descendaient jusqu'à $1^m 28$ au-dessous des naissances sans occuper cependant toute la largeur de la section ; entre leur semelle extérieure et la surface de l'extrados du tunnel, elles lais- saient un espace libre suffisant pour la construc- tion des pieds-droits qu'on pouvait exécuter sur $1^m 5$

de hauteur dans le corps même de l'appareil. La tôle de l'enveloppe qui restait ainsi en porte-à-faux sur 0,75 de portée était soutenue par des consoles s'arrêtant aux naissances et des cornières de $100 \times 100 \times 11$.

Les tôles de l'enveloppe étaient taillées en visière à l'avant et à l'arrière ; celle de l'avant-bec était

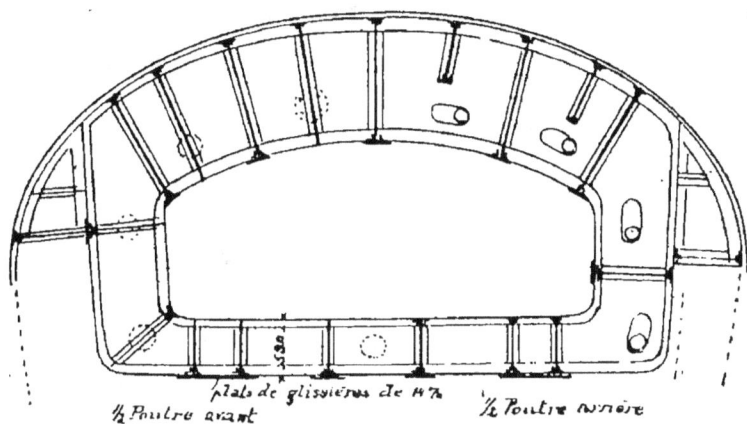

Fig. 58. Construction du Métropolitain de Paris.
Deuxième et troisième lots.
Bouclier Dioudonnat (coupe en travers).

soutenue sur toute sa longueur par des consoles placées au droit des entretoises longitudinales sur toute la hauteur et par six autres.

La tôle de l'arrière-bec restait libre sur 1^m38; sur le reste de sa longueur, soit 1^m62, elle était supportée comme l'avant-bec, mais les consoles intermédiaires n'avaient que 0,65 de hauteur pour laisser passage aux vérins.

Les deux poutres étaient reliées par treize entre-toises longitudinales sur toute leur hauteur, dont six formaient l'ossature du plancher inférieur. Le bouclier était ainsi divisé en trois parties :

Avant-bec.	2.250
Corps.	1.500
Queue	3. »
Total.	6.75

La tôle de l'avant-bec était soutenue sur toute sa longueur par des consoles placées au droit des entretoises longitudinales sur toute la hauteur et par six autres.

Les dimensions extrêmes du bouclier étaient de $6^m 75$ de longueur, $8^m 648$ de largeur et $3^m 924$ de hauteur.

Pour progresser, le bouclier glissait par les quatre plaques d'appui sur un plancher formé de poutres en bois dur de $0,20 \times 0,20$ placées perpendiculairement à l'axe ; chaque poutre était formée de deux morceaux de bois de longueurs différentes placés à joints recoupés et liés les uns aux autres par un fer plat recourbé à ses extrémités.

Vérins. — Ils étaient au nombre de huit placés entre les entretoises longitudinales ; une couronne de rivets les fixait aux deux poutres avant et arrière ; la course de leur piston était de $0^m 960$; leur diamètre de 0,22 et la surface d'action de chacun d'eux 380 cm.

Pour le retour en arrière, on avait disposé de petits vérins de rappel de 0,920 de diamètre extérieur placés soit au-dessus, soit à côté du vérin principal. La dynamo et les pompes étaient placées entre les deux poutres maîtresses et à leur partie supérieure, sur un plancher en fer **U** de 160×60, laissant ainsi les sections libres sur 1^{m}976 de hauteur sous clef et 5,060 de largeur aux naissances.

Pour progresser, les vérins s'appuyaient sur une charpente en bois bien assemblée et dont chacune des fermes était formée d'une poutre inférieure horizontale de 6^{m}60 de longueur et 0^{m}30/0^{m}30 d'équarrissage, dans laquelle étaient implantées quatre pièces verticales de 0^{m}25/0^{m}25; les deux

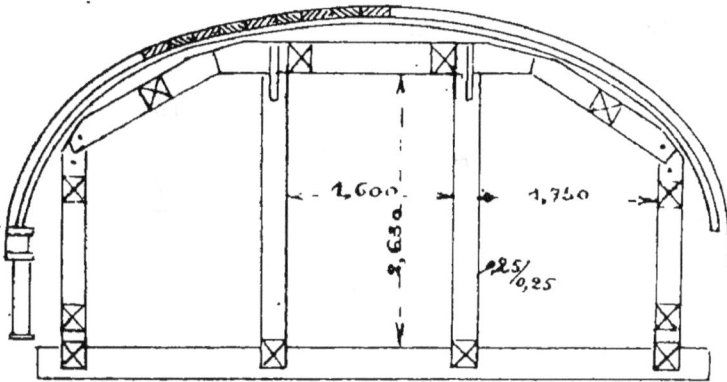

Fig. 59. Construction du Métropolitain de Paris.
Deuxième et troisième lots.
Ferme d'appui des vérins et cintre métallique Dioudonnat.

pièces médianes avaient 2^{m}63 de hauteur; elles étaient reliées entre elles à leur partie supérieure par une traverse horizontale de 2^{m}95 et aux pièces extrêmes dont la hauteur n'était que de 1^{m}86 par deux traverses inclinées de 1^{m}70 de longueur.

Les différentes fermes de la charpente étaient espacées de 1^{m}80 d'axe en axe, et il y en avait 20; on les rendait solidaires entre elles au moyen de 12 longerons longitudinaux placés quatre entre les poutres inférieures et huit sur le pourtour au droit des vérins.

Les assemblages des différentes pièces d'une même ferme se faisaient à mi-bois et à l'aide de boulons.

L'attache des longerons sur les fermes s'obtenait à l'aide de consoles en fer tenues par trois tire-fonds de 0^m16 dans le bois et boulonnées entre elles ; après un avancement de 1^m80, on démontait la dernière ferme et on la portait en avant.

Les cintres étaient métalliques et très légers (fig. 60) ; ils descendaient jusqu'aux naissances et portaient des couchis. Chaque cintre est formé de trois morceaux assemblés après réglage ; ils se composaient d'un fer à I de $\dfrac{120 \times 60}{10}$ rivé à l'intérieur d'un fer à ⊔ de $\dfrac{160 \times 60}{10}$.

Entre deux fermes, on plaçait en plus sur les deux longerons supérieurs une sorte de van qui soutenait les couchis en leur milieu et les empêchait de flamber. Comme on voit, la charpente n'était pas ancrée dans la maçonnerie et sa résistance aux efforts des vérins ne résultait que de sa masse et du frottement sur le sol et des couchis sur la voûte.

Emploi de ce bouclier dans les deuxième et troisième lots. — Le bouclier du deuxième lot devait marcher au devant de celui de la rue de Reuilly et parcourir 436^m36 ; il fut monté entre l'emplacement de la prison Mazas et l'avenue Daumesnil. Mais ce bouclier en raison de son faible rendement fut démonté après un parcours de 41^m54 et l'entrepreneur reprit la méthode sur bois.

Le plus grand défaut de cet appareil était son instabilité ; son corps ne représentait que les 22 0/0 de la longueur entière, tandis que sa queue en était les 44 0/0. Ceux du système Champigneul qui ont fonctionné d'une façon satisfaisante avaient le corps représentant les 28 0/0 et la queue 37 0/0 de la longueur totale.

Quoique la section laissée libre par les maîtresses poutres était bien dégagée, quoique étroite, on perdait ce bénéfice par l'emploi des charpentes en

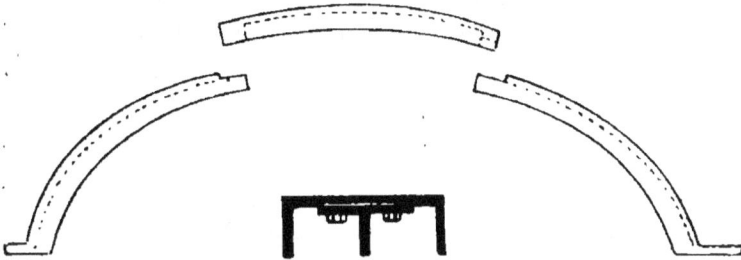

Fig. 60.   Construction du Métropolitain de Paris. Bouclier Dioudonnat (détail d'un cintre).

bois très encombrantes et divisant le souterrain en trois portions étroites à tel point que la circulation était très difficile.

La charpente d'appui n'offrait pas une résistance suffisante à la poussée des vérins ; pas assez lourde par elle-même, insuffisamment chargée par la voûte sous laquelle on la calait fortement, elle reculait et se gauchissait quand elle ne se brisait pas ; on a été obligé de l'appuyer par quatre forts étais inclinés et la consolider par des écharpes intercalées dans les panneaux longitudinaux. Dans ces conditions, il était très difficile de maintenir le bouclier dans l'axe du tracé et surtout en courbe.

L'engin levait constamment du nez et cela provenait de ce que sa queue était en disproportion avec le reste, comme nous venons de le dire plus haut. Dès que les vérins avançaient sous l'arrière-bec, le bouclier tendait à se renverser à l'arrière ; le plancher d'appui, quoique ayant la largeur de la section entière, se tassait souvent sous l'effort auquel il était soumis.

La tôle de l'enveloppe par son frottement arrachait et entraînait la maçonnerie fraîche et occasionnait ainsi des fissures qu'on était obligé de boucher à l'aide d'injection de mortier de ciment.

Pour remédier à ce grave inconvénient, on a mis, au début de chaque marche en avant de l'engin, des chandelles obliques sous la tôle et prenant appui les unes sur les semelles posées sur le sol et les autres sur les couchis. Pendant l'avancement, ces pièces de bois se redressaient et s'approchaient de la verticale en soulevant la tôle.

Dans le troisième lot, les deux boucliers qui ont été employés ont présenté les mêmes défauts.

Nous passons sous silence les boucliers Weber et Lamarre, employés aux autres lots de la première fraction et n'ayant pas donné de résultats satisfaisants. Nous aurions bien voulu nous étendre davantage sur cette méthode dite du bouclier, qui est la méthode d'avenir pour les travaux souterrains, mais notre cadre limité nous oblige à nous arrêter là.

CHAPITRE XXIV

Terrassements sous l'eau

Généralités

Nous avons indiqué au début de cet ouvrage, que dans ces sortes de travaux, comme dans ceux exécutés à ciel ouvert, il fallait procéder avant tout travail tant d'étude que d'exécution, à la reconnaissance de la configuration et de la nature du sol.

Nous allons maintenant passer en revue les travaux d'exécution qui peuvent se faire par *dragage*, par *dérasement de roches sous-marines* et par *remblais sous-marins*.

Dragage

Le dragage peut s'effectuer à bras d'homme ou à la machine.

Dragage à bras d'homme. — Quand la profondeur de l'eau n'est pas trop grande, $0^m 40$ à $0^m 50$ au plus, on peut encore se servir pour attaquer le terrain, du louchet, de la pelle et du pic manœuvrés à bras d'homme. Le travail est plus coûteux et plus difficile, les ouvriers étant forcés de rester dans l'eau et par la diminution de l'effet utile du travail dans ces conditions.

Drague à pelle simple. — Pour que l'ouvrier devant extraire des déblais puisse tenir son outil en restant en dehors de l'eau, sur une embarcation ou sur une passerelle, on munit ce dernier d'un manche de grande longueur et pour empêcher les masses détachées de retomber au fond, on munit la pelle de larges rebords. L'eau prise dans la pelle s'écoule par les trous qu'on perce dans toutes les faces de la pelle.

L'outil, tel que nous venons de le décrire, s'appelle une *drague à main* et l'opération un *dragage*.

La tige de l'outil fait un angle aigu avec le fond de la pelle, de manière que ce dernier puisse rentrer par sa face tranchante dans des terrains présentant une certaine résistance. De plus, cette inclinaison du manche permet, quand on relève la drague en tenant le manche vertical, aux matières qui y sont déposées d'y rester.

Drague à treuil. — La drague à main ne peut servir que dans un terrain très meuble. Pour mieux faire mordre l'outil et pour pouvoir augmenter sa capacité et sortir une plus grande quantité de déblais, on l'a perfectionné par l'addition d'un étrier relié à une chaîne ou un câble qu'on manœuvre à l'aide d'un treuil.

Cette drague à treuil se prête déjà assez bien à l'exécution de certains travaux. Les hommes qui la manœuvrent ainsi que ceux du treuil peuvent être montés sur un bateau qui se déplace à volonté, et recevoir les matières draguées. Souvent, on les déverse dans des bateaux spéciaux employés pour leur transport aux décharges, ce qui évite l'interruption du travail d'extraction.

Dragage à la machine. — Dans la drague à treuil, l'effort à exercer est variable, car l'outil est à la fois employé à l'attaque du sol et au transport des déblais jusqu'au-dessus de l'eau. Pour éviter toutes ces variations que l'effort à exercer subit, et pour activer le travail, on a eu l'idée d'attacher à la chaîne sans fin plusieurs pelles ou godets, venant successivement attaquer le sol ; le montage des déblais, leur déversement et la descente à nouveau des outils au front d'attaque se font sans discontinuité.

Dragues à cuillère. — La drague à cuillère, qui se rapproche davantage de l'outil primitif, a été souvent employée en France, non seulement à faire des excavations pour des fondations, mais aussi pour l'exécution de grands travaux ; elle jouit encore aujourd'hui d'une grande faveur aux Etats-Unis.

Au lieu de faire mouvoir la tige et la chaîne de suspension par des treuils à bras d'homme on a recours à la vapeur. On est même allé plus loin en employant deux machines à vapeur distinctes dont l'une commande l'outil dragueur et l'autre le bâti entier qui tourne pour amener les déblais du côté du bateau dragueur qui sert de dépôt.

La cuillère a sa tranche garnie d'un soc ou de griffes en acier pour pouvoir attaquer dans des meilleures conditions. Au lieu de vider la cuillère en la renversant, on rend son fond mobile autour d'une charnière et, par un jeu de déclic, on détermine son ouverture pour provoquer le déversement du contenu.

Quand l'eau n'est pas agitée, on peut opérer avec la cuillère jusqu'à des profondeurs nécessitant la position presque verticale du manche, mais dès qu'il y a des vagues, il faut s'arrêter à des profondeurs moindres. Plus la tige de la cuillère

occupe une position voisine de la verticale, plus
l'appareil est soumis à des chocs plus violents et
dangereux.

Pour parer à ces inconvénients dus, en général, à
l'attache rigide de la cuillère à l'appareil dragueur,
on la suspend à une chaîne ou à un cadre pouvant
être soulevé.

Parmi les dragues à cuillère à manche rigide, on
peut citer celles construites par la maison d'Osgood
comme le type le plus répandu.

Le manche de la cuillère peut avancer ou reculer
à volonté ; son inclinaison peut être réglée à l'aide
d'une chaîne ou d'un cabestan à vapeur. L'arbre
vertical qui supporte la flèche à laquelle se rattache
la cuillère, porte une poulie à gorge horizontale
qui, au moyen d'un câble ou d'une chaîne, peut
tourner dans le sens horizontal quelle que soit la
position et l'inclinaison du manche de la cuillère.

Au moment de l'attaque, la résistance que rencontre l'outil tend à repousser le bateau et quand
la cuillère est sur le point de détacher la masse
sous laquelle elle a pénétré, en la soulevant, le
bateau tend à s'enfoncer verticalement.

Pour parer à ces inconvénients qui diminuent
l'effet utile de la drague, on munit le bateau dans
son avant de deux béquilles en bois, logées dans
des gaines qui permettent de les assujettir dans des
positions voulues pour les faire porter sur le sol.

MM. Starbuck frères ont cherché à rendre les
positions possibles de la cuillère plus variées et à
rapprocher davantage le fonctionnement de cet
appareil de celui de la cuillère manœuvrée à bras
d'homme,

Pour cela, ils ont rendu la portée variable en faisant glisser la poulie à laquelle la cuillère se trouve suspendue, sur la branche horizontale de la flèche de la grue. Ce dispositif facilite le remplissage de la cuillère et permet l'extension du travail à une plus grande distance du bateau dragueur.

Les dragues de ce genre ayant des cuillères d'une capacité de $0^{m3}75$ à $1^{m3}90$ coûtent de 80,000 à 115,000 francs ; elles peuvent extraire dans la vase de 375 à 950 mètres cubes par jour et les déposer jusqu'à une distance de 9 mètres de l'axe de la grue.

Dragues à mâchoires

La drague à mâchoires est une drague à deux cuillères réunies fixées à un cadre et pouvant par le jeu de deux poulies tourner autour de leur axe et rapprocher ou écarter leurs tranches.

Drague Morris et Gumings. — Le cadre qui porte les deux cuillères est attaché à deux chaînes dont l'une assure aux deux cuillères la position écartée, tandis que le poids des cuillères détermine leur rapprochement, quand on agit sur le cadre à l'aide de l'autre chaîne. La première chaîne est dite chaîne de suspension ; la deuxième porte le nom de chaîne de travail. Quand on agit sur le cadre, les cuillères se rapprochent, avons-nous dit, et se remplissent. Pendant la remonte, au moyen de cette chaîne de travail, les mâchoires restent fermées. Lors de la descente, le cadre est soutenu par la chaîne de suspension et les mâchoires sont écartées ayant leurs bords tranchants à peu près verticaux. Le poids du cadre et des cuillères fait pénétrer les tranches dans le sol et il suffit d'agir sur la chaîne de travail pour déterminer le rapprochement des deux mâchoires et pour emprisonner les matières qu'elles embrassent.

Ces mâchoires sont généralement surmontées de longues perches, émergeant au-dessus du niveau de l'eau lorsque la drague touche le fond et servant à la fois à charger le cadre, à assurer aux tranches des mâchoires une pénétration plus considérable dans le fond et à rendre apparente la position et la profondeur à laquelle s'arrête le cadre.

Cette drague peut travailler dans les ports, parce qu'elle permet d'atteindre de grandes profondeurs et de travailler dans une eau agitée ; elle se prête en outre au travail dans un espace restreint comme dans les excavations des fondations des piles des ponts. Elle fournit en quatre minutes un déblai de 1^{m}310 provenant de 15 mètres de profondeur.

Dans les autres dragues à mâchoires, on s'est attaché à augmenter la quantité de matières à recueillir à chaque descente. Pour cela on a apporté des modifications plus ou moins heureuses au mode d'ouverture et de fermeture des mâchoires et à la forme à donner aux cuillères. La capacité des cuillères peut aller jusqu'à 3^{m}375 et dans ce cas, le poids du cadre avec les cuillères est de cinq tonnes et demi ; la machine à vapeur actionnant ces fortes dragues développe une force de 125 chevaux et le prix d'un pareil outil monté sur un bateau de 50 mètres de longueur, de 10 mètres de largeur et de 2^{m}70 de creux, exigeant un tirant d'eau de 1^{m}20, s'élève à 175,000 francs. La production horaire peut s'élever jusqu'à 300 mètres cubes environ.

Drague à soc de charrue. — Lorsque le fond est dur, les dragues à cuillères simples ou à mâchoires ne peuvent pas pénétrer facilement ; il faut alors modifier la forme de la tranche ou préparer le sol d'une autre manière. Pour cela, on se sert d'un soc de charrue qu'on manœuvre comme la cuillère. Le travail de cette charrue sous-marine précède celui de la drague ; souvent on la fixe au bâti même de la drague, pour être remplacée après le labourage par la cuillère.

Grappins. — Quand la nature du sol l'exige, on remplace les mâchoires par des griffes ou grappins, mais, avec ces outils, on ne peut extraire que les blocs, le menu étant délayé et laissé au fond.

Dragues à chapelets

La drague à chapelets est une invention déjà ancienne. En 1770, M. de Regemorte eut l'idée, lors de la construction du pont de Moulins, d'attacher à une chaîne sans fin des seaux ou godets en fer qui montaient le sable du fond des fouilles. Un bâti en charpente maintenait au fond la chaîne, à laquelle les hommes imprimaient le mouvement.

En 1831, l'inspecteur général Kermaingant employa à Lyon un appareil analogue, mais y apporta beaucoup de perfectionnements ; les godets étaient attachés à deux chaînes parallèles et le travail à bras d'hommes fut remplacé par celui des chevaux.

Plus tard, on a remplacé les chevaux par des machines à vapeur, on a établi l'appareil sur un bateau et on a apporté d'autres perfectionnements, d'où est sortie la drague à chapelets ou à échelles, perfectionnée de nos jours, et qui joue un si grand rôle dans les travaux publics. En Europe, on donne encore la préférence aux dragues américaines à cuillères, et même en Amérique elles ont beaucoup de partisans.

Leur construction est presque identique à celle des excavateurs. Le *châssis rigide* ou l'*élinde* sur laquelle passe la chaîne à godets, peut prendre des inclinaisons diverses ; elle porte à sa partie supérieure un tambour qui, par sa rotation, imprime à la chaîne le mouvement de translation, tandis que le tambour du bas de l'élinde suit le mouvement tout en maintenant dans la chaîne la tension voulue. Les godets s'emplissent à leur passage, avant de quitter le tambour inférieur, et les rouleaux fixés sur l'élinde soutiennent la chaîne et les godets remplis sur le trajet ascensionnel.

La position de l'élinde par rapport au bateau dépend des besoins auxquels les dragues doivent répondre. Si on veut draguer jusqu'au pied des murs de quai, on place l'élinde soit contre l'un des côtés du bateau, en dehors de la coque, soit dans l'axe, mais dans une position telle que l'élinde le dépasse à l'arrière.

La première position compromet, par le défaut de symétrie, la marche du bateau et expose l'élinde à des avaries ; c'est pour remédier à ce défaut qu'on a construit des dragues ayant une élinde de chaque côté ; comme exemple de cette sorte de drague, on peut citer la drague de la Clyde (Écosse).

Aujourd'hui, l'élinde centrale est la disposition généralement adoptée, de cette façon, les produits de dragage arrivent à se déverser à la hauteur du tambour supérieur, dans l'axe du bateau, et il

moins d'avoir une drague porteuse, dont les puits pour la réception des matières draguées se trouvent en général à la suite du puits ouvert par lequel passe l'élinde, il faut avec cette position centrale, des installations assurant le déversement des produits vers le côté, en dehors du bateau.

Des couloirs de faible longueur suffisent lorsque c'est sur des bateaux porteurs placés contre la drague que se déversent les produits ; ils ont l'inconvénient de prendre des dimensions considérables et d'exiger des dispositions particulières, dès que le produit du dragage doit être déversé directement sur les berges, comme cela a été pratiqué au canal de Suez.

D'autre part, l'élinde centrale permet de travailler sans interruption, car quand le bateau porteur est chargé, il se trouve déjà contre le bord opposé à celui-ci un autre bateau porteur et on n'a qu'à faire tomber les matières sur le couloir qui y conduit pour continuer le travail.

Avec les dragues à élindes extérieures, il faut interrompre le travail pendant le temps nécessaire au remplacement du bateau transporteur.

La durée du travail utile d'une drague porteuse, quelle que soit la position de l'élinde, est réduite davantage encore à cause du temps perdu pendant le voyage d'aller et de retour aux décharges et de la remise en place. On donne cependant la préférence aux dragues porteuses, car elles permettent une utilisation continue de la vapeur produite et dispensent du concours de remorqueurs, qui sont très dispendieux.

Quand on fait travailler ensemble plusieurs

Terrassier. — Tome II.   14

dragues et qu'on a un très grand cube de dragages
à faire, on n'emploie pas les dragues porteuses,
sauf à la mer où l'autre système amène quelquefois
des embarras.

*Exemples de dragages exécutés avec des
dragues à chapelets.* — Quand on a à exécuter
des fondations de ponts, sous la protection des
bâtardeaux, il faut généralement exécuter des dragages considérables qui doivent porter non seulement sur l'emplacement des fondations, mais aussi
sur celui des bâtardeaux, dont le pied doit reposer
sur une couche imperméable et résistante. Pour
faire ces dragages, on se sert des dragues qu'on
installe à poste fixe sur l'enceinte qui embrasse
l'emplacement du bâtardeau et qui le met pendant
la fouille à l'abri des apports.

Le service de construction des chemins de fer de
l'Etat de Bavière s'est servi, pour l'exécution de
fondation des ponts, d'une drague dont les dispositions essentielles pourraient servir d'exemple.

Sur un plancher de 12 mètres de longueur et
3m80 de largeur se trouve la locomobile de six chevaux qui sert à faire marcher la noria et en avant
d'elle est établi le chevalet portant l'élinde et le
tourteau supérieur recevant son mouvement au
moyen d'une courroie et par l'intermédiaire de
roues dentées. L'élinde passe par le plancher, sous
l'emplacement de la locomobile, et est soutenue
à son extrémité inférieure au moyen de chaînes
rattachées à un treuil qui est établi à l'arrière de
la locomobile sur le plancher.

Le plancher repose au moyen de huit roues sur
deux voies transversales, supportées par des poutres

armées, espacées de 7 mètres et portant sur des rails fixés sur les chapeaux des pieux formant l'enceinte de la fouille. Les poutres armées sont munies de roues pour pouvoir se déplacer sur les rails, de sorte que l'ensemble de cette installation constitue un chariot roulant sur lequel le plancher qui porte l'excavateur peut se déplacer en sens perpendiculaire à celui du déplacement du chariot. Cela permet à la drague d'atteindre tous les points compris dans l'enceinte.

Pour que la portée des poutres armées ne soit pas trop considérable, on peut établir une rangée de pieux dans l'axe longitudinal de l'enceinte et diviser ainsi le champ de fouille en deux chantiers d'excavation de moindre largeur, pouvant être attaqués successivement. La longueur de l'élinde, c'est-à-dire la distance d'axe en axe des tourteaux, était de $15^m 60$; il y avait 28 godets ayant chacun une capacité de 50 litres. La locomobile faisait cent tours par minute, le tourteau supérieur, moteur en fil cinq, ce qui correspond à une vitesse de déplacement de la noria de 12 mètres par minute, soit à l'attaque, de dix godets par minute. La plus grande profondeur atteinte sous le niveau des rails était de 7 mètres et correspondait à une inclinaison de 54 degrés.

Dans le gravier, on a fait jusqu'à 150 mètres cubes et dans les couches inférieures de sable compact, de 20 à 30 mètres cubes par jour. Le maximum de déblai par heure a été de 13 mètres cubes.

L'équipe de service était de six hommes; la consommation de la houille variait de 40 à 60 kilogrammes par heure. Le déplacement de l'appareil se faisait à bras d'hommes au moyen de cabestans, la locomobile servait exclusivement à faire mouvoir la chaîne à godets.

Par le retrait de chaînons et d'éléments constituant l'élinde, on pouvait réduire jusqu'à 9 mètres la distance de cettte dernière, mais ces modifications de longueur exigeaient en moyenne deux jours de travail de huit hommes. Le mètre cube de dragage revenait à 0 fr. 75 et plus, suivant la profondeur et la nature du terrain.

Dragages exécutés dans la Seine

Ces dragages ont été exécutés, dans le bief de Rouen, à l'aide d'une drague à chapelets ayant coûté 180,000 francs ; sa chaîne à godets était mue par une machine à vapeur de 70 chevaux ; la manœuvre des treuils avant et arrière se faisait par des machines à vapeur spéciales de six chevaux pour le treuil d'arrière, et de trois chevaux pour celui d'avant.

Le prix de revient de ces travaux est déduit des chiffres suivants empruntés à l'ouvrage de M. Pontzen et qui donnent séparément les frais occasionnés par l'extraction, par le transport, et par le dépôt.

Extraction. — On a travaillé pendant dix-huit mois pour extraire 314,830 mètres cubes, et si on fait abstraction de deux mois de chômage à cause des crues, on obtient le travail effectif par mois, soit 19,677 mètres cubes.

Les frais occasionnés par l'extraction des 314,830 mètres cubes sont :

	Pendant 16 mois de travail	Pendant 2 mois de chômage
Personnel.	27.148 fr.	2.640 fr.
Charbon	8.986	»
Réparations et changements de place.	15.032	»
Huile et graisse.	1.222	»
Grosses réparations, intérêts et amortissement.	48.000	6.000
Ensemble	100.388 fr.	8.640 fr.
Total	109.028 fr.	

soit par mètre cube 0 fr. 3463.

Transport. — Le transport s'est effectué avec deux remorqueurs, un de 125 chevaux ayant coûté 70,000 francs, l'autre de 35 chevaux et d'une valeur de 40,000 fr. Les déblais étaient versés dans quatre chalands pouvant recevoir 52 mètres cubes chacun et d'une valeur de 22,000 fr. chacun. L'ensemble du matériel de transport avait coûté 200,000 francs. Les distances de transport variaient de 500 mètres à 6 kilomètres et le cube transporté pendant ce temps était de 323,160 mètres cubes. Les frais occasionnés pour ce transport sont :

	Pendant 16 mois de travail	Pendant 2 mois de chômage
Personnel.	21.450 fr.	2.300 fr.
Charbon	10.737	»
Huile et graisse.	1.509	»
Menues réparations	9.700	»
Grosses réparations, intérêts et amortissement	53.333	6.677
Ensemble.	96.729 fr.	8.977 fr.
Total	105.706 fr.	

soit par mètre cube 0 fr. 3271.

14.

Déchargement. — Le déchargement se faisait à l'aide d'une chaîne à godets prenant les déblais dans les chalands, pour les verser dans un couloir ouvert, ou dans un tuyau débouchant sur la rive où le dépôt devait se faire. Les godets déversaient à 10 mètres au-dessus du niveau de l'eau et pouvaient élever en une heure 200 mètres cubes de vase ou 150 mètres cubes de sable, ou 50 à 100 mètres cubes de galets ou d'argile. La chaîne était actionnée par une machine de vingt-cinq chevaux et l'élinde par une autre de quatre chevaux.

L'inclinaison du couloir variait avec la nature des matériaux, et pour aider à leur écoulement, on lançait environ 4 mètres cubes d'eau à la minute au-dessus du point de déversement des godets à l'aide d'une pompe Greindl, actionnée par une machine à vapeur de dix-huit chevaux.

Le prix de cette installation s'est élevé à 100,000 fr. Les frais occasionnés par le déchargement de 323,160 mètres cubes sont :

	Pendant 16 mois de travail	Pendant 2 mois de chômage
Personnel des machines . . .	21.348 fr.	2.640 fr.
Terrassiers	18.282	»
Charbon.	14.602	»
Huile et graisse.	1.750	»
Réparations.	15.032	»
Intérêts et amortissement . .	26.667	3.333
Ensemble.	97.681 fr.	5.973 fr.
Total		103.654 fr.

soit par mètre cube 0 fr. 3208.

En prenant la somme des prix des trois opéra

ions ci-dessus, on obtient le prix de revient du dragage, transport et dépôt compris, soit 0 fr. 9941 ou 1 fr. environ.

Ces analyses montrent que la reprise des déblais dans les bateaux donne lieu à des dépenses considérables presque égales à celles du dragage.

L'entrepreneur des dragages, pour diminuer ces frais de reprise, a installé dans les bateaux de transport une voie sur laquelle il amena les vagons qui reçoivent immédiatement de la drague leur chargement.

Il a employé pour cela des bateaux plats ayant 13m60 de longueur, pouvant recevoir six vagons de un mètre cube chacun. La voie sur laquelle se trouvent ces vagons se raccorde avec celle établie sur la berge par un plan incliné de 160 millimètres par mètre. Pour la manœuvre des vagons on s'est servi de chevaux. Le prix de revient du mètre cube s'est ainsi abaissé à 0 fr. 27 environ.

Transporteurs par courroies métalliques. — Nous avons vu que pour assurer l'écoulement des déblais le long des couloirs de grande longueur, on ajoute aux dragues des pompes qui envoient de l'eau pour entraîner les matières. L'emploi des courroies transportant les déblais qu'on y déverse dispense de cette addition d'eau. On a adopté pour ces transporteurs des dispositions variées permettant de déposer les déblais à 300 mètres et plus des dragues et de les élever à un niveau supérieur à celui du départ.

La vitesse imprimée à une courroie sans fin, passant sous une trémie dans laquelle se déversent les godets, se règle de façon qu'il n'y ait pas d'accumulation des matières en un point. Leur transport se fait ainsi d'une façon continue et leur déversement s'effectue à l'extrémité de l'échelle qui soutient ces courroies.

Avantages et inconvénients des dragues à chapelets sur celles à cuillères ou à mâchoires

Les dragues à chapelets sont très bonnes quand il s'agit de n'enlever qu'une très faible couche. Par l'action continue des petits godets, attaquant successivement le sol, combinée avec un mouvement lent du bateau, ces dragues fonctionnent avec un rendement normal. Dans les mêmes conditions les grandes mâchoires des dragues à cuillères ne peuvent qu'effleurer le sol et par conséquent ne remontent qu'un volume de déblai minime.

Dans les dragages à grande profondeur, le poids des chapelets constitue un désavantage des dragues à chapelets sur celles à cuillères ou à mâchoires.

Les dragues à chapelets sont sujettes à des avaries lorsqu'elles rencontrent de gros blocs ou des troncs d'arbres dans les fouilles, et le chargement des produits du dragage sur des chalands ou sur les berges, nécessite l'élévation des produits à une hauteur plus considérable qu'avec les dragues à cuillères ou à mâchoires.

Les dragues à chapelets doivent être fixées par plusieurs amarres pour pouvoir, au moyen de treuils et de cabestans, opérer leur déplacement; ces amarres causent des gênes considérables à la navigation. Les dragues à mâchoires se fixent en place à l'aide de béquilles, et une seule amarre au large suffit.

Les dragues à chapelets ne peuvent travailler que dans une eau calme ou peu houleuse et avec des faibles profondeurs pour avoir une grande inclinaison de l'élinde. Si l'eau est agitée et que l'élinde se rapproche de la verticale, les oscillations résultant de l'agitation de l'eau deviennent dangereuses pour l'appareil.

Avec les dragues à mâchoires, on peut travailler avec une houle assez forte ; seul l'emploi des béquilles devient une gêne et force à arrêter le travail en cas de forte houle.

Dragues à aspiration

Les dragues à aspiration servent pour l'extraction des déblais susceptibles d'être entraînés par un courant déterminé. A l'aide de ces appareils, on peut aspirer, quand le fond est préalablement ameubli, jusqu'à des galets de 15 centimètres de diamètre.

Le capitaine Eads a employé pour l'extraction des déblais de l'intérieur des fondations du pont Saint-Louis, sur le Mississipi, une pompe à sable qui porte son nom.

Cet appareil (fig. 61), repose sur le principe de l'aspiration produite par un courant et présente les dispositions suivantes : l'eau sous pression descend par un tuyau de 80 millimètres de diamètre jusqu'à environ 0^m35 au-dessus du niveau du sable imbibé d'eau ; elle passe ensuite par une conduite annulaire et pénètre par un étranglement également annulaire dans un tuyau ascendant. Un tuyau descend de cet ajutage jusque dans le fond du sable. En passant par l'étranglement annulaire, l'eau produit une aspiration et entraîne le sable qui remonte par le tube plongeur. Une pompe à sable de 88 millimètres de diamètre a pu entraîner jusqu'à 15 mètres cubes de sable en une heure, la pression d'eau nécessaire pour le jet étant de dix atmosphères.

Cette drague, en raison du peu d'espace qu'elle occupe, a été employée depuis, très fréquemment, tant en Amérique qu'en Europe, pour l'extraction des déblais sablonneux ou vaseux à l'intérieur des fondations d'ouvrages d'art.

Emploi des pompes pour l'enlèvement des vases. — M. Tostain, inspecteur général, a préconisé l'emploi des pompes d'épuisement pour l'extraction des vases du port

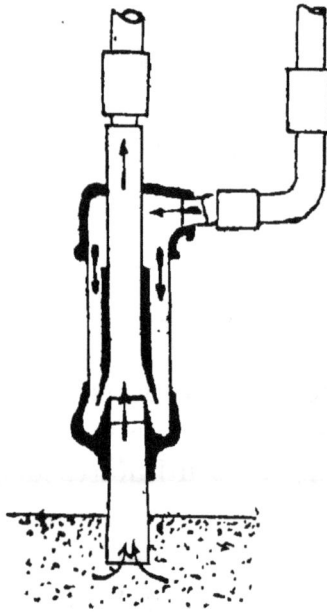

Fig. 61. Pompe à sable du capitaine Eads.

de Saint-Nazaire. L'essai a donné de bons résultats et on a pu, en une année, pomper 200,000 mètres cubes de vase à 3 ou 4 mètres au-dessous du niveau de l'eau et qu'on envoyait à la mer par un canal en charpente de 125 mètres de longueur ayant une pente de 36 millimètres par mètre.

On a constaté que l'usure des corps de pompe des pistons et des tuyaux d'aspiration était insignifiante. On a pu ainsi attaquer et enlever des ases dont la densité atteignait près de 1,300 kilorammes.

Des essais faits sur des dépôts de sable ou de ravier mélangé avec de la vase n'ont pas donné es résultats satisfaisants.

Bateaux pompeurs. — Le résultat des essais its à Saint-Nazaire avec les pompes d'épuisement conduit à la création des bateaux pompeurs pouant draguer d'abord et transporter ensuite les ases en pleine mer.

MM. Jolet et Babin ont construit en 1859 le premier bateau pompeur et en 1861, le port de Saint-azaire en avait trois ayant coûté ensemble 47,000 francs et ayant, le premier 220 mètres ubes de capacité, et les deux autres, 275 mètres ubes chacun.

Les tuyaux d'aspiration, au nombre de deux, escendaient de part et d'autre du bateau, se réuissaient par le bas horizontalement pour porter a crépine terminale. On pouvait draguer jusqu'à ᵐ50 de profondeur en ayant soin de n'enfoncer la crépine dans la vase que de 40 à 50 centimètres t que le bateau eût un lent mouvement d'avance l'aide de treuils; cette précaution était nécessaire our éviter la formation d'entonnoirs au-dessus le la crépine, ce qui eût fait arriver de l'eau en grande quantité dans les tuyaux.

Dans l'espace de six années, de 1861 à 1867, on ainsi dragué dans le port de Saint-Nazaire et ransporté à 1,500 mètres en rade 1,984,260 mètres ubes de vase, et le prix moyen du mètre cube 'est élevé à 0 fr. 231.

Si on ajoute pour intérêts et amortissement

0 fr. 247 par mètre cube de déblai, on arrive à
avoir comme prix de revient du mètre cube
0 fr. 478.

Drague à aspiration de M. Burden. — Aux
États-Unis, on emploie des bateaux pompeurs qui,
par leur déplacement, produisent l'ameublissement
préalable du sol.

La drague de M. Burden est installée sur un
bateau à aubes de 40 mètres de long, $12^m 40$ de
large et ayant $2^m 10$ de tirant d'eau en pleine charge.
La machine a 120 chevaux de force et le bateau
sert à la fois pour le dragage et le transport.

Sur le pont du bateau est installée une pompe
centrifuge qui aspire le sable en arrière du bateau
au moyen d'un tuyau flexible ; l'extrémité de ce
tuyau qui plonge dans l'eau est supportée par une
herse dont les dents traînent sur le fond et mettent
le sable en mouvement dès que le bateau marche.
Le sable aspiré est déversé dans une série de trémies d'où l'eau s'écoule en laissant le sable se
tasser.

On a pu ainsi draguer jusqu'à 50 mètres cubes de
sable par heure avec un tuyau d'aspiration de
225 millimètres de diamètre, mais le rendement
journalier descendait à 115 mètres cubes et le
mètre cube de sable revenait à 1 fr. 15 quand on
travaillait sur un banc exposé à la houle causant
des intermittences de travail.

Drague du capitaine Newton. — La drague
du capitaine Newton peut fonctionner par aspiration, sans déplacement du bateau. La désagrégation du sol s'opère par jet d'eau à haute pression ;
les matières mises en suspension par ce moyen

sont aspirées par un tube. A l'arrière du bateau, qui a 22ᵐ30 de longueur et 9 mètres de largeur avec 2ᵐ40 de creux, règne un puits de 7ᵐ50 de long, par lequel passe le tube d'aspiration ; à l'avant se trouve une béquille verticale que l'on peut affaler à l'aide d'un treuil.

Une pompe à vapeur de 0ᵐ60 de diamètre et de 0ᵐ60 de course, faisant 120 coups par minute, alimente trois lances à eau comprimée et fournit l'eau pour la condensation de la vapeur dans les deux cylindres de vide. En introduisant dans ces cylindres alternativement de l'eau et de la vapeur, on produit l'aspiration. Ces cylindres sont garnis intérieurement de douves en bois et reliés par une conduite qui communique vers le haut avec un réservoir cylindrique ayant 0ᵐ90 de diamètre et 3 mètres de hauteur, remplissant en quelque sorte la même fonction qu'un réservoir d'air par rapport aux pompes de compression. De la conduite qui réunit les deux réservoirs, descend le tube d'aspiration relié à la conduite par un joint sphérique qui lui permet de prendre toutes les positions voulues.

Chaque cylindre se vide et se remplit huit à dix fois par minute ; l'évacuation se fait à travers une soupape de 0ᵐ45 de diamètre, par des tuyaux qui se rejoignent et permettent le déversement à 40 mètres du lieu d'extraction.

Le tuyau d'aspiration se compose de deux parties s'emboîtant l'une dans l'autre ; celle d'en haut a 0ᵐ50, et celle d'en bas 0ᵐ65 de diametre : le tuyau inférieur se termine par un orifice autour duquel débouchent les jets d'eau comprimée amenés par un tuyau de 0^m125 de diamètre. Dans le port de Galveston, dans un terrain de gravier, la drague Newton, aspirant 16 à 20 cylindrées par minute, élevées à 8^m40 de hauteur, dont 6 mètres au-dessous de l'eau, a produit 360 mètres cubes de déblai par heure en consommant environ 500 kilogrammes de houille.

Le prix d'une drague est d'environ 54,000 francs et n'exige qu'un personnel restreint (quatre ou cinq hommes suffisent).

Dragues à aspiration employées en France. — Depuis 1876, on en a employé pour draguer les sables au large des ports de Dunkerque et de Boulogne, en mer ouverte, sans aucun abri contre le vent et les lames.

Caractères essentiels de ces appareils

1° Le bateau extracteur est un bateau à hélice tenant bien la mer;

2° Il porte lui-même ses déblais dans des puits à clapets et va les décharger au large;

3° Le déblai est amené dans le bateau par pompage d'un mélange d'eau et de sable au moyen d'une pompe centrifuge et d'un tuyau qui vient poser son orifice inférieur sur le fond de sable; on pompe en moyenne 10 à 15 volumes de sable pour 100 volumes du mélange; le sable se dépose dans les puits du bateau par décantation, l'eau retombe à la mer avec la vase qui se trouvait mêlée au sable;

4° A sa jonction avec le bateau, le tuyau d'aspiration est flexible de façon que le travail ne soit pas interrompu par le roulis ou le tangage du bateau. Le travail du dragage peut se faire très facilement de cette façon, même avec une houle de $0^m 40$ à $0^m 50$ de hauteur, prenant le bateau de bout; il est également possible et sans danger dans une houle de $0^m 40$, prenant le navire de travers, et dans une houle de $0^m 80$ à 1 mètre, prenant le navire de bout;

5° Le bateau se tient sur une seule ancre d'avant, aidée quelquefois d'une petite ancre à jet à l'arrière pour tenir contre les vents de travers; il n'embarrasse pas l'entrée du port et peut se déplacer, quitter ou reprendre son travail en quelques instants;

6° Le travail produit consiste en une série de trous en entonnoir creusés dans le fond mobile à draguer. Ultérieurement, les courants et les lames comblent ces trous avec du sable pris aux parties voisines et il se produit ainsi un abaissement général du fond.

Le volume total annuellement dragué par un bateau aspirateur porteur dépend de la nature du fond à draguer et du régime local de la mer. Il dépend également de la capacité des puits du bateau, de la distance de transport, de la vitesse de marche et enfin de la vitesse plus ou moins grande de l'appareil d'extraction.

Le prix de revient est donc variable, et d'après les expériences de Calais, de Dunkerque et de Boulogne, on peut dire que le prix d'adjudication, suivant les difficultés locales plus ou moins grandes du travail, pourrait varier entre 0 fr. 75 et 1 fr. 20, pourvu que : 1° on assure à l'entrepreneur au moins six années de travail; 2° on ait fait, avant l'adjudication, une expérience d'environ une année pour se rendre compte des conditions locales du travail.

Parmi tous les bateaux aspirateurs employés dans ces ports, on peut distinguer deux types qu'on peut citer comme exemples.

Bateau aspirateur-porteur Dunkerque. — Ce bateau aspirateur est à élinde latérale, ce qui lui permet de draguer jusqu'au pied des murs ou estacades.

A la partie avant de ce bateau se trouve le logement de l'équipage, un magasin pour les approvisionnements, une caisse à eau de $4^m3 5$ pour l'alimentation de la chaudière et sur le pont un guindeau à vapeur pour servir au touage du bateau et à la manœuvre du tuyau d'aspiration.

A la partie centrale, se trouve le puits pour la réception des déblais, d'une capacité de 240 mètres cubes, muni de clapets de vidange.

A l'arrière, sont disposés les appareils de propulsion du navire et d'extraction des déblais et le logement des mécaniciens.

Ces appareils comprennent : une chaudière tubulaire de 65 mètres carrés de surface de chauffe ; une machine à vapeur qui actionne à volonté, soit l'hélice de propulsion, soit la pompe d'aspiration ; la pompe rotative de $1^m 80$ de diamètre, située au-dessous de la ligne de flottaison ; une élinde fixée par une des extrémités au navire et suspendue à l'autre extrémité par une chaîne au guindeau à vapeur et enfin l'hélice du navire.

Le pont du navire a 42 mètres de longueur et il mesure au maître beau $8^m 30$ de largeur ; le creux du navire est à l'avant 3^{m}80, au milieu 3^{m}25 et à l'arrière 3^{m}80. Les puits à sable, ont en haut 17^{m}58, en bas 16^{m}55 de longueur, et en haut 6^{m}45, en bas 2^{m}90 de largeur. Le tirant d'eau du navire lège est à l'arrière de 2^{m}50, et le tirant maximum en charge est de 3^{m}50.

La coque du navire est en fer, les chambres à air situées de part et d'autre des puits à sable sont divisées par trois cloisons étanches.

Du côté de l'élinde, la coque porte deux défenses pour protéger le tuyau d'aspiration contre les abordages. La machine motrice est une machine Compound à condensation ; le grand cylindre a 0^{m}69, le petit 0^{m}375 de diamètre et la course 0^{m}458 ; à l'aide d'un dispositif d'embrayages, cette machine commande à volonté l'hélice ou la pompe à vapeur.

En marche normale, la pression absolue de la vapeur dans la chaudière est de 5 kilogrammes.

Attelée à l'hélice et faisant 105 à 110 tours par minute, elle imprime au bateau une vitesse de 5 nœuds.

La pompe rotative, de 1^{m}80 de diamètre, a son axe horizontal placé à 0^{m}75 au-dessous de la ligne de flottaison ; avec 120 révolutions à la minute, son débit est de 50 mètres par minute.

Le tuyau d'aspiration ou élinde, a 14 mètres de longueur et 0^{m}50 de diamètre. L'ouverture inférieure porte une grille pour empêcher l'obstruction par de trop gros morceaux. L'élinde est rattachée à la partie supérieure par un tuyau flexible au tuyau en fonte qui débouche vers la pompe. Pour pouvoir la relever, elle se trouve rattachée au navire par une chaîne passant par un collier fixé près de son extrémité inférieure; les clapets pour fermeture des puits sont au nombre de seize et sont formés de deux cours de madriers en pitch-pin de 63 millimètres et placés en croix les uns sur les autres. Chacune des portes présente une surface de $2^{m2}06$ et une tôle de recouvrement rivée contre les parois latérales des puits, empêche l'accumulation des matériaux contre les charnières.

Chacun des clapets porte deux pitons auxquels sont attachées des chaînes fixées à un balancier suspendu à une chaîne qui passe par-dessus une poulie et se trouve fixée à quelque distance à une forte barre horizontale, régnant sur le pont au-dessus du bord des clapets.

Pour permettre l'ouverture des clapets, il suffit de retirer les coins qui retiennent chaque chaîne de suspension et de filer la chaîne du treuil qui retient la barre horizontale. La charge des remblais ouvrira les clapets en imprimant un mouvement d'avance à la barre; il suffira de ramener cette barre à la position initiale pour refermer les clapets. Par précaution, on cale de nouveau chaque chaîne de suspension. Il y a une barre pour chaque rangée de trémies et chacune d'elles peut se manœuvrer séparément. Le mouvement de giration des clapets est limité par des chaînes de sûreté.

Le personnel se compose de huit hommes : le chef-dragueur faisant fonctions de capitaine, le second, trois matelots, le mécanicien et deux chauffeurs.

Pour travailler, le bateau mouille son ancre d'avant et se place dans la direction de la chaîne d'ancrage, face au courant. Une fois que le puits est rempli d'un mélange d'eau et de sable, ce dernier se dépose par décantation et l'eau se déverse par dessus bord ; le déblai qui se dépose est en quantité d'autant plus grande que la mer est plus agitée et que le sable est moins pur, car l'argile ne se dépose pas.

Dès que l'aspiration produit un entonnoir, la proportion de sable entraîné par cette eau diminue et on fait avancer le bateau au moyen du guindeau sur la chaîne de mouillage. Pour se diriger vers la décharge, on a soin de remonter l'élinde.

Un tel bateau coûte 140,000 francs environ ; les primes d'assurances comptées à 6 0/0 et les intérêts du capital à 5 0/0, plus l'amortissement qu'il est prudent de baser sur une période de cinq à six ans, ajoutés aux frais du personnel, ramènent le prix de revient du mètre cube à 0 fr. 70 ou 0 fr. 75.

Bateau aspirateur de MM. Volker et Bos, employé à Calais. — Le bateau, entièrement en fer, a 34 mètres sur 7^{m}70 et 3^{m}04 de creux, il plonge davantage à l'arrière qu'à l'avant ; son tirant d'eau lège est de 0^{m}50 à l'avant et de 2^{m}95 à l'arrière, et même en charge, la différence est de 0^{m}80, car il tire dans ce cas 2^{m}80 à l'avant et 3^{m}60 à l'arrière.

Les pompes et la machine se trouvent à l'arrière du bateau ; à l'avant, sont le logement du personnel et la cale d'arrimage. Dans la partie centrale, de 13^{m}70 de long, sont établis les puits à déblais.

La pompe centrifuge est formée de deux ailes en fer, tournant à 170 tours par minute, dans un tambour de 1^m87 de diamètre et 0^m28 de hauteur. Le centre de la pompe est à 0^m40 au-dessous de la ligne de flottaison à vide.

La machine commande à volonté l'hélice ou la pompe; le tuyau d'aspiration a 0^m45 de diamètre, il est recourbé vers le bas à son extrémité inférieure et se raccorde à la pompe en y pénétrant par le cylindre-enveloppe; il est fixé unilatéralement et à 0^m60 de la coque. Quant au tube de refoulement, il se bifurque en deux branches de 0^m36 de diamètre, établies parallèlement à l'axe du bateau, au-dessus des puits; quatre ouvertures servent à l'évacuation des matières déblayées. Le réservoir peut contenir 170 mètres cubes de déblais, il a à sa partie supérieure 13^m70 de longueur sur 6^m80 de largeur, et à sa base 12^m07 sur 2^m76 avec 3^m04 de hauteur. Il est divisé en sept puits fermés par le bas au moyen de clapets.

CHAPITRE XXV

Dérasement des roches sous-marines

Lorsqu'on fait une excavation sous-marine et qu'on rencontre des écueils formés de roches dures et qu'il faut déblayer, on ne peut pas employer les dragues, même si on les munit de fortes griffes; il faut alors commencer par le bris des roches et enlever ensuite les débris.

Cette désagrégation des roches peut se faire, soit par l'emploi d'outils de percussion, soit au moyen de matières explosives; pour l'enlèvement des débris on a recours à des dragues ou on pousse ces débris vers les creux que présente le fond à proximité des écueils.

Appareils de percussion

Le plus souvent, quand les roches présentent une surface crevassée, on emploie des ciseaux dont la chute amène le bris des aspérités, sans compromettre la sécurité du voisinage comme le fait dans certaines conditions l'emploi des explosifs.

Pour la désagrégation d'un banc de pouddingue très dur, rencontré dans le canal d'Arles à Bouc, M. Bernard se servit d'une barre à pointe aciérée sur laquelle un mouton de 900 kilogrammes venait frapper. Mû à la vapeur, ce mouton battait jusqu'à 030 coups à la minute et l'on arriva en ne donnant que $0^m 30$ environ d'écartement aux trous faits à l'aide de cet appareil de percussion, à produire une dislocation suffisante pour pouvoir enlever les débris au moyen d'une drague à godets.

Aujourd'hui, on emploie, dans certaines circonstances, un mouton installé sur un bateau et mû par la vapeur.

M. Pinguely, constructeur à Lyon, a construit un appareil qui, d'après ses prévisions, devait pouvoir briser et détacher 300 mètres cubes environ de roche en dix heures de travail à des profondeurs variant de 8 à 9 mètres.

Le bateau portant cet appareil est muni d'un plan incliné sur lequel le cylindre à vapeur peut être déplacé pour se trouver à peu près à la même hauteur au-dessus du rocher dont la surface d'attaque prend un talus de même inclinaison que le bâti portant le cylindre.

Ce cylindre, qui actionne directement le mouton, peut osciller autour d'un axe perpendiculaire à sa longueur et permet d'atteindre une hauteur de chute du mouton voisine de 8 mètres. Le mouton en acier porte à sa partie inférieure une tranche et pèse 4 tonnes. Le travail s'effectue en commençant par la partie supérieure et se continue sans déplacement du bateau, mais en faisant descendre le cylindre le long du bâti, jusqu'au pied du talus d'attaque de la roche. Les débris sont ramassés à l'aide d'une drague à godets, et après avoir fait avancer le bateau de la quantité qui correspond à l'épaisseur de la couche de roche détachée, on recommence à faire agir le mouton sur la partie la plus élevée du rocher.

Ce bateau coûtait 97,000 francs et était destiné aux travaux du canal de Panama.

On a également employé des moutons de 3 à 4,000 kilogr. portant des burins taillés en ciseau et tombant de 6 à 7 mètres de hauteur; ces moutons détachaient $0^{m3}1$, à $0^{m3}5$ par coup. On a établi que, par ce procédé, l'extraction des roches à dix mètres sous l'eau, ne revenait qu'à environ 5 francs le mètre cube.

Le même procédé fut employé pour déraciner un seuil cubant trois millions de mètres cubes, situé près de Suez, dans le canal du même nom. L'appareil employé était installé sur un bateau ayant 60 mètres de longueur, 13 mètres de largeur et 4 mètres de profondeur divisé en dix-huit compartiments étanches; il est muni de deux hélices et de deux béquilles en acier pour pouvoir se déplacer, se fixer et faire des évolutions à volonté. La machine est de 1,000 chevaux et sert pour la propulsion du bateau et au fonctionnement de dix treuils pouvant élever à 20 mètres de hauteur les moutons pesant plus de deux tonnes et demie.

Ces moutons venaient frapper sur des pieux en métal, munis à leur partie inférieure de tranches aciérées. La longueur de ces pieux portant les tranches aciérées peut être portée jusqu'à 15 mètres.

Des cuillères de dragues peuvent venir entre les burins, prendre et enlever les débris de roche.

Emploi des explosifs

Le dérasement des roches peut être obtenu par l'emploi des explosifs. Ceux-ci peuvent être simplement déposés à la surface des roches, enfermés dans des récipients ou logés dans des trous forés *ad hoc*. Les secousses et surtout les projections de débris qui se produisent par l'emploi de la mine sont plus grands quand l'explosif est simplement déposé sur la roche que quand il est logé dans un trou. Aujourd'hui, on n'emploie plus guère le procédé par dépôt sur la surface des roches sous-marines comme étant bien coûteux.

Pour le dérasement de quelques roches isolées, on a employé des mines sous-marines; on y a pratiqué des trous de mine jusqu'à environ 1^{m}20 en contrebas du dérasement projeté.

Les trous de mine ayant environ 3 mètres de profondeur dans la roche ont été espacés de 1^{m}80 à 2^{m}40; ils avaient 137 millimètres de diamètre et recevaient chacun une charge de 25 à 30 kilogrammes de nitroglycérine.

Moyens pour forer les mines

Pour forer les mines, on se sert d'un radeau très fort, amarré dans tous les sens et portant en son centre un puits d'environ dix mètres de diamètre dans lequel une cloche hémisphérique suspendue par quatre chaînes, pouvait être abaissée à volonté. Pour que le bord inférieur soit soutenu et la cloche invariablement maintenue en place, malgré les irrégularités du fond, cette cloche est munie sur son pourtour de béquilles que l'on fait porter sur le fond.

La cloche porte vingt et un tubes dans lesquels on introduit les trépans suspendus à des cordes passant sur des poulies; ces tubes servent de guides pour le forage et on fait usage de ceux d'entre eux que les plongeurs indiquent comme utiles. Chaque trépan avec l'outil pesait 300 à 350 kilogrammes.

Quand les forages sont terminés, un plongeur place les cartouches, toutes rattachées à des fils électriques, et après le chargement de tous les trous, le radeau s'éloigne à 100 mètres environ.

Les débris sont enlevés à l'aide de caisses que les plongeurs remplissent, ou au moyen de pinces saisissant les gros blocs.

Cloche à plongeur

M. Castor, en 1866, avait opéré avec succès un dérochement dans le port de Boulogne, en employant une cloche à plongeur ayant 8 mètres de largeur sur 10 mètres de longueur et 7 mètres de hauteur, divisée par une cloison horizontale en deux compartiments; celui d'en bas avait 2 mètres de hauteur et servait de chambre de travail. Un puits circulaire s'élevait de la cloison intermédiaire jusqu'à une hauteur telle qu'il soit toujours émergé au-dessus des eaux. Un escalier établi dans cette tour permet de descendre dans un sas à air ménagé au bas du puits, pour pouvoir passer de l'air libre dans la chambre de travail. De part et d'autre de cette tour, il y a deux tubes de 0^{m}65 pénétrant dans la chambre de travail et portant au-dessus de la plate-forme des écluses. Ces deux tubes servent à l'enlèvement des matériaux extraits du fond.

Pour faire descendre la cloche, il suffit de laisser pénétrer l'eau dans le flotteur; on se sert de sacs remplis de sable et d'argile pour boucher les trous où la cloche ne porte pas sur le sol et de petits pétards pour faire sauter les petites aspérités qui empêchent l'assise.

Quand la cloche est bien assise sur la roche, on

procède au forage des trous de mine comme si on
était à ciel ouvert, et on se sert du fulmicoton
comme explosif pour ne pas trop vicier l'air dans
la cloche.

Le prix de revient, comprenant le bénéfice de
l'entrepreneur, a été de 62 fr. 50 par mètre cube
de roche enlevée.

Dérasement des roches par effondrement

L'emploi des explosifs même logés dans des
trous de mine, exige l'arrêt de la navigation lors
du sautage, car il y a danger de projections et de
formation d'écueils par le bouleversement du fond;
après le sautage, il faut enlever rapidement les
débris, ou tout au moins ceux qui s'élèvent le plus.
Pour toutes ces raisons, on a cherché à déraser les
roches en creusant des vides à l'intérieur du rocher
à faire disparaître et en provoquant l'effondrement
de la croûte qui recouvre le vide en une seule fois.
La navigation n'est entravée qu'une seule fois et
les débris de roche peuvent se loger en s'effondrant
dans le vide fait au-dessous de la croûte.

C'est ainsi qu'on a opéré dans la baie de San-
Francisco pour déraser le rocher connu sous le
nom de *Blossom-Rock*. Ce rocher, formé de grès
dur, présentait à 6 mètres de profondeur, sous la
basse mer, une longueur de 40 mètres et une largeur de 23 mètres, et à 7m 50 de profondeur, la longueur était de 90 mètres et la largeur de 32 mètres.
On avait déjà essayé de faire sauter ce rocher à
l'aide de la poudre déposée à sa surface, et on la
fit partir quand l'eau qui recouvrait les charges
avait 6 à 7 mètres de hauteur. Un an plus tard, le

général Alexander a proposé d'établir un batardeau sur le point le plus élevé du rocher pour pouvoir attaquer à sec le fonçage d'un puits de 1^{m}20 sur 2^{m}75. Ce puits étant arrivé à 11 mètres de profondeur sous le niveau des basses eaux, creuser dans plusieurs directions des galeries horizontales jusqu'au périmètre correspondant à l'étendue à détruire.

Dans toutes ces galeries, établir des chambres de mine réunies entre elles par des fils électriques, de façon à les faire partir toutes d'un coup.

Un entrepreneur, M. von Schmidt se chargea à forfait du travail d'après ce programme, mais au lieu de creuser des galeries dans la roche, il fouilla toute l'étendue sous la roche en soutenant le ciel à l'aide de piliers ménagés et par des supports en bois.

La longueur de l'excavation ainsi créée était de 42 mètres et sa largeur de 17 mètres avec une hauteur moyenne de 2^{m}90; l'épaisseur de la croûte allait de 3 mètres à 4^{m}50. Dans cette excavation, il a introduit 45 barils de poudre représentant une charge de 19,500 kilogr. et la fit remplir aux deux tiers avec de l'eau; après quoi il mit le feu à l'aide de l'électricité.

Après l'explosion on fit un sondage et on constata que beaucoup de débris s'élevaient jusqu'à 4^{m}50 au-dessous des basses eaux, et il a fallu employer encore la mine pour détruire quelques aspérités et pour réduire les blocs trop volumineux, afin de pouvoir les entraîner vers les parties profondes.

De cette façon, on a pu assurer un tirant d'eau de 7^{m}32, et ce travail a été payé 375,000 francs.

Ce premier essai a démontré qu'il fallait remplir entièrement d'eau la cavité ainsi créée et augmenter le creux pour que les débris pussent tous s'y loger et éviter ainsi les frais supplémentaires de déplacement ou d'enlèvement des débris qui dépassent le niveau assigné.

CHAPITRE XXVI

Remblais sous-marins

Pour créer une digue enracinée ou entièrement séparée de la rive, ou pour porter une rive plus en avant, on exécute des travaux de remblai qui chassent l'eau. Ces remblais peuvent être faits comme les remblais ordinaires, à l'aide de vagons circulant sur des voies établies sur le terrain ou sur estacades provisoires.

Pour remblayer des anses d'un littoral ou des lits de rivière abandonnés, on peut avoir recours aux apports naturels quand l'achèvement du remblai n'est pas urgent.

Pour l'exécution des digues ou jetées, on fait le transport par bateaux, sauf pour les digues ou jetées enracinées dans les rives, où le transport peut se faire par voie de terre.

Préparation du fond

Lorsque le fond présente une pente, ou s'il est formé de substances qui se déplacent sous les

charges, on doit procéder à des travaux préliminaires pour préparer le sol. Ces travaux sont plus
difficiles à exécuter qu'à ciel ouvert, et pour cela,
on n'y recourt qu'aux cas les plus sérieux. Ainsi,
quand le fond est incompressible et non refoulable
comme le sable, le gravier, etc., on se dispense de
toute préparation préalable de l'emplacement. Si
le fond est formé d'argile compacte ou de roche,
seule l'inclinaison de ce fond peut compromettre
les travaux. Dans ce cas, quelques coups de mine
suffisent pour interrompre la surface lisse de la
roche, et quelques coups de drague pour créer des
ornières dans l'argile compacte.

Le fond de vase quand il est très profond ou
qu'il recouvre des bancs de roche ou d'argile compacte, constitue un danger pour la solidité des
remblais, car le poids de ces derniers fait fuir la
vase et détermine des effondrements, ou le déplacement des pieds du remblai. Il faut donc enlever
la couche mobile de la vase, mais comme il est
presque impossible de l'enlever entièrement, on
enlève seulement sur la partie supérieure qui
compromet le plus la stabilité du remblai.

Moyens de transport et de mise en œuvre

Les remblais qui peuvent être amenés à l'aide
de vagons, sont déversés soit de côté, soit de bout,
suivant que la voie longe le terrain à élargir, ou
qu'elle aborde plus ou moins directement l'emplacement à remblayer. Il faut que le remblai se
hausse sur toute sa hauteur avant que la voie puisse
être ripée ou prolongée.

Le remblai fait par couches superposées est

préférable à celui par couches juxtaposées ; l'exécution de remblais sous-marins, par couches superposées n'est possible que si la voie d'accès est supportée par des échafaudages.

Généralement, pour les remblais sous-marins,
les matériaux sont amenés par bateaux. Encore
faut-il qu'il y ait un tirant d'eau suffisant pour être
amenés jusqu'à leur emplacement définitif. Pour
élever les remblais au-dessus de ce niveau, on
reprend les matériaux du bateau à l'aide de dragues
ou d'autres outils, et on les dépose sur le remblai
à surélever.

Les bateaux servant au transport des matériaux
ont une forme spéciale suivant la nature de ces
matériaux. Pour les rivières ou les lacs, on emploie des bateaux plats, tandis que les bateaux
allant à la mer sont à quille.

Les menus matériaux, tels que sable, terre, pierraille et moellons sont transportés à l'aide de bateaux munis de dispositifs permettant l'ouverture
du fond pour le déversement.

Si ces matériaux servent au surélèvement d'un
remblai sous-marin où le tirant d'eau manque, on
se sert de grues ou de dragues pour les enlever
du fond des bateaux et les mettre en place. Pour
les moellons, souvent on les jette à la main par
dessus bord.

Les bateaux dont le fond s'ouvre, s'appellent
chalands à clapets ; on y ménage des trémies fermées par des clapets s'ouvrant vers le bas, retenus
par des chaînes qu'il suffit de lâcher pour faire
tomber le contenu.

Ces clapets peuvent être manœuvrés à l'aide

d'un arbre comme nous l'avons déjà indiqué pour les bateaux aspirateurs-porteurs. Ces chalands ne sont pas munis de moteurs pour la propulsion et on se sert en général de remorqueurs puissants pouvant traîner plusieurs chalands à la fois.

Quand ces chalands sont arrivés au lieu d'emploi, on les place exactement au-dessus de l'emplacement voulu et on manœuvre les clapets de fond pour leur déchargement instantané.

Les chaînes qui retiennent les clapets peuvent se coincer entre les matériaux qui remplissent les trémies, et ces dernières ne se vident pas toutes à la fois. Il faut alors que les ouvriers interviennent avec des pinces, ce qui les expose à tomber dans les trémies lorsque celles-ci se vident subitement.

Pour éviter toutes ces difficulttés, M. Barney a eu l'idée de construire des bateaux s'ouvrant sur toute leur longueur, en faisant pivoter les deux moitiés du bateau (fig. 62 et 63).

Les parois intérieures qui se touchaient par leurs bords inférieurs, prennent des positions verticales et se trouvent même plus écartées par le bas que par le haut. On comprend facilement que les matériaux qui remplissent le bateau tombent instantanément. La pression de l'eau amène les deux moitiés du bateau à se joindre dès que le contenu du bateau s'est déversé.

Chalands pontés

Pour les matériaux d'une certaine grandeur, comme les gros blocs naturels qui ne peuvent pas être logés dans les trémies, on se sert de chalands pontés sur lesquels on les dépose. Pour opérer le

déchargement, on amène le bateau à sa place et on
commence par jeter dans l'eau un certain nombre
de blocs rangés contre l'un des bords; le bateau
se soulève brusquement du côté allégé et fait tomber par-dessus le bord opposé la charge déposée
sur le pont. Les blocs qui ne seraient pas tombés
dans ce premier mouvement de roulis, tombent
lors des oscillations violentes qui succèdent. Afin

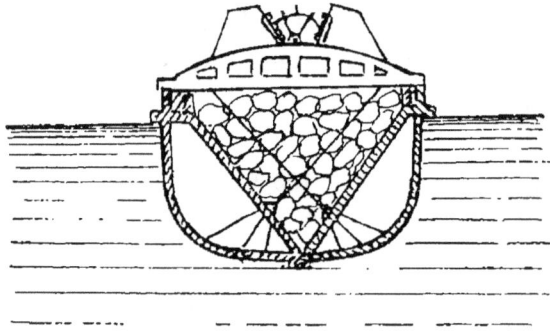

Fig. 62.   Bateau s'ouvrant de M. Barney
(bateau fermé).

que le déchargement des premiers blocs puisse se
faire facilement et simultanément, on les charge
sur des rouleaux ou rondins en les calant pendant
le voyage.

On pourrait croire que les ouvriers qui opèrent
ces sortes de déchargements rapides courent de
grands dangers, mais l'expérience acquise dans les
travaux des ports de Marseille, de Trieste et autres,
a démontré que ces ouvriers ne risquent pas trop
et que l'opération réussit généralement. Aux travaux exécutés pour les endiguements de la Loire
maritime, on a employé une disposition ingénieuse

pour approprier les chalands pontés au transport
des moellons sans l'emploi de grues soulevant les
caisses ou du jet à la main.

Les moellons étaient placés dans des caisses
occupant toute la largeur du bateau et reposant
sur deux paires de roues; l'axe de l'une de ces
paires est au milieu, et l'axe de l'autre à l'arrière
de la caisse. Le bord du devant étant amovible,

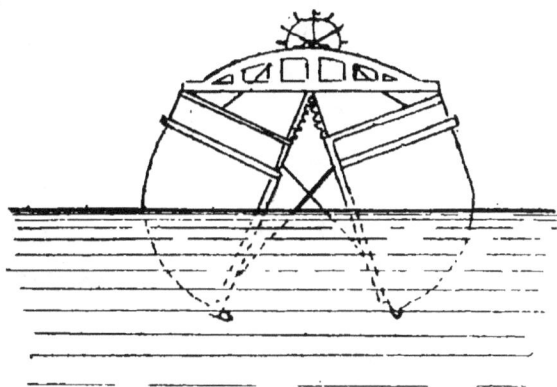

Fig. 63. Bateau s'ouvrant de M. Barncy
(bateau ouvert).

on enlevait la cale qui soutenait le devant et
on faisait rouler la caisse sur les rails établis
sur le pont au delà du bord, pour faire pivoter
autour de l'essieu du milieu et provoquer le déversement.

Ces caisses avaient 3 mètres de longueur sur
1^{m}30 de largeur et 0^{m}50 de hauteur; le diamètre
des roues était de 0^{m}25. Une disposition d'arrêt
était prise pour empêcher la chute des caisses dans
l'eau quand l'essieu du milieu était arrivé au bord
du bateau.

Constatation des quantités de matériaux employés

Pour les terrassements à ciel ouvert et en souterrain, la constatation des cubes se fait facilement. Dans les travaux sous-marins cette constatation n'est pas une chose facile ; pour obtenir le volume des matières draguées ou celui des remblais exécutés, on est obligé de recourir au jaugeage des bateaux servant au transport. Le poids des matériaux portés est donné par des échelles indiquant la charge correspondant aux diverses profondeurs d'immersion. Connaissant le poids du mètre cube des matériaux employés, on en déduit facilement le volume.

Pour faciliter le contrôle et éviter les transformations, les séries de prix fixent le prix par unité de poids.

Dans les carrières, on établit alors des balances à bascule sur lesquelles passent tous les vagons.

La comparaison des poids ainsi relevés avec ceux dérivés du jaugeage a permis de constater que l'erreur commise dans ce dernier cas ne dépassait pas 3 à 4 0/0.

Il est bon de faire des jaugeages au départ du lieu d'embarquement et à l'arrivée, car s'il y avait des pertes en route, elles seraient comptées comme utilement employées. Entre les deux jauges, on admet une tolérance de 1 à 1,5 0/0.

Pour avoir une constatation exacte, il faut prendre deux ou trois observations et faire la moyenne, surtout si les eaux sont agitées.

Pour constater la pénétration du bateau dans l'eau, on se sert de différents moyens. On peut, par exemple, avoir quatre échelles peintes sur la barque, de chaque côté, à droite et à gauche de chaque extrémité; on constate, à l'aide de poids connus et successifs, mis sur le bateau, le rapport entre les échelles de jauge et la charge du cha- land.

La différence entre la charge indiquée par la jauge lorsque le chaland est chargé et celle de la jauge quand le chaland est vide, indique le poids net de la charge utile.

On peut également constater l'enfoncement d'un bateau dans l'eau en établissant des tuyaux verti- caux descendant dans la partie antérieure et dans la partie postérieure du chaland à travers sa coque. Une perche graduée introduite dans ces tuyaux indique par sa partie mouillée l'enfoncement du bateau à l'avant et à l'arrière ; on prend la moyenne de ces deux lectures.

CHAPITRE XXVII

SÉRIE DES PRIX POUR LES TERRASSEMENTS

Prix élémentaires

Heures — Matériaux	Unités	Déboursés	Nos d'ordre	Observations
HEURE DE JOUR :				
de terrassier, compris outillage..	l'heure	0 fr. 60	1	
de puisatier,	—	0 75	2	
d'aide-puisatier,	—	0 60	3	
HEURE DE VOITURE (charrette ou tombereau) :				
à un cheval..	—	1 40	4	
à deux chevaux.	—	2 20	5	
à trois chevaux.	—	2 80	6	
MATÉRIAUX (compris transport à pied d'œuvre) :				
Cailloux de 0.02 à 0.06 de grosseur.	le mètre cube	6 75	7	
Gravier ou gravillon.	—	8 50	8	
Gravillon, dit mignonnette.	—	10 75	9	
Sable de plaine.	—	5 50	10	
Sable de rivière.	—	6 75	11	
Salpêtre.	—	8 »	12	
Terreau.	—	7 50	13	
Terre glaise.	—	8 50	14	

Prix composés

OBSERVATION GÉNÉRALE. — Les prix de règlement ci-après, établis pour les travaux particuliers exécutés dans Paris, sont composés :

1° Des déboursés pour la main-d'œuvre et les fournitures ;
2° Des faux-frais calculés sur la main-d'œuvre seulement ;
3° Des bénéfices appliqués aux prix de la main-d'œuvre, des fournitures et aux faux-frais.

Pour la terrasse, les faux-frais sont fixés à 10 0/0 y compris les risques d'accidents.
Le bénéfice à 10 0/0.

Prix de règlement

Heures	Prix de règlement	N°s d'ordre	Observations
Fouille			
HEURE DE JOUR :			
de terrassier. compris outillage. . .	0 fr. 73	16	
de puisatier, compris les équipages nécessaires. . . .	0 91	17	
d'aide-puisatier. . .	0 73	18	
Les prix des salaires varient avec la valeur des ouvriers.			
Les prix portés à la présente série sont des prix moyens ayant servi de base pour l'établissement des sous-détails. .	Observation	19	

Heures — Fouille	Prix de règlement	Nos d'ordre	Observations
Aucun travail ne pourra être exécuté à l'heure que sur un ordre écrit, et, dans ce cas, des attachements journaliers constateront le temps passé et les travaux auxquels il aura été employé ; l'entrepreneur devra dresser ses attachements en double et les faire reconnaître en temps utile. . . .	Observation	20	
HEURES SUPPLÉMENTAIRES : Les heures supplémentaires jusqu'à huit heures du soir seront payées le même prix que les heures de jour. . . .	Observation	21	
HEURES DE NUIT : Les heures de nuit commenceront à huit heures du soir et finiront à six heures du matin. A défaut de conventions particulières, les heures de nuit seront payées le double des heures de jour. . . .	Observation	22	
TRAVAUX FAITS A LA LUMIÈRE : En outre des stipulations qui précèdent, il ne sera accordé d'autre plus-value que celle relative aux fournitures d'éclairage déboursées par l'entrepreneur. . . .	Observation	23	
HEURE DE VOITURE : à un cheval. . . .	1 fr. 69	24	
à deux chevaux. . . .	2 66	25	
à trois chevaux. . . .	3 39	26	

MATÉRIAUX :

Les prix des matériaux pour fourniture seulement, rendus à pied d'œuvre, seront composés des prix de déboursés augmentés du bénéfice de 10 0/0. . . . . — Observation — 27

Ouvrages au mètre cube

	De terre ou gravois	De tuf	De terre glaise	De roche, gypse, anciennes maçonneries	
	1	2	3	4	
Fouille, compris nivellement des faces et des fonds :					
En excavation ou déblai. de 0.25 d'épaisseur et au-dessus. . . .	0 fr.58	0 fr.76	1 fr.01	2 fr.54	28
En rigoles ou tranchées jusqu'à 2^m de largeur au fond (compris jet sur berge).	1 19	1 79	2 08	3 83	29

Heures / Fouille	Terre, gravier, tuf, terre glaise 1	Roche, gypse, anciennes maçonneries 2	Prix de règlement	Nos d'ordre	Observations
Plus-value pour fouilles					
Dans l'embarras des étais.	1/4	1/8		30	
En sous-œuvre de construction :					
Par tasseaux, sans étais.	1/2	1/4		31	
Par petites parties dans l'embarras des étais.	1 fois 3/4	1/2		32 33	
Dans l'embarras des racines. . . .					
Dans l'eau :					
Sans embarras d'étais.	1/2	1/4		34	
Avec embarras d'étais.	3/4	3/8		35	
En sous-œuvre de construction dans l'embarras des étais.	1 fois 1/2	3/4		36	
			Observation	37	
			Observation	38	

Les plus-values de sous-œuvre ne seront appliquées qu'aux seules terres fouillées directement au-dessous des constructions existantes. Elles ne seront pas appliquées à la fouille des talus qui pourraient être laissés provisoirement au droit des parties à reprendre en sous-œuvre.

Les plus-values ci-dessus ne sont applicables qu'à la fouille seule et non au chargement ni au transport. Dès que la fouille est sortie des difficultés dont il est question du n° 28

Puits	1	2	3	Dans la masse		6	7	Nos d'ordre	Observations
	En terre ou gravois	En tuf	En terre glaise (les étaiements comptés à part)	4 moyennement dure jusqu'à 0.60 de hauteur de banc	5 très dure ou moyennement dure à plus de 0.60 de hauteur de banc	En terrain ébouleux, compris blindage en voliges et cercles en fer	En terrain très ébouleux, non compris les étaiements en charpente		
	f. c.	f. c.	f. c.	f. c.	f. c.	f. c.	f. c.		
Fouille de puits ou trous, compris dépôt des terres à côté des puits.									
Puits n'ayant pas plus de 2m de profondeur.	3 05	4 07	5 33	10 68	15 25	4 96	3 55	39	
Au-dessus de 2m de profondeur (compris location des agrès nécessaires pour le montage des terres):									
Les 5 premiers mètres)	4 72	6 29	8 26	16 62	23 60	7 03	3 45	40	
De 5 à 10m de profondeur.	5 63	7 51	9 86	19 71	28 15	8 49	6 17	41	
De 10 à 15m de profondeur.	6 17	8 23	10 80	21 60	30 83	10 30	7 82	42	

16.

Puits	Prix de règlement	N°s d'ordre	Observations
Lorsque la fouille n'atteindra pas **1^m50** de profondeur et sera faite par des terrassiers au lieu de puisatiers, cette fouille sera considérée comme trou et les prix portés sous le n° 39 seront diminués de moitié..	Observation	43	
Plus-value pour fouille de puits :			
Dans l'eau : moitié en plus des prix ci-dessus.	Observation	44	
Pour les puits au-dessus de 15 mètres de profondeur, on traitera de gré à gré en prenant pour base les prix ci-dessus.	Observation	45	
Pour la fourniture des étaiements en charpente dans les terrains très ébouleux, on appliquera les prix de la série des égouts.	Observation	46	
OBSERVATION GÉNÉRALE :			
Dans toutes les fouilles, quelle qu'en soit la nature, les frais d'épuisement d'eau seront comptés à part. Il en sera de même des frais d'assainissement ou de ventilation pour les terrains infectés ou manquant d'air.			
Dans ce dernier cas, la main-d'œuvre sera traitée de gré à gré.	Observation	47	

Remblai	Prix de règlement			Nos d'ordre	Observations
	De terre ou gravois 1	De tuf 2	De terre glaise 3		
Jet de pelle :					
Sur berge.	0 fr. 43	0 fr. 54	0 fr. 63	48	
Sur banquette : à partir de 1m80 de profondeur et par hauteurs successives de 1m80 en 1m80, compris échafaudage.	0 48	0 60	0 72	49	
Horizontal :					
Jusqu'à 2m de distance inclusivement. . . .	0 24	0 30	0 36	50	
Pour chargement :					
En brouette.	0 36	0 40	0 43	51	
En tombereau.	0 41	0 45	0 51	52	
A la hotte ou au seau. . . .	0 73	0 80	0 88	53	
Le prix du chargement comprend le léger piochement qu'exige la reprise des terres.		observ.	observ.	54	
Lorsque le cube de la fouille sera mesuré d'après le cube des tombereaux, les prix ci-dessus seront diminués d'un cinquième.		observ.	observ.	55	

Jet de pelle — Remblai	Prix de règlement			Nos d'ordre	Observations
	De terre ou gravois 1	De tuf 2	De terre glaise 3		
Lorsque la fouille en excavation sera accessible au tombereau, il ne sera accordé aucun jet autre que celui nécessaire pour le chargement.					
Ne seront considérées comme accessibles au tombereau que les parties pouvant être fouillées directement au moyen de rampes de 0,10 par mètre au maximum..	. . . .	. . . .	Observ.	36	
Montage :					
Le premier mètre de profondeur :					
A la hotte ou au seau..	0 fr. 50	0 fr. 64	0 fr. 70	57	
Au treuil et au seau..	0 33	0 38	0 42	58	
A la corde et au seau..	0 58	0 64	0 70	59	
Plus-value pour chaque mètre de profondeur en plus :					
A la hotte ou au seau..	0 27	0 30	0 32	60	
Au treuil et au seau..	0 19	0 21	0 23	61	
A la corde et au seau..	0 31	0 34	0 37	62	

Remblai	Prix de règlement	Nos d'ordre	Observations
Jet de pelle			
Descente :			
Moitié du prix du montage.	Observation	63	
Pilonnage :			
En excavation, rigoles, tranchées ou trous, par couches de 0,20 de hauteur. . . .	0 fr. 15	64	
Par immersion, compris fourniture et transport de l'eau nécessaire. . . .	0 11	65	
Régalage ou étendage :			
Compris dressement de terre, sable, cailloux ou salpêtre de plus de 0,25 de hauteur. . . .	0 24	66	
Au-dessus de 0,25, au mètre superficiel, voir nos 85, 86 et 87.			
Remblai de terre ou gravois :			
Avec reprise de terre, compris piochement nécessaire et jet pour remblai. . . .	0 36	67	

Transport	Prix de règlement			Nos d'ordre	Observations
	De terre ou gravois 1	De tuf 2	De terre glaise 3		
A la brouette :					
Par relais de 30 mètres sur un chemin horizontal ou descendant ou de 20 mètres sur un chemin montant de plus de un dixième, compris l'installation des planchers nécessaires...	0 fr.36	0 fr.40	0 fr.43	68	
Pour chaque relais commencé mais incomplet, c'est-à-dire ne comportant pas la distance fixée ci-dessus, il sera déduit pour chaque quart de relais en moins (chaque quart commencé étant acquis à l'entrepreneur)..	0 09	0 10	0 11	69	
Le premier relais n'est pas divisible; il est toujours acquis entier à l'entrepreneur..	.....	.....	Observ.	70	
A la hotte ou au seau :					
Par relais de 30 mètres ou de 20 mètres comme ci-dessus...	0 55	0 61	0 66	71	
Pour chaque quart de relais en moins comme il est dit ci-dessus...	0 14	0 15	0 17	72	

Désignation							No.
Au lombereau :							
Dans un endroit désigné à l'entrepreneur et situé :							
A 100 mètres de distance, compris temps perdu pour chargement et déchargement.	0	93	1	02	1	12	73
Chaque relais de 100 mètres en plus jusqu'à 500 mètres.	0	19	0	21	0	23	74
Chaque relais de 100 mètres en plus des 500 mètres.	0	12	0	13	0	14	75
Aux décharges publiques à quelque distance que ce soit, *non compris le chargement,* mais compris le temps perdu pendant le chargement, le déchargement et le droit de décharge. Les terres provenant d'un chantier situé dans :							
La première zone (Ier, IIe, IIIe, IVe, V^e et VIe arrondissements).	3	09	3	50	3	09	76
La deuxième zone (du VIIe au XIIe arrond. .	4	69	3	12	4	69	77
La troisième zone (du XIIIe au XXe arrond. .	4	34	4	73	4	34	78
Les prix ci-dessus s'appliquent à des cubes mesurés au vide de la fouille et comportant un foisonnement de un quart. Il en résulte que, pour obtenir le prix d'un mètre cube mesuré dans le tombereau, on devra réduire ces prix d'un cinquième, soit :							
Pour la première zone.	4	07	4	40	4	07	79

Transport	Prix de règlement			N.os d'ordre	Observations
	De terre ou gravois 1	De tuf 2	De terre glaise 3		
Pour la deuxième zone.	3 fr. 75	4 fr. 40	3 fr. 75	80	
Pour la troisième zone.	3 47	3 79	3 47	81	
Il n'est pas porté de plus-value pour l'enlèvement de la terre glaise, le boni étant certain pour cette matière.	. . .	. . .	Observ.	82	

Fouille de chaussée	Prix de règlement	N.os d'ordre	Observations
Ouvrages au mètre superficiel			
Fouille :			
De chaussée macadamisée de 0,15 d'épaisseur avec rangement.	1 fr. 46	83	
Démolition :			
De dallage en bitume avec rangement, non compris le béton.	0 11	84	
Dressement et nivellement du sol :			
Ordinaire avec pilonnage.	0 09	85	
Au rouleau à bras d'homme.	0 37	86	

N°	Prix	Désignation
		Réglage en terre, sable, cailloux ou salpêtre :
87	0 06	Jusqu'à 0,05 d'épaisseur..
88	0 08	De 0,05 à 0,15 d'épaisseur..
89	0 09	De 0,15 à 0,25 d'épaisseur..
		Repiquage ou déblai de terre :
90	0 11	Jusqu'à 0,05 d'épaisseur..
91	0 04	Chaque épaisseur de 0,05 en plus jusqu'à 0,25 exclus..
92	2 16	Salpêtre, de 0,08 d'épaisseur, compris transport et pilonnage..
93	0 20	Chaque centimètre d'épaisseur en plus ou en moins..
		Ouvrages au mètre linéaire
		Tranchée :
		Pour fouille en terrain ordinaire :
94	0 31	De 0,40 de largeur, pour pose de tuyaux en terre, grès, fonte, jusqu'à 0,15 de diamètre intérieur, et plomb, compris jet, reprise de terre en remblai et pilonnage, jusqu'à 0,50 de profondeur..
95	0 04	Chaque décimètre } de largeur en plus jusqu'à 0,80..
96	0 12	} de profondeur en plus..
		Les tranchées de plus d'un mètre de profondeur seront payées au mètre cube..
97	Observation	Pour fouille dans le tuf résistant (1/2 en sus des prix précédents)..
98	Observation	L'enlèvement de terre des tranchées en excédent sur les remblais sera payé compris tous chargements, roulages et sortie, au mètre linéaire, au prix moyen de..
99	0 50	

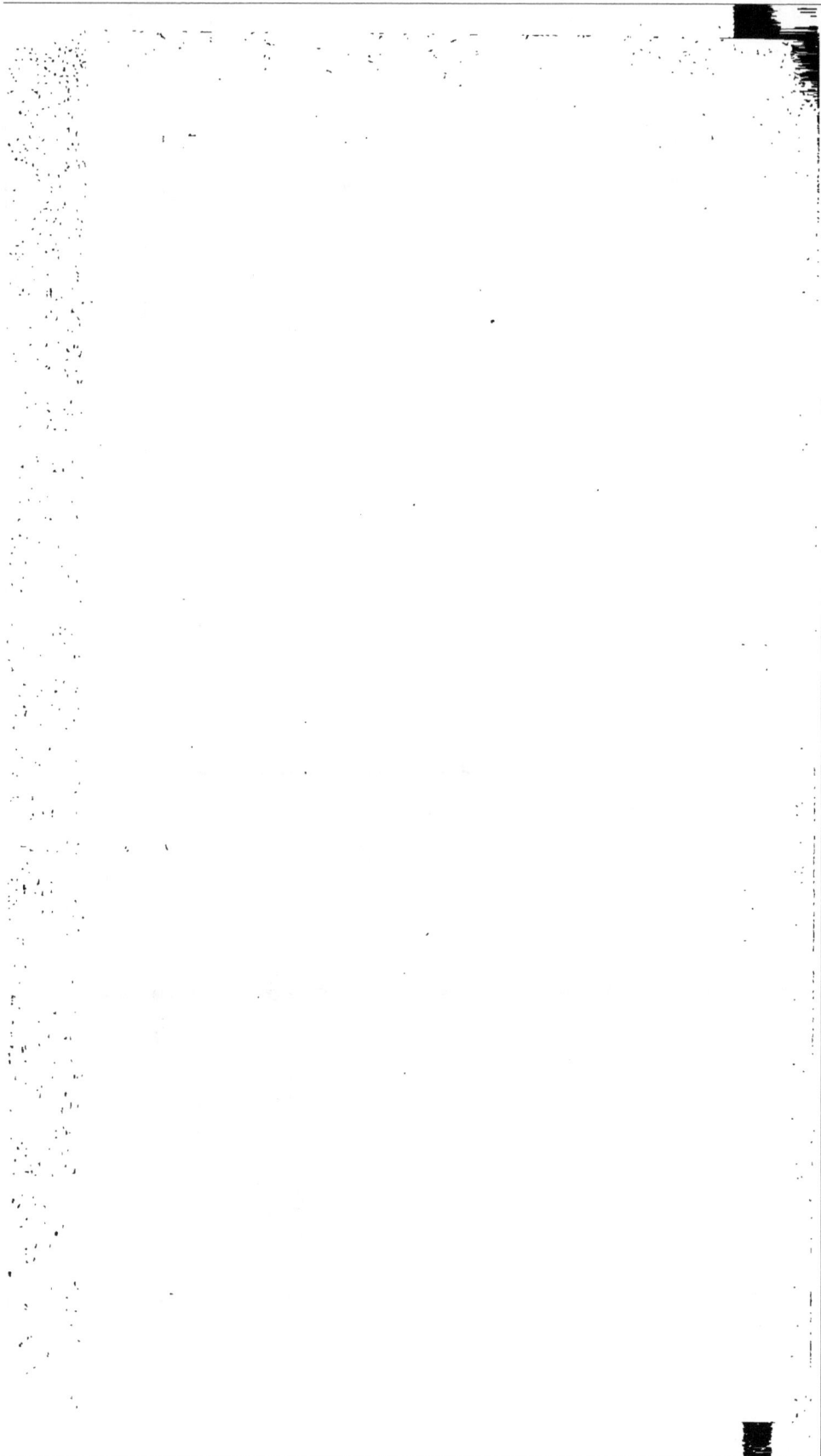

TABLE DES MATIÈRES

CONTENUES DANS LE TOME SECOND

FIN DE LA TABLE DES MATIÈRES DU TOME SECOND

BAR-SUR-SEINE. — IMP. Vᵉ C. SAILLARD.

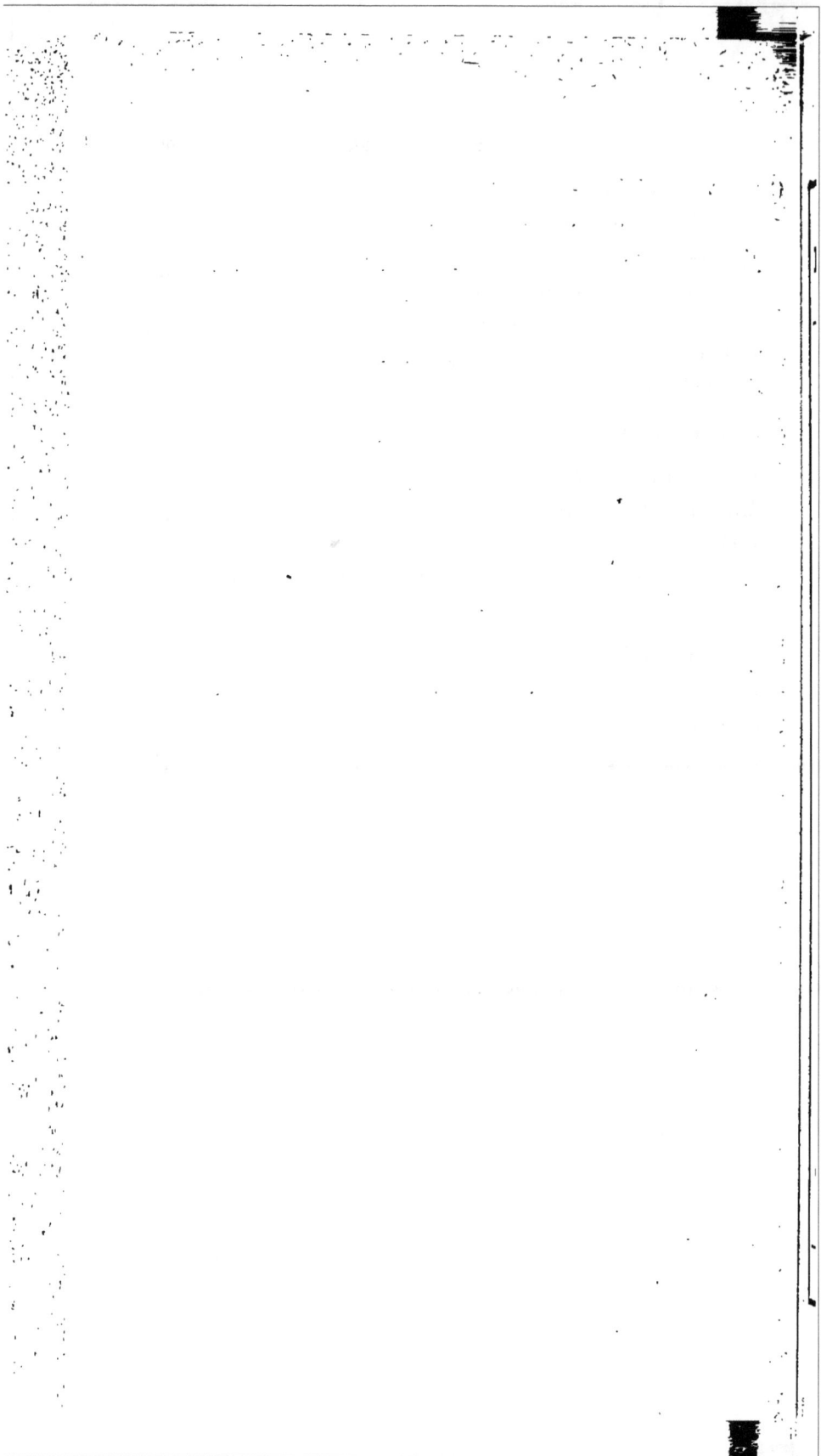

ENCYCLOPÉDIE-RORET

L. MULO, LIBRAIRE-ÉDITEUR

PARIS, *12, rue Hautefeuille*, PARIS (VIe)

NOUVELLE COLLECTION DE L'ENCYCLOPÉDIE-RORET
Format in-18 jésus (19 × 12)

MANUEL PRATIQUE
DE
Jardinage
et d'Horticulture

PREMIÈRE PARTIE. — Notions générales, Multiplication des Végétaux.

DEUXIÈME PARTIE. — Cultures utilitaires, potagères et fruitières en plein air et de primeurs.

TROISIÈME PARTIE. — Cultures d'agrément, de plein air et de serres, Création et Ornementation des Jardins, Garnitures d'appartement, Corbeilles, Bouquets, etc.

Par Albert MAUMENÉ

Professeur d'horticulture, Diplômé de l'Ecole d'arboriculture de Paris, Lauréat des Cours d'horticulture et Boursier du département de la Seine,

AVEC LA COLLABORATION DE

Claude TRÉBIGNAUD, Professeur d'arboriculture

1 vol. de 900 pages, illustré de 275 fig. dans le texte

Prix : broché, **6 fr.**; cartonné, **7 fr.**

ENVOI FRANCO CONTRE MANDAT-POSTE

ENCYCLOPÉDIE-RORET

L. MULO, LIBRAIRE-ÉDITEUR

PARIS, 12, rue Hautefeuille, PARIS (VIᵉ)

NOUVELLE COLLECTION DE L'ENCYCLOPÉDIE-RORET

Format in-18 jésus (19 × 12)

MANUEL PRATIQUE

DE

L'AGRICULTEUR

PREMIÈRE PARTIE : Agriculture générale, météorologie, terrains, amendements, etc.

DEUXIÈME PARTIE : Agriculture spéciale, céréales, plantes industrielles, plantes oléagineuses, etc.

TROISIÈME PARTIE : Industries agricoles, bétail, chevaux, ânes, porcs, basse-cour, comptabilité, etc.

PAR

Louis BEURET & Raymond BRUNET

Ingénieurs-Agronomes

1 volume de 700 pages, orné de 113 figures dans le texte

Prix : 5 francs, broché

ENVOI FRANCO CONTRE MANDAT-POSTE

1er JUIN 1910

Ce Catalogue annule les précédents

CATALOGUE COMPLET

DE LA

LIBRAIRIE ENCYCLOPÉDIQUE

RORET

L. MULO, SUCC^r

12, rue Hautefeuille, 12

PARIS-VIe

NOUVELLE COLLECTION

DE

L'ENCYCLOPÉDIE-RORET

Format in-18 Jésus 19 × 12

COLLECTION DES MANUELS-RORET

OUVRAGES DIVERS

Sur l'Industrie et les Arts et Métiers

OUVRAGES HORTICOLES

JOURNAUX — SUITES A BUFFON

Divers. — Bibliothèque des Arts et Métiers

Dépôt des Ouvrages publiés par la Librairie **FÉRET & FILS**

DE BORDEAUX

Ce Catalogue est envoyé *franco* sur demande

ENCYCLOPÉDIE-RORET

COLLECTION

DES

MANUELS-RORET

FORMANT UNE

ENCYCLOPÉDIE DES SCIENCES ET DES ARTS

FORMAT IN-18

Par une réunion de Savants et d'Industriels

Tous les Traités se vendent séparément.

La plupart des volumes, de 300 à 400 pages, renferment des planches parfaitement dessinées et gravées, et des figures intercalées dans le texte.

Les Manuels épuisés sont revus avec soin et mis au niveau de la science à chaque édition. Aucun Manuel n'est cliché, afin de permettre d'y introduire les modifications et les additions indispensables. Cette mesure, qui oblige l'Editeur à renouveler les frais de composition typographique à chaque édition, doit empêcher le Public de comparer le prix des *Manuels-Roret* avec celui des ouvrages similaires, tirés sur clichés.

Pour recevoir chaque volume franc de port, on joindra, à la lettre de demande, un *mandat sur la poste* (de préférence aux timbres-poste). Afin d'éviter les écritures pour l'expéditeur et les frais de recouvrement pour le destinataire, **aucun envoi n'est fait contre remboursement par la Poste.**

Les volumes expédiés dans les pays qui ne font pas partie de l'Union des Postes, seront grevés des frais de poste établis d'après les tarifs de la poste française. Les demandes venant de l'Etranger devront contenir **25 centimes en sus** des prix portés au Catalogue, pour frais de recommandation à la Poste.

Les timbres étrangers ne pouvant être utilisés, nous prions nos Correspondants de ne pas nous en adresser.

Nouvelle Collection de l'Encyclopédie-Roret

Format in-18 Jésus 19 × 12

Les ouvrages précédés d'un astérisque (*) ont été honorés d'une ouscription des Ministères du Commerce, de l'Instruction publique des Beaux-Arts, et de l'Agriculture.

Manuel de l'Apiculteur Mobiliste, nouvelles Causeries sur les Abeilles en 30 leçons, par l'abbé DUQUESNOIS. 1 vol. in-18 jésus, orné de 20 fig. dans le texte. (*Médaille d'argent* à Bar-le-Duc.)   3 fr.

— de l'**Eleveur de Chèvres**, par H.-L.-Alph. BLANCHON. 1 vol. in-18 jésus, orné de 12 figures dans le texte.   2 fr. 50

— de l'**Eleveur de Faisans**, par H.-L.-Alph. BLANCHON, 1 vol. in-18 jésus, orné de 31 figures dans le texte. 2 fr.

— de l'**Eleveur de Poules**, par H.-L.-Alph. BLANCHON. Deuxième édition, revue, 1 vol. in-18 jésus, orné de 67 figures dans le texte.   3 fr.

— du **Pisciculteur**, par H.-L.-Alph. Blanchon, 1 vol. in-18 jésus, orné de 65 fig. dans le texte.   3 fr. 50

— de l'**Eleveur de Pigeons. Pigeons voyageurs**, par H.-L.-Alp. BLANCHON, 1 vol. in-18 jésus, orné de 44 fig. dans le texte.   3 fr.

— de l'**Eleveur de Lapins**, par WILLEMIN, 1 vol. in-18 jésus, orné de 24 figures dans le texte.   2 fr. 50

— **Cordon Bleu** (le), Nouvelle Cuisinière Bourgeoise, par Mlle MARGUERITE, 14e édition, 1 vol. in-18 jésus, orné de figures dans le texte. (*En préparation*).

— **Eléments Culinaires** (les) à l'usage des jeunes filles, par Auguste COLOMBIÉ. 1 vol. in-18 jésus, cartonné 3 fr.

— **Traité pratique de Cuisine bourgeoise**, par Auguste COLOMBIÉ, 1 vol. in-18 jésus, cartonné.   4 fr.

— **100 Entremets**, par Auguste COLOMBIÉ, 1 vol. in-18 jésus, cartonné.   2 fr.

— de **Jardinage et d'Horticulture**, par Albert MAUMENÉ, avec la collaboration de Claude TRÉBIGNAUD, arboriculteur. 1 vol. in-18 jésus, orné de 275 figures dans le texte, 900 pages.   Broché, 6 fr. — Cartonné. 7 fr.

— de l'**Agriculteur**, par Louis BEURET et Raymond BRUNET, 1 vol. in-18 jésus orné de 117 figures.   5 fr.

— **Artichaut et de l'Asperge** (de la Culture de l'), par R. BRUNET, ingénieur agronome. 1 vol. orné de 13 fig. dans le texte.   2 fr.

— **Champignons et de la Truffe** (de la Culture des),

par R. Brunet, ingénieur agronome. 1 vol. orné de 15 figures dans le texte. **2 fr. 50**

— **Châtaignier** (Culture, Exploitation et Utilisations), par H. Blin. 1 vol. in-18 jésus orné de 36 fig. **1 fr. 50**

— **Fraisier** (de la Culture du), par R. Brunet, ingénieur agronome. 1 vol. orne de 28 fig dans le texte. **2 fr.**

— **Groseillier, du Cassissier et du Framboisier** (de la Culture du), par R. Brunet, ingénieur agronome. 1 vol. orné de 7 fig. dans le texte. **1 fr. 50**

— **Melon, de la Citrouille et du Concombre** (de la Culture du), par R. Brunet, ingén^r agronome. 1 vol. orné de 25 fig. dans le texte. **2 fr.**

— **d'Ostréiculture et de Myticulture**, par A. Larbalétrier, 1 vol. orné de 22 fig. dans le texte. **2 fr. 50**

— **Tabac** (Culture et Fabrication du), par R. Brunet, ingén^r agronome. 1 vol. orné de 23 fig. dans le texte. **3 fr.**

COLLECTION DES MANUELS-RORET

Manuel pour gouverner les Abeilles (Voir *Manuel de l'Apiculteur*, page 3).

— **Accordeur de Pianos**, traitant de la Facture des Pianos anciens et modernes et de la Réparation de leur mécanisme, contenant des Principes d'Acoustique, des Notions de Musique, les Partitions habituelles, la Théorie et la Pratique de l'Accord, à l'usage des Accordeurs et des Amateurs, par M. G. Huberson. 1 vol. orné de figures et de musique et accompagné de planches. **2 fr. 50**

— **Aérostation**, ou Guide pour servir à l'histoire ainsi qu'à la pratique des *Ballons* (*En préparation*).

— **Agriculture Élémentaire** (Voir *Manuel de l'Agriculteur*, page 3).

— **Ajusteur-Mécanicien**, par Blancarnoux, 2 vol. (*En préparation.*)

— **Alcoométrie**, contenant la description des appareils et des méthodes alcoométriques, les Tables de Force de Mouillage des Alcools, le Remontage des Eaux-de-Vie, et des indications pour la vente des alcools au poids, par MM. F. Malepeyre et Aug. Petit. 1 vol. **1 fr. 75**

— **Algèbre**, ou Exposition élémentaire des principes de cette science (*En préparation*).

— **Alimentation**, par M. W. Maigne. 2 vol. **6 fr.**

— *Première partie*, Substances alimentaires, leur origine, leur valeur nutritive, falsifications qu'on leur fait subir et moyens de les reconnaître. 1 vol. **3 fr.**

—*Deuxième partie*, Conserves alimentaires, contenant tous les procédés en usage pour conserver les Viandes, le Poisson, le Lait, les OEufs, les Grains, les Légumes verts et secs, les Fruits, les Boissons, etc., suivi du Bouchage des boites, des vases et des bouteilles. 1 vol orné de fig   3 fr.

— **Amidonnier** et **Fabricant de Pâtes alimentaires**, traitant de la Fabrication de l'Amidon et des Produits obtenus des Fruits et des Plantes qui renferment de la Fécule, par MM. Morin, F. Malepeyre et Alb. Larbalétrier. 1 vol. avec figures et planches.   3 fr.

— **Anatomie comparée**, par MM. de Siebold et Stannius ; trad. de l'allemand par MM. Spring et Lacordaire, professeurs à l'Université de Liege. 3 gros vol.   10 fr. 50

— **Aniline (Couleurs d')**, d'Acide phénique et de **Naphtaline**, par M. Th. Chateau. (*En préparation*.)

— **Animaux nuisibles** (Destructeur des).
1re *partie*, Animaux nuisibles aux Habitations, à l'Agriculture, au Jardinage, etc., par Vérardi (*En préparation*).
2e *partie*, Insectes nuisibles aux Arbres forestiers et fruitiers, à l'usage des Forestiers, des Jardiniers et des Propriétaires, par MM. Ratzeburg, De Corberon et Boisduval. 1 vol. orné de 8 planches. (*En préparation.*)

— **Archéologie** grecque, étrusque, romaine, égyptienne, indienne, etc. (*En préparation*).

— **Architecte des Jardins**, ou l'Art de les composer et de les décorer, par M. Boitard. 1 vol. avec Atlas de 140 planches (*En préparation*).

— **Architecte des Monuments religieux**, ou Traité d'Archéologie pratique, applicable à la restauration et à la construction des Eglises, par M. Schmit. (*En prépar.*).

— **Arithmétique démontrée**, par MM. Collin et Trémery. 1 vol. (*En préparation.*)

— **Arithmétique complémentaire**, ou Recueil de Problèmes nouveaux, par M. Trémery. 1 vol.   1 fr. 75

— **Armurier**, Fourbisseur et Arquebusier, traitant de la fabrication des Armes à feu et des Armes blanches, par M. Paulin Désormeaux. 2 vol. avec planches. (*En prépar.*)

— **Arpentage**, Art de lever les plans, par P. Bourgoin, géomètre topographe. 1 vol avec 255 fig.   3 fr. 50
On vend séparément les Modèles de Topographie, par Chartier. 1 planche coloriée.   1 fr.

— **Art militaire**, ou Instructions pratiques à l'usage

de toutes les armes de terre, par M. Vergnaud, colonel
d'artillerie. 1 volume avec figures. (*En préparation.*)

— **Artificier** (Pyrotechnie civile), contenant l'Art de
confectionner et de tirer les feux d'artifice, par A.-D. Vergnaud, colonel d'artillerie et P. Vergnaud, lieutenant-colonel. 1 vol. orné de fig. Nouvelle Edition, refondue, par
Georges Petit, ingénieur civil. **3 fr.**

— **Aspirants** aux fonctions de Notaires, Greffiers, Avo-
cats à la Cour de Cassation, Avoués, Huissiers, et Commis-
saires-Priseurs, par M. Combes. 1 vol. *(En préparation.)*

— **Assolements, Jachère** et **Succession des Cultures** (Voir *Manuel de l'Agriculteur*, page 3).

— **Astronomie**, ou Traité élémentaire de cette science,
trad. de l'anglais de W. Herschel, par M. A.-D. Vergnaud.
1 vol. orné de planches. (*En préparation.*)

— **Astronomie amusante**, Notions élémentaires
sur l'Astronomie, par M. L. Tomlinson, traduit de l'anglais
par A. D. Vergnaud. 1 vol. avec figures. (*En prép.*)

— **Automobiles** (De la construction et du montage
des), contenant l'historique, l'étude détaillée des pièces
constituant les automobiles, la construction des voitures à
pétrole, à vapeur et électriques, les renseignements sur
leur montage et leur conduite, par N. Chryssochoïdès,
ingénieur des Arts et Manufactures, professeur à la Fédération générale française des Chauffeurs, Mécaniciens, Elec-
triciens. 2 vol. ornés de 340 figures dans le texte. **8 fr.**

— **Bibliographie universelle**, par MM. F. Denis,
P. Pinçon et De Martonne. (*En préparation.*)

— **Bibliothéconomie**, Arrangement, Conservation et
Administration des Bibliothèques, par L.-A. Constantin.
1 vol. orné de figures. (*En préparation.*)

— **Bijoutier-Joaillier** et Sertisseur, traitant des
Pierres précieuses, de la Nacre, des Perles, du Corail et
du Jais, contenant l'Art de les tailler, de les sertir, de les
monter, de les imiter, suivi de la description des principaux Ordres et la fabrication de leurs décorations, par
MM. Julia de Fontenelle, F. Malepeyre et A. Romain.
1 vol. accompagné de planches. **3 fr.**

— **Bijoutier-Orfèvre**, traitant des Métaux précieux, de
leurs Alliages, des divers modes d'Essai et d'Affinage, du Titre
et des Poinçons de garantie de l'Or et de l'Argent, des divers
travaux d'Orfèvrerie en or, en argent et en plaqué, du Niellage
et de l'Emaillage des Métaux précieux, de la Bijouterie en vrai
et en faux, de la fabrication des bijoux de fantaisie, en fer, en
acier, en aluminium, etc., par J. de Fontenelle, F. Male-

PEYRE et A. ROMAIN. 2 vol. avec fig. et planches.   6 fr.

— **Biographie**, ou Dictionnaire historique abrégé des grands hommes, par M. NOEL, ancien inspecteur-général des études. 2 volumes.   6 fr.

— **Blanchiment et Blanchissage**, Nettoyage et Dégraissage des fils de lin, coton, laine, soie, etc., par G. PETIT, ing. civ. 2 vol. ornés de 112 fig. dans le texte.   7 fr.

— **Bonnetier et Fabricant de bas**, renfermant les procédés à suivre pour exécuter, sur le métier et à l'aiguille les divers tissus à maille, par MM. LEBLANC et PREAUX-CALTOT. 1 vol. avec planches *(En préparation)*.

— **Botanique**, Partie élémentaire, par M. BOITARD. 1 vol avec planches.   3 fr. 50

ATLAS DE BOTANIQUE pour la partie élémentaire. 1 vol. in-8 renfermant 86 planches.   6 fr.

— **Bottier et Cordonnier** *(En préparation)*.

— **Boucher**, voyez *Charcutier*.

TABLEAU FIGURATIF DES DIVERSES QUALITÉS DE LA VIANDE DE BOUCHERIE, in-plano colorié.   1 fr.

— **Bougies stéariques et Bougies de paraffine**, traitant de la fabrication des Acides gras concrets, de l'Acide oléique, de la Glycérine, etc., par M. F. MALEPEYRE. Nouv. éd. rev. et corrig. par G. PETIT, ing. civil. 2 vol. ornés de 179 figures dans le texte.   8 fr.

— **Boulanger**, ou Traité pratique de la Panification française et étrangère, contenant la connaissance des farines, les moyens de reconnaître leur mélange et leur altération, les principes de la Boulangerie, la construction des pétrins et des fours, la fabrication de toute espèce de pains et de biscuits, par J. FONTENELLE et F. MALEPEYRE. Nouvelle édition entièrement refondue et mise au courant de l'état actuel de cette industrie, par SCHUELD-TREHERNE. 1 vol. orné de 97 figures dans le texte   4 fr.

— **Bourrelier-Sellier-Harnacheur**, contenant la description de tout l'outillage moderne. Les renseignements sur les marchandises à employer. Fabrication du harnais, équipement, sellerie, garniture de voitures. Recettes diverses. Vocabulaire des termes en usage dans cette profession, par L. JAILLANT. 1 vol. orné de 126 fig. dans le texte.   3 fr.

— **Bourse et ses Spéculations** mises à la portée de tout le monde, par BOYARD. 1 vol. *(En préparation)*.

— **Bouvier**. *(En préparation.)*

— **Brasseur**, ou l'Art de faire toutes sortes de Bières françaises et étrangères, par F. MALEPEYRE. Nouvelle édi-

tion, entièrement revue et complétée par SCHIELD-TRE-
HERNE, 2 gros vol. accompagnés d'un Atlas de 14 pl. 8 fr.

— **Briquetier, Tuilier,** Fabricant de Carreaux, de
tuyaux de Drainage et de Creusets réfractaires, contenant la fabrication de ces matériaux à la main et à la mécanique, et la description des fours et appareils actuellement usités dans ces industries, par F. MALEPEYRE et
A. ROMAIN. Nouvelle édition, revue, corrigée et augmentée, par G. PETIT, ingénieur civil. 2 vol. ornés de 351 fig.
dans le texte. 7 fr.

— **Briquets, Allumettes chimiques,** soufrées,
phosphorées, amorphes, etc., *Briquets électriques, Lumière
électrique* et appareils qui la produisent, par MM. MAIGNE
et A. BRANDELY. Edition entièrement refondue par Georges
PETIT, ingénieur civil. 1 vol. orné de 67 figures. 3 fr.

— **Broderie,** ou Traité complet de cet Art, par Mme
CELNART. 1 vol. accompagné d'un Atlas de 40 planches.
(*En préparation.*)

— **Bronzage des Métaux et du Plâtre,** par
DEBONLIEZ, MALEPEYRE, et LACOMBE. 1 vol. 1 fr. 25

— **Cadres** (Fabricant de), Passe-Partout, Châssis, En-
cadrements, suivi de la restauration des tableaux et du
nettoyage des gravures, estampes, etc., par J. SAULO et DE
SAINT-VICTOR. Edition entièrement refondue, par E.-E.
STAHL. 1 vol. orné de 27 illustrations. 2 fr.

— **Calculateur,** ou COMPTES-FAITS utiles aux opérations industrielles, aux comptes d'inventaire, etc., par
M. Aug. TERRIÈRE. 1 gros vol. 3 fr. 50

— **Calendrier** (Théorie du). (*En préparation.*)

— **Calligraphie,** ou l'Art d'écrire en peu de leçons,
d'après la méthode de CARSTAIRS. 1 Atlas in-8 obl. 1 fr.

— **Canotier,** ou Traité universel et raisonné de cet
Art, par UN LOUP D'EAU DOUCE. (*En préparation*).

— **Caoutchouc, Gutta-percha, Gomme factice,**
Tissus imperméables, Toiles cirées et gommées, par M.
MAIGNE. Nouvelle édition, revue et augmentée, par G. PETIT,
ingénieur civil. 2 vol. ornés de 96 fig dans le texte. 6 fr.

— **Capitaliste,** contenant la pratique de l'escompte et
des comptes-courants, d'après la méthode nouvelle, par
M. TERRIÈRE, employé à la trésorerie générale de la couronne. 1 gros vol. (*En préparation*).

— **Cartes Géographiques** (Construction et Dessin
des), par PERROT. Nouvelle édition par BOURGOIN. 1 vol.
orné de 148 figures. 2 fr. 50

— **Cartonnier,** Fabricant de Carton, de Carte, de

Cartonnages et de Cartes à jouer, par Georges PETIT, ingénieur civil. 1 vol. orné de 95 fig. dans le texte.   4 fr.

— **Chamoiseur, Maroquinier, Mégissier, Teinturier en peaux, Fabricant de Cuirs vernis, Parcheminier et Gantier,** traitant de l'outillage à la main, des machines nouvelles, et des procédés les plus récents en usage dans ces diverses industries, par MM. JULIA DE FONTENELLE, MAIGNE et VILLON. 1 vol. avec fig. 3 fr. 50

— **Chandelier et Cirier,** contenant toutes les opérations usitées dans ces industries. Nouvelle édition par Georges PETIT, ingénieur civil. 1 vol. orné de 85 figures dans le texte.   4 fr.

— **Chapeaux** (Fabricant de) en tous genres, par MM. CLUZ, F. et JULIA DE FONTENELLE. 1 vol. (*En préparation*).

— **Charcutier, Boucher et Equarrisseur,** contenant l'élevage et l'engraissement du Porc et de la Truie, l'Art de préparer et de conserver les différentes parties du Cochon, les maniements et le Dépeçage du Bœuf, de la Vache, du Taureau, du Veau, du Mouton et du Cheval, et traitant de l'utilisation des débris, par MM. LEBRUN et MAIGNE. 1 vol. avec figures et planches.   2 fr. 50

On vend séparément :

TABLEAU DES QUALITÉS DE VIANDE, in plano col.   1 fr.

— **Charpentier,** ou Traité complet et simplifié de cet Art, traitant de la Charpente en bois et en fer et de la Manipulation des diverses pièces de Charpente, par HANUS, BISTON, BOUTEREAU et GAUCHÉ. Nouvelle édition refondue, corrigée et augmentée de la *Série des Prix*, par N. CHRYSSOCHOÏDÈS. 2 vol. ornés de 94 fig. dans le texte et accompagnés d'un Atlas de 22 planches.   8 fr.

— **Charron-Forgeron,** traitant de l'Atelier, de l'Outillage, des Matériaux mis en œuvre par le Charron, du Travail de la forge, de la Construction du gros et du petit matériel, etc., par M. G. MARIN-DARBEL. 1 vol. orné de nombreuses figures et accompagné de planches.   3 fr. 50

— **Chasseur,** ou Traité général de toutes les chasses à courre et à tir, suivi d'un Vocabulaire des termes de Chasse et de la Législation, par MM. DE MERSAN, BOYARD et ROBERT. 1 vol. contenant la musique des principales fanfares. 3 fr.

— **Chaudronnier,** contenant l'Art de travailler au marteau le cuivre, la tôle et le fer-blanc, ainsi que les travaux d'Estampage et d'Etampage, par MM. JULLIEN, VALÉRIO et CASALONGA, ingénieurs civils. Nouvelle édition entièrement refondue et augmentée du *Tracé en chaudronnerie*, par Georges PETIT, ingén. civil. 1 vol. orné de

86 fig. dans le texte et accompagné d'un Atlas de 20 pl. 5 fr.

— **Chauffage et Ventilation** des Bâtiments publics et privés, au moyen de l'air chaud, de l'eau chaude et de la vapeur, Chauffage des Bains, des Serres, des Vins, et des Vagons de chemins de fer, par M. A. ROMAIN. 1 vol. accompagné de planches et orné de figures. 3 fr.

— **Chaufournier, Plâtrier, Carrier et Bitumier**, contenant l'exploitation des Carrières et la fabrication du Plâtre, des différentes Chaux, des Ciments, Mortiers, Bétons, Bitumes, Asphaltes, etc., par MM. D. MAGNIER et A. ROMAIN. Nouvelle édition. 1 vol. accompagné de planches. 3 fr. 50

— **Chemins de Fer**, contenant des études comparatives sur les divers systèmes de la voie et du matériel, le Formulaire des charges et conditions pour l'établissement des travaux, etc., par M. E. WITH. 2 vol. avec atlas 7 fr.

— **Cheval (Éducation et dressage du)** monté et attelé, traitant de son hygiène et des remèdes qui lui conviennent, par M. DE MONTIGNY. 1 vol. avec planches. 3 fr.

— **Chimie Agricole**, par MM. DAVY et VERGNAUD. 1 vol. orné de figures. 3 fr. 50

— **Chimie analytique** (*En préparation*).

— **Chimie appliquée**, voyez *Produits chimiques*.

— **Chocolatier**, voyez *Confiseur et Chocolatier*.

— **Cidre et Poiré** (Fabricant de), traitant de la Culture et de la Greffe des meilleures variétés de fruits propres à faire le Cidre et le Poiré, ainsi que des Méthodes nouvelles et des Appareils perfectionnés employés dans cette industrie, par MM. DUBIEF, F. MALEPEYRE et le Comte DE VALICOURT. 1 vol. orné de figures. 3 fr.

— **Cirage**, voyez *Encres*.

— **Ciseleur**, contenant la description des procédés de l'Art de ciseler et repousser tous les metaux ductiles, bijouterie, orfèvrerie, armures, bronzes, etc., par M. Jean GARNIER, ciseleur-sculpteur. Nouvelle édition, revue, corrigée et augmentée, par G. CHOUARTZ, ciseleur. 1 vol. orné de 60 figures dans le texte. 3 fr.

— **Clichage** en matière et galvanique, voyez *Graveur*.

— **Coiffeur**, par M. VILLARET. 1 vol. orné de figures. (*En préparation*).

— **Colles** (Fabrication de toutes sortes de), comprenant celles de matières végétales, animales et composées, par MALEPEYRE. Nouvelle édition entièrement refondue par H. BERTRAN, ingénieur des Arts et Manufactures. 1 vol. orné de 114 figures dans le texte. 3 fr.

— **Coloriste**, contenant le mélange et l'emploi des Couleurs, ainsi que l'Enluminure, le Lavis, le coloriage à la main et au patron, etc., par MM. PERROT, BLANCHARD, THILLAYE et VERGNAUD. (*En préparation*.)

— **Commerce, Banque et Change**, contenant tout ce qui est relatif aux effets de Commerce, à la tenue des livres, à la comptabilité, à la bourse, aux emprunts, etc., par M. GALLAS, suivi de la MÉTHODE NOUVELLE POUR LE CALCUL DES INTÉRÊTS A TOUS LES TAUX (*En préparation*).

— **Compagnie** (Bonne), ou Guide de la Politesse et de la Bienséance, par madame CELNART (*En préparation*).

— **Comptes-Faits**, voyez *Calculateur, Poids et Mesures* (*Barème des*).

— **Confiseur et Chocolatier**, contenant les derniers perfectionnements apportés à ces Arts, par MM. CARDELLI et LIONNET-CLÉMANDOT. Nouvelle édition complètement refondue par M. A. M. VILLON, ingénieur-chimiste. 1 vol. avec nombreuses illustrations.   4 fr.

— **Conserves alimentaires**, voyez *Alimentation*.

— **Construction moderne** (La), ou Traité de l'Art de bâtir avec solidité, économie et durée, comprenant la Construction, l'histoire de l'Architecture et l'Ornementation des édifices, par BATAILLE, architecte, anc. professeur. Nouvelle édition, revue, corrigée et augmentée par N. CHRYSSOCHOÏDÈS. 1 vol. orné de 224 fig. dans le texte et accompagné d'un Atlas grand in-8° de 44 planches   15 fr.

— **Constructions agricoles**, traitant des matériaux et de leur emploi dans les Constructions destinées au logement des Cultivateurs, des Animaux et des Produits agricoles dans les petites, les moyennes et les grandes exploitations, par M. G. HEUZÉ, inspecteur de l'agriculture. 1 vol. accompagné d'un Atlas de 16 pl. grand in-8°.   7 fr.

— **Contre-Poisons**, ou Traitement des individus empoisonnés, asphyxiés, noyés ou mordus, par M. le Docteur H. CHAUSSIER. 1 vol. (*En préparation*).

— **Contributions Directes**, Guide des Contribuables, par M. BOYARD. (*En préparation.*)

— **Cordier**, contenant la culture des Plantes textiles, l'extraction de la Filasse, et la fabrication de toutes sortes de cordes, par G. LAURENT. 1 vol. orné de fig. (*En préparation*).

— **Correspondance Commerciale**, contenant les Termes de commerce, les Modèles et Formules épistolaires et de comptabilité, etc., par MM. REES-LESTIENNE et TRÉMERY. (*En préparation.*)

— **Corroyeur**, voyez *Tanneur*.

— **Couleurs** (Fabricant de) à l'huile et à l'eau, Laques, Couleurs hygiéniques, Couleurs fines, etc., par MM. RIFFAULT, VERGNAUD, TOUSSAINT et MALEPEYRE. 2 volumes accompagnés de planches.   7 fr.

— **Coupe des Pierres**, contenant des notions de Géométrie élémentaire et descriptive, ainsi que l'art du Trait appliqué à la Stéréotomie, par MM. TOUSSAINT et H. M.-M., architectes. Nouvelle édition, augmentée d'un Appendice sur le transport et le travail de la pierre, par FROMHOLT. 1 vol. avec Atlas.   5 fr.

— **Coutelier**, ou l'Art de faire tous les Ouvrages de Coutellerie, par LANDRIN, ing^r civil. (*En préparation*).

— **Couvreur**, voyez *Plombier*.

— **Crustacés** (Hist. natur. des), par MM. BOSC et DESMAREST, etc. 2 vol. ornés de planches.   6 fr.

— **Cubage des Bois** en grume ou écorcés au 1/4 et au 1/5 réduits, de 1^m à 10^m 90 de longueur inclus, et de 0^m 40 à 4^m de circonférence inclus ; donnant tous les cubes par fraction de 0^m10 en 0^m10 pour la longueur et de 0^m05 en 0^m05 pour la circonférence, et permettant d'obtenir les cubes de toutes longueurs, par G HAUDEBERT, ancien marchand de bois à Vendôme. 1 vol.   1 fr. 25

— **Cuisinier et Cuisinière**. (*En préparation*.)

— **Cultivateur Forestier**, contenant l'Art de cultiver en forêts tous les Arbres indigènes et exotiques, par M. BOITARD. 2 vol. (*En préparation*.)

— **Cultivateur Français**, ou l'Art de bien cultiver les Terres et d'en retirer un grand profit, par M. THIÉBAUT DE BERNEAUD. 2 vol. ornés de figures.   5 fr.

— **Dames**, ou l'Art de l'Elégance, traitant des Objets de toilette, d'ameublement et de voyage qui conviennent aux Dames, par madame CELNART. 1 vol.   3 fr.

— **Danse**, ou Traité théorique et pratique de cet Art, contenant toutes les *Danses de Société* et la Théorie de la Danse théâtrale, par BLASIS et LEMAITRE. 1 vol.   1 fr. 25

— **Décorateur-Ornementiste**. (*En préparation*.)

— **Dessin Linéaire**, par M. ALLAIN, entrepreneur de travaux publics. 1 vol. avec Atlas de 20 planches.   5 fr.

— **Dessinateur**, ou Traité complet du Dessin, par M. BOUTEREAU, professeur. 1 volume accompagné d'un Atlas de 20 planches, dont quelques-unes coloriées.   5 fr.

— **Distillateur-Liquoriste**, contenant les Formules des Liqueurs les plus répandues, les parfums, substances colorantes, etc., par MM. LEBEAUD, JULIA DE FONTENELLE et MALEPEYRE. 1 gros volume.   **3 fr. 50**

— **Distillation de la Betterave, de la Pomme de terre**, du Topinambour et des racines féculentes, telles que la carotte, le rutabaga, l'asphodèle, etc., par HOURIER et MALEPEYRE. Nouvelle édition entièrement refondue par LARBALÉTRIER. 1 vol. accomp. de 3 pl. gravées sur acier. 3 fr.

— **Distillation des Grains et des Mélasses**, par MM. F. MALEPEYRE et ALB. LARBALÉTRIER. 1 vol accompagné d'un Atlas de 9 planches in-8°. 5 fr.

— **Distillation des Vins**, des Marcs, des Moûts, des Fruits, des Cidres, etc., par M. F. MALEPEYRE. Nouvelle édition revue, corrigée et considérablement augmentée par M. Raymond BRUNET, ingénieur-agronome. 1 vol. 3 fr.

— **Domestiques**, ou Art de former de bons serviteurs, par Mme CELNART. 1 vol. *(En préparation.)*

— **Dorure, Argenture, Nickelage, Platinage sur Métaux**, au feu, au trempé, à la feuille, au pinceau, au pouce et par la méthode électro-métallurgique, traitant de l'application a l'Horlogerie de la dorure et de l'argenture galvaniques, et de la coloration des Métaux par les oxydes métalliques et l'Electricité, par MM. MATHEY, MAIGNE, A. VILLON et Georges PETIT, ingénieur civil. 1 vol. orné de 36 figures dans le texte. 3 fr. 50

— **Dorure sur bois** à l'eau et à la mixtion, par les procédés anciens et nouveaux, traitant des Peintures laquées sur Meubles et sur Sièges, par M. SAULO. 1 vol. 1 fr. 50

— **Drainage simplifié**. (Voir *Agriculture*, p. 3.)

— **Eaux et Boissons Gazeuses**, ou Description des méthodes et des appareils les plus usités dans cette industrie, le bouchage des bouteilles et des siphons, la Gazéification des Vins, Bières et Cidres, etc. Nouv. édit. augmentée des Boissons angl. et améric., par L. GASQUET, Ingénieur des Arts et Manufactures, et JARRE, Ingénieur. 1 vol. orné de 140 fig. dans le texte. 4 fr.

— **Eaux-de-Vie (Négociant en)**, Liquoriste, Marchand de Vins et Distillateur, par MM. RAVON et MALEPEYRE. Nouvelle édition revue, corrigée et augmentée par RAYMOND BRUNET, ingénieur-agronome, 1 vol. 1 fr.

— **Ebéniste et Tabletier**, traitant des Bois, de leur Teinture et de leur Apprêt, de l'Outillage, du Débitage des bois de placage, de la fabrication et de la réparation des Meubles de tout genre et du travail de la Tabletterie, par MM. NOSBAN et MAIGNE. 1 vol orné de figures et accompagné de planches. 3 fr. 50

— **Electricité atmosphérique** (voir *Electricité*).

— **Electricité médicale,** ou Eléments d'Electro-Bio-
logie, suivi d'un Traité sur la Vision, par M. Smee, traduit
par M. Magnier. 1 vol. orné de figures.   3 fr.

— **Electricité,** contenant théorie, pratique et applications diverses, par G. Petit, Ingénieur civil, 2 vol.
ornés de 285 figures dans le texte.   8 fr.

— **Encres (Fabricant d')** de toute sorte, telles que
Encres d'écriture, Encres à copier, Encres d'impression typographique, lithographique et de taille douce, Encres de couleurs, Encres sympathiques, etc., suivi de la *Fabrication
des Cirages* et de l'*Imperméabilisation des Chaussures*, par
MM. de Champour, F. Malepeyre et A. Villon. 1 v. 3 fr. 50

— **Engrais** (Fabrication et application des) animaux,
végétaux et minéraux et des Engrais chimiques, ou Traité
théorique et pratique de la nutrition des plantes, par MM.
Eug. et Henri Landrin et M. Alb. Larbalétrier. 1 vol.
orné de figures.   3 fr.

— **Entomologie élémentaire,** ou Entretiens sur
les Insectes en général, mis à la portée de la jeunesse, par
M. Boyer de Fonscolombe. 1 gros vol.   3 fr.

— **Epistolaire (Style),** Choix de lettres puisées dans
nos meilleurs auteurs et Instructions sur le style, par Biscarrat et la comtesse d'Hautpoul (*En préparation*).

— **Equarrisseur,** voyez *Charcutier.*

— **Equitation,** traitant du manège civil, du manège
militaire, de l'Equitation des Dames, etc., par MM. Vergnaud et d'Attanoux. 1 vol. orné de figures.   3 fr.

— **Escaliers en Bois** (Construction des), traitant de
la manipulation et du posage des Escaliers à une ou plusieurs rampes, de tous les modèles et s'adaptant à toutes
les constructions, par M. Boutereau. 1 vol. et Atlas grand
in-8° de 20 planches gravées sur acier.   5 fr.

— **Escrime,** ou Traité de l'Art de faire des armes, par
M. Lafaugère. 1 vol. orné de figures.   2 fr. 50

— **Etat Civil** (Officier de l'), traitant de la Tenue des
Registres et de la Rédaction des Actes, par M. Lemolt.
1 vol.   2 fr. 50

— **Etoffes imprimées et Papiers peints** (Fabricant d'). (*En préparation.*)

— **Falsifications des Drogues** simples ou composées, moyens de les reconnaître, par M. Pédroni, chimiste.
1 vol. avec planche. (*En préparation.*)

— **Ferblantier-Lampiste,** ou Art de confectionner
tous les Ustensiles en fer-blanc, de les souder, de les ré-
parer, etc., suivi de la fabrication des Lampes et des Appa-

reils d'éclairage, par MM. LEBRUN, MALEPEYRE et A. RO-
MAIN. Nouv. édit. complètement refondue par G. PETIT,
ingén. civ., 1 vol. orné de 178 fig. dans le texte.   4 fr.

— **Fermier.** — Voir *Agriculteur*, page 3.

— **Filature du Coton,** contenant la description des
Métiers à filer le coton, diverses formules pour apprécier
la résistance des Appareils mécaniques, et un Traité des
engrenages, par M. DRAPIER. (*En préparation.*)

— **Fleuriste artificiel et Feuillagiste,** ou l'Art
d'imiter toute espèce de Fleurs, de Feuillage et de Fruits.
1 vol. orné de 50 figures.   3 fr.

On peut se procurer des *modèles coloriés*, dessinés d'a-
près nature, par REDOUTÉ. La planche :   1 fr.

— **Fondeur,** traitant de la Fonderie du fer, de l'acier,
du cuivre, du bronze et du laiton, de la fonte des statues,
des cloches, etc., par MM. A. GILLOT et L. LOCKERT, ingénieurs. Nouvelle édition revue, corrigée et augmentée par
N. CHRYSSOCHOIDÈS, ingénieur des Arts et Manufactures.
2 vol. ornés de 253 figures dans le texte.   8 fr.

— **Fontainier,** voy. *Mécanicien-Fontainier, Sondeur.*

— **Forestier praticien** (le) et Guide des Gardes Champêtres (Voir *Cultivateur forestier, Gardes champêtres*).

— **Forgeron, Maréchal, Taillandier,** voyez *Charron, Machines-Outils, Serrurier.*

— **Forges** (Maître de), ou Traité théorique et pratique
de l'Art de travailler le fer, la fonte et l'acier. Nouv. édit.
par N. CHRYSSOCHOIDÈS, ing. des Arts et Manufactures, 2
vol. ornés de 312 fig. dans le texte.   9 fr.

— **Galvanoplastie,** ou Traité complet des Manipulations électro-métallurgiques, contenant tous les procédés
les plus récents et les plus usités, par M. A. BRANDELY.
Nouvelle édition revue et corrigée par G. PETIT, ingén.
civil. 2 vol. ornés de 81 figures.   7 fr.

— **Gants** (Fabricant de), voyez *Chamoiseur.*

— **Gardes Champêtres, Gardes Forestiers,
Gardes-Pêche, et Gardes-Chasse,** par M. BOVARD,
ancien président à la Cour d'Orléans, M. VASSEROT, ancien sous-préfet, M. V. ÉMION et M. L. CREVAT, juges de
paix, 1 vol.   2 fr. 50

— **Gardes-Malades,** et personnes qui veulent se soi-
gner elles-mêmes, par M. le docteur MORIN. 1 vol. 2 fr. 50

— **Gaz** (Appareilleur à), voyez *Plombier.*

— **Gaz** (Éclairage et Chauffage au), ou Traité élémentaire et pratique destiné aux Ingénieurs, aux Directeurs
et aux Contre-Maîtres d'Usines à Gaz, mis à la portée de

tout le monde, suivi d'un *Aide-Mémoire de l'Ingénieur-Gazier*, par M. D. MAGNIER, ingénieur-gazier. Nouvelle édition corrigée, augmentée et entièrement refondue, par E. BANCELIN, ancien élève de l'Ecole polytechnique, ancien sous-régisseur d'usine de la Cⁱᵉ Parisienne du Gaz. 2 vol. ornés de 322 figures dans le texte. **8 fr.**

On a extrait de ce Manuel l'ouvrage suivant :

AIDE-MÉMOIRE DE L'INGÉNIEUR-GAZIER, contenant les Notions et les Formules nécessaires aux personnes qui s'occupent de la Fabrication et de l'Emploi du Gaz. Br. in-18. 75 c.

— **Géographie de la France,** divisée par bassins, par M. LORIOL (*Autorisé par l'Université*). 1 vol. **2 fr. 50**

— **Géographie physique,** ou Introduction à l'étude de la Géologie, par M. HUOT. 1 vol. (*En préparation.*)

— **Géologie,** ou Traité élémentaire de cette science, par MM. HUOT et D'ORBIGNY. 1 vol. (*En préparation.*)

— **Gourmands,** ou l'Art de faire les honneurs de sa table, par CARDELLI. (*En préparation.*)

— **Graveur,** ou Traité complet de la Gravure en creux et en relief, Eau-forte, Taille douce, Héliogravure, Gravure sur bois et sur métal, Photogravure, Similigravure, Procédés divers, Clichage des gravures en plomb et en galvanoplastie, Fabrication des Cartes à jouer, Gravure de la musique, etc., par M. VILLON. 2 volumes ornés de figures. **6 fr.**

— **Greffes** (Monographie des), ou Description des diverses sortes de Greffes employées pour la multiplication des végétaux. (*En préparation.*) — Voir *Jardinage,* page 3.

— **Gymnastique,** par M. le colonel AMOROS. (*Ouvrage couronné par l'Institut, admis par l'Université, etc.*) 2 vol. et Atlas. **10 fr. 50**

— **Habitants de la Campagne** (Voir *Agriculteur,* page 3).

— **Histoire naturelle médicale et de Pharmacographie,** ou Tableau des Produits que la Médecine et les Arts empruntent à l'Histoire naturelle, par M. LESSON, ancien pharmacien de la marine à Rochefort. 2 volumes. **5 fr.**

— **Horloger,** comprenant la Construction détaillée de l'Horlogerie ordinaire et de précision, et, en général, de toutes les machines propres à mesurer le temps ; par LENORMAND, JANVIER et MAGNIER, revu par L. S.-T. Nouvelle édition entièrement refondue et augmentée de l'Horlogerie Electrique, l'Horlogerie Pneumatique et la Boîte à

Musique, par E. STAHL. 2 vol. accompagnés d'un Atlas de 15 planches. 7 fr.

— **Horloger-Rhabilleur**, traitant du rhabillage et du réglage des Montres et des Pendules, augmenté de : **Corrélation du Pendule au rochet** avec le levier de la Force motrice. Etude mécanique appliquée à l'Horlogerie, par M. J.-E. PERSEGOL. 1 vol. orné de 59 figures. 2 fr. 50

On vend séparément :

CORRÉLATION DU PENDULE AU ROCHET. 50 c.

— **Huiles minérales**, leur Fabrication et leur Emploi à l'Eclairage et au Chauffage, par D. MAGNIER, ingénieur. Nouvelle édition par N. CHRYSSOCHOÏDÈS. 1 vol. orné de 70 figures. 4 fr.

— **Huiles végétales et animales** (Fabricant et Epurateur d'), comprenant la Fabrication des Huiles et les méthodes les plus usuelles de les essayer et de reconnaître leur sophistication, par J. DE FONTENELLE, F. MALEPEYRE et AD. DALICAN. Nouvelle édition revue, corrigée et augmentée par N. CHRYSSOCHOÏDÈS, ingénieur des arts et manufactures. 2 vol. ornés de 190 fig. dans le texte. 7 fr.

— **Hydroscope**, voyez *Sondeur.*

— **Hygiène**, ou l'Art de conserver sa santé, par le docteur MORIN. 1 vol. *(En préparation.)*

— **Indiennes** (Fabricant d'), renfermant les impressions des Laines, des Châles et des Soies, par MM. THILLAYE et VERGNAUD. 1 vol. accompagné de planches. *(En préparation).*

— **Instruments de Chirurgie** (Fabricant d'), par M. H.-C. LANDRIN. *(En préparation.)*

— **Irrigations et assainissement des Terres**, ou Traité de l'emploi des Eaux en agriculture, par M. le Marquis DE PARETO, 3 vol. accompagnés de deux Atlas composés de 40 planches in-folio et de tableaux. *(En prép.)*

— **Jeunes gens**, ou Sciences, Arts et Récréations qui leur conviennent, par M. VERGNAUD. *(En préparation.)*

— **Jeux d'Adresse et d'Agilité**, contenant les Jeux et les Récréations d'intérieur et en plein air, à l'usage des enfants, des jeunes gens et des jeunes filles de tout âge, et des grandes personnes, par DUMONT. 1 vol. orné de figures *(En préparation).*

— **Jeux de Calcul et de Hasard**. *(En prép.)*

— **Jeux de Cartes**, tels que l'Ecarté, le Piquet, le Whist, la Bouillotte, le Bésigue, le Trente et un, le Baccarat, le Lansquenet, etc. 1 vol. *(En préparation.)*

— **Jeux de Société**, renfermant les Rondes enfantines, les Jeux innocents, les Pénitences, les Jeux d'esprit, les Jeux de Salon les plus en usage dans les réunions intimes, par Madame CELNART. 1 vol. (*En préparation.*)

— **Justices de Paix**, ou Traité des Compétences et Attributions tant anciennes que nouvelles, en toutes matières, par M. BIRET. (*En préparation.*)

— **Laiterie**, ou Traité de toutes les méthodes en usage pour traiter et conserver le Lait, faire le Beurre, confectionner les Fromages français et étrangers, et reconnaître les Falsifications de ces substances alimentaires, par M. MAIGNE. 1 vol. orné de figures.   3 fr.

— **Lampiste**, voyez *Ferblantier*.

— **Langage** (Pureté du), par M. BLONDIN (*En prép.*).

— **Langage** (Pureté du), par MM BISCARRAT et BONIFACE. 1 vol. (*En préparation.*)

— **Levure (Fabricant de)**, traitant de sa composition chimique, de sa production et de son emploi dans l'industrie, principalement dans la Brasserie, la Distillation, la Boulangerie, la Pâtisserie, l'Amidonnerie, la Papeterie, par F. MALEPEYRE. Nouvelle édition revue et corrigée par R. BRUNET, ingénr agronome. 1 vol. orné de fig. 2 fr 50

— **Limonadier**, Glacier, Cafetier et Amateur de thés, contenant la fabrication de la Glace et des Boissons frappées ou rafraîchissantes, par CHAUTARD et JULIA DE FONTENELLE. Nouvelle édition entièrement refondue par CHRYSSOCHOÏDÈS, ingénieur des Arts et Manufactures. 1 vol. orné de 76 figures dans le texte.   3 fr.

— **Linotypie**, *la Linotype à la portée de tous*, contenant description, fonctionnement, avaries et réparations, instructions aux opérateurs, par H. GIRAUD, mécanicien-électricien au journal *La Dépêche de Brest*, 1 vol. orné de 36 figures.   1 fr. 50

— **Liquides (Amélioration des)**, tels que Vins, Alcools, Spiritueux divers, Liqueurs, Cidres, Bières, Vinaigres, Laits, par V.-F. LEBEUF ; 6e éd., entièrement refondue, par le Dr E. VARENNE I. P. ⚜, ancien distillateur, négociant en vins et spiritueux, membre de la commission extra-parlementaire de l'alcool, etc., rédacteur scientifique à la *Revue Vinicole*, 1 vol.   3 fr.

— **Lithographe** (Imprimeur et Dessinateur), traitant de l'Autographie, la Lithographie mécanique, la Chromolithographie, la Lithophotographie, la Zincographie, et des procédés nouveaux en usage dans cette industrie, par M. VILLON. 2 volumes et Atlas in-18.   9 fr.

— **Littérature** à l'usage des deux sexes, par madame D'HAUTPOUL. 1 vol. 1 fr. 75

— **Locomotion mécanique**, voyez *Vélocipédie et Automobiles.*

— **Luthier**, ou Traité de la construction des Instruments à cordes et à archet, tels que le Violon, l'Alto, le Violoncelle, la Contrebasse, la Guitare, la Mandoline, la Harpe, les Monocordes, la Vielle, etc., traitant de la Fabrication des Cordes harmoniques en boyau et en métal, par MM. MAUGIN et MAIGNE. Nouvelle édition suivie du mémoire sur la construction des instruments à cordes et à archet, par F. SAVART. 1 vol. avec fig. et planches. 3 fr. 50

— **Machines à Vapeur** appliquées à la Marine, par M. JANVIER. 1 vol. avec planches. 3 fr. 50

— **Machines Locomotives** (Constructeur de), par M. JULLIEN, ingénieur civil (*En préparation*).

— **Machines-Outils** employées dans les usines et ateliers de construction, pour le Travail des Métaux, par M. CHRÉTIEN. Voir page 32.

— **Maçon, Stucateur, Carreleur et Paveur,** contenant l'emploi, dans ces industries, des matières calcaires et siliceuses, ainsi que la construction des Bâtiments de ville et de campagne, et les méthodes de Pavage expérimentées dans les grandes villes, par MM. TOUSSAINT, D. MAGNIER, G. PICAT et A. ROMAIN. 1 vol. orné de figures et accompagné de 6 planches. 3 fr. 50

— **Maires, Adjoints, Conseillers et Officiers municipaux,** rédigé *par ordre alphabétique*, par M Ch. VASSEROT, ancien adjoint. (*En préparation.*)

— **Maître d'Hôtel,** ou Traité complet des menus, mis à la portée de tout le monde, par M. CHEVRIER. 1 vol. orné de figures. (*En préparation.*)

— **Maîtresse de Maison,** ou Conseils et Recettes sur l'Économie domestique, par Mme LAURENT. 1 vol. (*En préparation*).

— **Mammalogie,** ou Histoire naturelle des Mammifères, par M. LESSON. 1 gros vol. 3 fr. 50

— **Marbrier,** contenant Étude et Travail des Marbres, série des Prix, Vocabulaire, et donnant les Modèles les plus variés de Monuments funèbres, Chambranles, Cheminées, etc., par Henry GUÉDY, architecte. 1 vol. et atlas grand in-8° de 20 planches, gravées sur acier. 7 fr.

— **Marine,** Gréement, manœuvre du Navire et Artillerie, par M. VERDIER. 2 vol. ornés de figures. 5 fr.

— **Maroquinier,** voyez *Chamoiseur.*

3.

— **Marqueteur et Ivoirier**, traitant de la fabrication des meubles et des objets meublants en marqueterie et en incrustation, de la Tabletterie-Ivoirerie, du travail de l'Ivoire, de l'Os, de la Corne, de la Baleine, de la Nacre, de l'Ambre, etc., par MM. MAIGNE et ROBICHON. 1 vol. orné de figures. 3 fr. 50

— **Mathématiques appliquées**, Notions élémentaires sur les Lois du mouvement des corps solides, de l'Hydraulique, de l'Air, du Son, de la Lumière, des Levés de terrains et nivellement, du Tracé des Cadrans solaires, etc., par RICHARD. (*En préparation.*)

— **Mécanicien-Fontainier**, comprenant la Conduite et la Distribution des Eaux, le mesurage aux Compteurs et à la Jauge, la Filtration, la fabrication des Robinets, des Fontaines, des Bornes, des Bouches d'eau, des Garde-robes, etc,, par MM. BISTON, JANVIER, MALEPEYRE et A. ROMAIN. 1 vol. avec figures et planches. 3 fr. 50

— **Mécanique**, ou Exposition élémentaire des lois de l'Equilibre et du Mouvement des Corps solides, par M. TERQUEM. 1 gros vol. orné de planches (*En préparation*).

— **Médecine et Chirurgie domestiques**, contenant les moyens les plus simples et les plus rationnels pour la guérison de toutes les maladies, par M. le docteur MORIN. (*En préparation*)

— **Mégissier**, voyez *Chamoiseur.*

— **Menuisier en bâtiments, Layetier-Emballeur**, traitant des Bois employés dans la menuiserie, de l'Outillage, du Trait, de la Construction des Escaliers, du Travail du Bois, etc., par MM. NOSBAN et MAIGNE. 2 vol. accompagnés de planches et ornés de figures. 6 fr.

— **Métaux** (Travail des), voyez *Machines-Outils, Tourneur, Charron, Chaudronnier, Ferblantier.*

— **Meunier**. (*En préparation.*)

— **Microscope** (Observateur au). Description du Microscope et ses diverses applications, par M. F. DUJARDIN, ancien professeur à la Faculté des Sciences de Rennes. 1 vol. avec Atlas de 30 planches. 10 fr. 50

— **Minéralogie**, ou Tableau des Substances minérales, par M. HUOT (*En préparation*).

— **Mines** (**Exploitation des**).
2e *partie*, MÉTAUX PRÉCIEUX ET INDUSTRIELS, SOUFRE, SEL, DIAMANT, par M. L. KNAB, ingénieur. 1 vol. avec pl. 3 fr. 50

— **Miniature**, voyez *Peinture à l'Aquarelle.*

— **Morale**, ou Droits et Devoirs dans la Société. 1 volume. (*En préparation.*)

— **Morale** (La) de l'Enfance, par le vicomte DE MOREL-VINDÉ. 1 vol. in-18 cartonné. (*En préparation.*)

— **Moraliste**, ou Pensées et Maximes instructives pour tous les âges de la vie, par M. TREMBLAY. 2 vol.   5 fr.

— **Mouleur**, ou Art de mouler en Plâtre, au Ciment à l'argile, à la cire, à la gélatine, traitant du Moulage du carton, du carton-pierre, du carton-cuir, du carton-toile, du bois, de l'écaille, de la corne, de la baleine, du celluloïd, etc., contenant le moulage et le clichage des médailles, par MM. LEBRUN, MAGNIER, ROBERT et DE VALICOURT. 1 vol. orné de figures.   3 fr. 50

— **Moutardier**, voyez *Vinaigrier*.

— **Musique** : SOLFÈGES, MÉTHODES

| Méthode de Trompette et Trombone.... » 75 | Méthode de Harpe... 3 50 — de Cor anglais 1 75 |

— **Mythologies**. (*En préparation.*)

— **Naturaliste préparateur**, 1re *partie :* Classification, Recherche des Objets d'histoire naturelle et leur emballage, Disposition et Conservation des Collections, par M. BOITARD. 1 vol. orné de figures.   3 fr.

— *Seconde partie :* Art de préparer et d'empailler les Animaux, de conserver les Végétaux et les Minéraux, de préparer les Pièces d'Anatomie normale et d'embaumer les corps, par MM. BOITARD et MAIGNE. 1 vol. orné de figures.   3 fr. 50

— **Navigation**, contenant la manière de se servir de l'Octant et du Sextant, les méthodes usuelles d'astronomie nautique, suivi d'un Supplément contenant les méthodes de calcul exigées des candidats au grade de Maître au cabotage, par M. GIQUEL, professeur d'hydrographie. (*En préparation*).

*— **Numismatique ancienne**, par M. A. DE BARTHÉLEMY, Membre de l'Institut. 1 gros vol. accompagné d'un Atlas renfermant 12 planches.   7 fr.

*— **Numismatique moderne et du moyen âge**, par M. AD. BLANCHET. 3 vol. accompagnés d'un Atlas renfermant 14 planches.   15 fr.

— **Oiseaux** (Eleveur d'), ou Art de l'Oiselier, contenant la Description des principales espèces d'Oiseaux indigènes et exotiques susceptibles d'être élevés en captivité; leur nourriture, leur reproduction, leurs maladies, etc., par M. G. Schmitt. 1 vol. 1 fr. 75

— **Oiseleur**, ou Secrets anciens et modernes de la Chasse aux Oiseaux, traitant de la Fabrication et de l'emploi des Filets et des Pieges, par J. G. et Conrard. 1 vol. orné de planches et de 48 figures dans le texte. Nouvelle édition. 3 fr. 50

— **Organiste**, contenant l'expertise de l'Orgue, sa description, la manière de l'entretenir et de l'accorder soi-même, suivi de Procès-verbaux pour la réception des Orgues de toute espèce et d'un dictionnaire des termes employés dans la facture d'orgues, par J. Guédon. 1 vol. orné de 94 figures dans le texte. 3 fr.

— **Orgues** (Facteur d'), ou Traité théorique et pratique de l'Art de construire les Orgues, contenant le travail de Dom Bédos et les perfectionnements de la facture jusqu'à nos jours, par Hamel. Nouvelle édition revue et augmentée d'un Appendice donnant les nouveautés apportées dans la fabrication depuis la dernière édition, par J. Guédon. 1 vol. grand in-8 jésus, orné de 64 fig. dans le texte et accompagné d'un Atlas de 43 planches. 20 fr.

— **Ornithologie**, ou Description des genres et des principales espèces d'oiseaux, par M. Lesson (*En prépar.*).

Atlas d'Ornithologie, composé de 129 planches représentant la plupart des oiseaux décrits dans l'ouvrage ci-dessus (*En préparation*).

— **Paléontologie**, ou des Lois de l'organisation des êtres vivants comparées à celles qu'ont suivies les Espèces fossiles et humatiles dans leur apparition successive; par M. Marcel de Serres, professeur à la Faculté des Sciences de Montpellier. 2 vol. avec Atlas. 7 fr.

— **Papetier et Régleur**, traitant de ces arts et de toutes les industries annexes du commerce de détail de la Papeterie, par Julia de Fontenelle et Poisson (*En préparation*).

— **Papiers de Fantaisie** (Fabricant de), Papiers marbrés, jaspés, maroquinés, gaufrés, dorés, etc.; Peau d'âne factice, Papiers métalliques, par Fichtenberg (*En préparation.*)

— **Parcheminier**, voyez *Chamoiseur.*

— **Parfumeur**, ou Traité complet de toutes les branches de la Parfumerie, contenant les procédés nouveaux, employés en France, en Angleterre et en Amérique, à l'usage des chimistes-fabricants et des ménages, par MM. PRADAL, F. MALEPEYRE, et A. VILLON. 2 vol. ornés de figures. Nouvelle édition corrigée, augmentée et entièrement refondue, par M. A. M. VILLON, ingénieur-chimiste. 6 fr.

— **Patinage** et Récréations sur la Glace, par M. PAULIN-DÉSORMEAUX. 1 vol. orné de 4 planches. 1 fr. 25

— **Pâtes alimentaires**, voyez *Amidonnier*.

— **Pâtissier**, ou Traité complet et simplifié de Pâtisserie de ménage, de boutique et d'hôtel, par M. LEBLANC. 1 vol. orné de figures. 3 fr.

— **Paveur et Carreleur**, voyez *Maçon*.

— **Pêcheur**, ou Traité général de toutes les pêches *d'eau douce et de mer*, contenant l'histoire et la pêche des animaux fluviatiles et marins, les diverses pêches à la ligne et aux filets en rivière et en mer, etc., par PESSON-MAISONNEUVE et MORICEAU. Nouvelle édition entièrement refondue par G. PAULIN. 1 vol. orné de 207 fig. dans le texte. 3 fr. 50

— **Pêcheur-Praticien**, ou les Secrets et les Mystères de la Pêche à la ligne dévoilés, par M. LAMBERT. Nouvelle édition par L. JAILLANT. 1 vol. orné de 96 figures dans le texte. 1 fr. 50

— **Peintre d'histoire et Sculpteur**, ouvrage dans lequel on traite de la philosophie de l'Art et des moyens pratiques, par M. ARSENNE, peintre. 1 vol. 3 fr. 50

— **Peintre d'histoire naturelle**, contenant des notions générales sur le dessin, le clair obscur, l'effet des couleurs naturelles et artificielles, les divers genres de peintures, etc., par M. DUMÉNIL. (*En préparation.*)

— **Peintre en Bâtiments**, Vernisseur et Vitrier, traitant de l'emploi des Couleurs et des Vernis pour l'assainissement et la décoration des habitations, de la pose des Papiers de tenture et du Vitrage, par RIFFAULT, VERGNAUD, TOUSSAINT et F. MALEPEYRE. Nouvelle édition revue et augmentée du Peintre d'enseignes, de la pose des Vitraux, etc. 1 vol. orné de 44 figures. 3 fr.

— **Peintre-Décorateur de théâtre**, par Gustave COQUIOT. 1 vol. orné de 50 figures. 3 fr.

— **Peintre en Lettres**, par VÉBERE, 1 vol. in-8° orné de figures. » fr.

— **Peintre en Voitures**, par V. THOMAS, maître de conférences à la Faculté des Sciences de Rennes. 1 vol. orné de 54 figures. 3 fr.

— **Peinture** à l'Aquarelle, Gouache, Miniature, Peinture à la cire, Peintures orientales, procédé Raffaëlli, etc. Nouvelle édition par Henry GUÉDY. 1 vol.　　3 fr.

— **Peinture sur Verre, Porcelaine, Faïence et Email**, traitant de la décoration de ces matières, ainsi que de la fabrication des Emaux et des Couleurs vitrifiables et de l'Emaillage sur métaux précieux ou communs et sur terre cuite, par MM. REBOULLEAU, MAGNIER et ROMAIN. 1 vol. avec fig. Nouv. édit. revue par H. BERTRAN. 3 fr. 50

— **Peinture et Vernissage des Métaux et du Bois**, traitant des Couleurs et des Vernis propres à décorer les Métaux et les Bois, de l'imitation sur métal des Bois indigènes et exotiques, de l'ornementation des Articles de ménage et des Objets de fantaisie, suivi de l'imitation des Laques du Japon sur menus articles, par MM. FINK et LACOMBE. 1 vol. orné de figures.　　2 fr.

— **Pelletier-Fourreur et Plumassier**, traitant de l'apprêt et de la conservation des Fourrures et de la préparation des Plumes, par M. MAIGNE. 1 vol. orné de figures.　　2 fr. 50

— **Perspective** appliquée au Dessin et à la Peinture, par M. VERGNAUD. 1 vol. accompagné de planches.　3 fr.

— **Pharmacie Populaire**, simplifiée et mise à la portée de toutes les classes de la société, par M. JULIA DE FONTENELLE (*En préparation*).

— **Photographie** sur Métal, sur Papier et sur Verre, contenant toutes les découvertes les plus récentes, par M. DE VALICOURT. 2 vol. avec planche.　　6 fr.

— SUPPLÉMENT à la Photographie sur Papier et sur Verre, par M. G. HUBERSON. 1 vol.　　3 fr.

— **Photographie** (Répertoire de), Formulaire complet de cet Art, par M. DE LATREILLE. (*En préparation.*)

— **Physicien-Préparateur**, ou Description des Instruments de physique et leur Emploi dans les Sciences et dans l'Industrie, par MM. Ch. CHEVALIER et le docteur FAU. (*En préparation*).

— **Physiologie végétale**, Physique, Chimie et Minéralogie appliquées à la culture, par M. BOITARD. 1 vol. orné de planches.　　3 fr.

— **Plain-Chant ecclésiastique.** (*En préparation.*)

— **Plâtrier**, voyez *Chaufournier, Maçon.*

— **Plombier, Zingueur, Couvreur, Appareilleur à Gaz**, contenant la fabrication et le travail du Plomb et du Zinc et la manière de les souder, la Couverture des Constructions et l'Installation des Appareils et des Compteurs à Gaz, par M. Romain. Nouvelle édition, refondue, corrigée et augmentée, suivie de la *Série des Prix*, par N. Chryssochoïdès, 1 vol. orné de 266 figures dans le texte. 4 fr.

— **Poêlier-Fumiste**, traitant de la construction des Cheminées de tous modèles, des Fourneaux et des Poêles en terre, de l'agencement et de la Tuyauterie des Fourneaux en maçonnerie et des Poêles en terre, en fonte et en tôle, et du Ramonage des divers appareils de Chauffage, par MM. Ardenni, J. de Fontenelle, F. Malepeyre et A. Romain, 1 vol. orné de figures. 3 fr.

— **Poids et Mesures**, à l'usage des Médecins, etc. Brochure in-18. 25 c.

— **Poids et Mesures**, Comptes faits ou Barème général des Poids et Mesures, par M. Achille Nochen. *Ouvrage divisé en cinq parties qui se vendent séparément.*

1re partie, Mesures de Longueur (*En préparation*).
2e partie, — de Surface. 60 c.
3e partie, — de Solidité (*En préparation*).
4e partie, Poids (*En préparation*).
5e partie, Mesures de Capacité (*En préparation*).

— **Poids et Mesures** (Barème complet des, avec conversion facile de l'ancien système au nouveau, par M. Bagilet. 1 vol. 3 fr.

— **Poids et Mesures** (Fabrication des Vox Potier d'étain.

— **Police de la France.** (*En préparation.*)

— **Pompes (Fabricant de)** de tous les systèmes, rectilignes, centrifuges, à diaphragme, à vapeur, à incendie, d'épuisement, de mines, de jardins, etc., traitant des principales Machines élévatoires autres que les Pompes, par MM. Janvier, Biston et A. Romain. 1 vol. orné de figures et accompagné de planches. 3 fr. 50

— **Ponts et Chaussées** : *Première partie*, Routes et Chemins, par M. de Gayffier, ingénieur en chef des Ponts et Chaussées. 1 vol. avec planches. 3 fr. 50

— *Seconde partie*, Ponts et Aqueducs en maçonnerie, par M. de Gayffier, 1 vol. avec planches. 3 fr. 50

— *Troisième partie*, Ponts en bois et en fer, par M. A. Romain. 1 vol. avec figures et planches. 3 fr. 50

— **Porcelainier, Faïencier, Potier de Terre**, contenant des notions pratiques sur la fabrication des Grès

4.

cérames, des Pipes, des Boutons, des Fleurs en porcelaine et des diverses Porcelaines tendres, par D. MAGNIER, ingénieur civil. Nouvelle édition revue et augmentée par BERTRAN, Ingénieur des Arts et Manufactures. 1 vol. orné de 148 figures dans le texte. **4 fr.**

— **Potier d'Etain** et de la fabrication des **Poids et Mesures**, contenant la fabrication de la poterie d'Etain, Etains d'art ; poids et mesures de tous genres, balances, bascules, alcoomètres. Nouvelle édition par G. LAURENT, ingénieur des Arts et Manufactures. 1 vol. orné de 227 figures dans le texte. **4 fr.**

— **Prestidigitation** (de), Traité complet de Tours de cartes à l'usage des gens du monde, par Roger BARBAUD, Officier de la Légion d'honneur. 1 vol. orné de 75 figures. **2 fr. 50**

— **Produits chimiques** (Fabricant de), formant un Traité de Chimie appliquée aux Arts, à l'Industrie et à la Médecine, par M. G.-E. LORMÉ. 4 gros volumes et Atlas de 16 planches grand in-8°. (*En préparation*).

— **Propriétaire, Locataire** et Sous-Locataire, des biens de ville et des biens ruraux ; rédigé *par ordre alphabétique*, par MM. SERGENT et VASSEROT. 1 vol. 2 fr. 50

— **Puisatier**, voyez *Sondeur*.

— **Relieur** en tous genres, contenant les Arts de l'Assembleur, du Satineur, du Brocheur, du Rogneur, du Cartonneur et du Doreur, par MM. Séb. LENORMAND et W. MAIGNE. 1 vol. avec figures et planches. **3 fr. 50**

— **Roses** (Amateur de), leur Histoire et leur Culture, par M. BOITARD. (*En préparation.*)

— **Sapeur-Pompier** (Nouveau Manuel *complet* du), composé par une commission d'officiers du Régiment de *Paris* et de la *Province*, publié par *Ordre* du *Ministère de l'Intérieur*. Edition entièrement refondue d'après le nouveau matériel de la Ville de Paris. 1 vol. orné de 140 fig. dans le texte. Broché . . . . **3 fr. 50**

Cartonné avec la couverture imprimée. . . . **3 fr. 85**

— **Sapeur-Pompier** (Nouveau Manuel *abrégé* du) composé par une commission d'officiers du Régiment de Paris et de la Province, publié par *ordre* du *Ministère de l'Intérieur*. Edition abrégée entièrement refondue, extraite du Nouveau Manuel complet. 1 vol. orné de nombreuses figures dans le texte. Broché. . . . . **2 fr.**

Cartonné avec la couverture imprimée. . . . **2 fr. 25**

— **Sapeurs-pompiers** (THÉORIE des), extraite du nouveau Manuel complet du Sapeur-Pompier composé par une commission d'officiers du Régiment de Paris et de la Province.

Edition entièrement refondue, contenant les manœuvres de la Pompe à bras et des Echelles, d'après le nouveau matériel de la Ville de Paris. 1 vol. orné de nombreuses figures dans le texte. Broché . . . . 75 c.

Cartonné avec la couverture imprimée. . . . . 85 c.

— **Sapeurs-Pompiers** (*Manuel des Concours*) (Fédération nationale des Sapeurs-Pompiers français . 1 vol. orné de 80 fig. dans le texte, br. 2 fr. 50 ; — *Franco*, 2 fr. 75

Cartonné avec la couverture imprimée, 2 fr. 85 ; *Franco*. 3 fr. 10

— **Sapeurs-Pompiers**, manuel des premiers secours par le Dr Ch. LE PAGE. 1 vol. in-16 orné de 83 illust. dans le texte 2 fr.

— **Sapeurs-Pompiers**, voir Service d'Incendie dans les Villes et les Campagnes.

— **Sauvetage** dans les Incendies, les Puits, les Puisards, les Fosses d'aisances, les Caves et Celliers, les Accidents en rivière et les Naufrages maritimes, par M. W. MAIGNE. 1 vol. orné de vignettes et de planches. (*En préparation*).

— **Savonnier**, ou Traité de la Fabrication des Savons, contenant des notions sur les Alcalis et les corps gras saponifiables, ainsi que les procédés de fabrication et les appareils en usage dans la Savonnerie, par M. E. LORMÉ. 3 vol. accompagnés de planches. 9 fr.

— **Sculpture sur bois**, contenant l'Outillage et les moyens pratiques de Sculpture, les Styles de l'Ornementation, l'Art de Découper les Bois, l'Ivoire, l'Os, l'Ecaille et les Métaux, la Fabrication des Bois comprimés, etc., par M. S. LACOMBE. 1 vol. orné de figures. 3 fr. 50

— **Serrurier**, ou Traité complet et simplifié de cet Art, traitant des Fers, des Combustibles, de l'Outillage, du Travail à l'Atelier et sur place, de la Serrurerie du Carrossage et des divers travaux de Forge, par PAULIN-DÉSORMEAUX et H. LANDRIN. Nouvelle édition entièrement refondue par CHRYSSOCHOÏDÈS, ingénieur des Arts et Manufactures. 1 vol. orné de 106 fig. dans le texte et accompagné d'un Atlas de 16 planches. 5 fr.

— **Service d'Incendie** dans les Villes et les Campagnes, en France et à l'Etranger, par le lieutenant-colonel

RAINCOURT, ancien Chef de Bataillon au Régiment des Sapeurs-Pompiers, Président d'honneur du Congrès international des Sapeurs-Pompiers en 1889, et M. MARCEL GRÉGOIRE, Sous-Préfet de Pontoise. 1 vol. in-18 orné de 77 fig. dans le texte.   2 fr. 50

— **Soierie**, contenant l'art d'élever les Vers à soie et de cultiver le Mûrier, traitant de la Fabrication des Soieries, par M. DEVILLIERS. 2 vol. et Atlas. (*En préparation*).

— **Sommelier** et **Marchand de Vins**, contenant des notions sur les Vins rouges, blancs et mousseux, leur classification par vignobles et par crus, l'Art de les déguster, la description du matériel de cave, les soins à donner aux Vins en cercles et en bouteilles, l'art de les rétablir de leurs maladies, les coupages, les moyens de reconnaître les falsifications, etc., par M. MAIGNE. Nouvelle édition, revue, corrigée et augmentée, par R. BRUNET. 1 vol. orné de 97 figures dans le texte.   3 fr.

— **Sondeur, Puisatier** et **Hydroscope**, traitant de la construction des Puits ordinaires et artésiens et de la recherche des Sources et des Eaux souterraines, par M. A. ROMAIN, 1 vol. accompagné de planches.   3 fr. 50

— **Sorcellerie Ancienne** et **Moderne** expliquée, ou Cours de Prestidigitation (*Épuisé*). Voir *Prestidigitation*.

— **Souffleur** à la **Lampe** et au **Chalumeau**, (Voir *Verrier*).

— **Sucre** (**Fabricant** et **Raffineur de**), traitant de la fabrication des Sucres indigènes et coloniaux, provenant de toutes les substances saccharifères dont l'emploi est usuel et reconnu pratique, par M. ZOÉGA. 1 vol. orné de planches et de figures. (*En préparation.*)

— **Taille-Douce** (Imprimeur en), par MM. BERTHIAUD et BOITARD. (*En préparation*).

— **Tanneur, Corroyeur** et **Hongroyeur**, contenant le travail des Cuirs forts de la Molleterie et des Cuirs blancs, suivi de la fabrication des Courroies, d'après les méthodes perfectionnées les plus récentes, par MAIGNE. 2 vol. ornés de figures et accompagnés de planches. 6 fr.

— **Tapissier Décorateur**, par H. LACROIX, professeur technique. 1 vol. orné de 81 figures dans le texte. 2 fr. 50

— **Technologie physique** et **mécanique**, ou

FORMULAIRE ANNOTÉ à l'usage des Ingénieurs, des Architectes, des Constructeurs et des Chefs d'usines, par H. GUÉDY, architecte. 1 vol.   4 fr.

— **Teinture des peaux**, voyez *Chamoiseur*.

*— **Teinture moderne**. Voir page 31.

— **Teinturier, Apprêteur et Dégraisseur**, ou Art de teindre la Laine, la Soie, le Coton, le Lin, le Chanvre et les autres matières filamenteuses, ainsi que les tissus simples et mélangés, au moyen des COULEURS ANCIENNES animales, végétales et minérales, par MM. RIFFAUT, VERGNAUD, JULIA DE FONTENELLE, THILLAYE, MALEPEYRE, ULRICH et ROMAIN. 2 vol. accompag. de planch. 7 fr.

— *Supplément*, traitant de l'emploi en Teinture des COULEURS D'ANILINE et de leurs dérivés, par M. A.-M. VILLON, chimiste. 1 vol.   3 fr. 50

— **Télégraphie électrique**, contenant la description des divers systèmes de Télégraphes et de Téléphones, et leurs applications au service des Chemins de fer, des Sonneries électriques et des Avertisseurs d'incendie, par ROMAIN. 1 vol. orné de fig. et accompagné de pl. 3 fr. 50

— **Teneur de Livres**, renfermant la Tenue des Livres en partie simple et en partie double, par TRÉMERY et A. TERRIÈRE (*Ouvrage autorisé par l'Université*), suivi de la Comptabilité agricole, par R. BRUNET. 1 vol 3 fr.

— **Terrassier** et Entrepreneur de terrassements, traitant des divers modes de transport, d'extraction et d'excavation, et contenant une description sommaire des grands travaux modernes, par MM. CH. ÉTIENNE, AD. MASSON et D. CASALONGA. 1 vol. et un Atlas de 22 pl. (*En prép.*)

— **Théâtral (Manuel)** et du Comédien, contenant les principes de l'Art de la parole, par Aristippe BERNIER DE MALIGNY. 1 vol. (*En préparation.*)

— **Tissage mécanique**. (*En préparation.*)

— **Tissus** (Dessin et Fabrication des) façonnés, tels que Draps, Velours, Ruban, Gilet, Coutil, Châle, Passementerie, Gazes, Barèges, Tulle, Peluche, Damassé, Mousseline, etc., par M. TOUSTAIN. (*En préparation.*)

— **Tonnelier**, contenant la fabrication des Tonneaux, des Cuves, des Foudres et des autres vaisseaux en bois cerclés, suivi du *Jaugeage* des fûts de toute dimension, par P. DÉSORMEAUX, OTT et MAIGNE. Nouvelle édition revue et corrigée par RAYMOND BRUNET, Ingénieur agronome. 1 vol. orné de 227 figures.   3 fr.

— **Tourneur,** ou Traité théorique et pratique de l'art du Tour, contenant la description des appareils et des procédés les plus usités pour tourner les Bois et les Métaux, les Pierres, l'Ivoire, la Corne, l'Ecaille, la Nacre, etc.; ainsi que les notions de Forge, d'Ajustage et d'Ebénisterie indispensables au Tourneur, par E. DE VALICOURT. 1 vol. grand in-8, contenant 27 planches de figures; 4e édition, revue et corrigée. 15 fr.

— **Tours de cartes** (Voir *Prestidigitation*).

— **Treillageur,** *Première partie*, traitant de la fabrication à la main, de la Menuiserie des Jardins et de la fabrication des Objets de jardinage, par M. P. DÉSORMEAUX. 1 vol. accompagné de planches *En préparation*).

— **Treillageur,** *Seconde partie*, traitant de l'outillage, de la fabrication à la main et à la mécanique, de la confection des Grillages, Claies, Jalousies, etc., par M. E. DARTHUY. 1 vol. avec figures et planches. 3 fr.

— **Typographie** (de). Historique. Composition. Règles orthographiques. Imposition. Travaux de ville. Journaux. Tableaux. Algèbre. Langues étrangères. Musique et plain-chant. Machines. Papier. Stéréotypie. Illustration, par EMILE LECLERC, de la *Revue des arts graphiques*, ancien directeur de l'Ecole professionnelle Lahure. Préface de M. PAUL BLUYSEN. 1 vol. orné de 100 figures dans le texte. 4 fr.

On vend séparément les SIGNES DE CORRECTION. 50 c.

— **Vélocipédie** (de), Locomotion, Vélocipèdes, Construction, etc., par Louis LOCKERT, ingénieur diplômé de l'Ecole centrale. 1 vol. orné de 58 fig. dans le texte. Terminé par l'art de monter à Bicyclette, par RIVIERRE. 1 fr. 50

— **Vernis (Fabricant de),** contenant les formules les plus usitées de vernis de toute espèce, à l'éther, à l'alcool, à l'essence, vernis gras, etc., par M. A. ROMAIN. 1 vol. orné de figures. 4 fr.

— **Verrier et Fabricant de cristaux,** Pierres précieuses factices, Verres colorés, Yeux artificiels, par JULIA DE FONTENELLE et MALEPEYRE. Nouvelle édition entièrement refondue par BERTRAN, Ingénieur des Arts et Manufactures. 2 vol. ornés de 235 fig. dans le texte. 8 fr.

— **Vétérinaire,** contenant la connaissance des chevaux, la manière de les élever, les dresser et les conduire, la Description de leurs maladies, les meilleurs modes de traitement, etc., par M. LEBEAU et un ancien professeur d'Alfort. 1 vol. orné de figures. (*En prépar*).

— **Vigneron**, ou l'Art de cultiver la Vigne, de la protéger contre les insectes qui la détruisent, et de faire le Vin, contenant les meilleures méthodes de Vinification, traitant du chauffage des Vins, etc., par Thiébaut de Berneaud et F. Malepeyre. 1 vol. orné de 40 figures. Nouvelle edition, revue par R. Brunet. 3 fr. 50

— **Vinaigrier et Moutardier**, contenant la fabrication de l'acide acétique, de l'acide pyroligneux, des acétates, et les formules de Vinaigres de table, de toilette et pharmaceutiques, l'analyse chimique de la graine de moutarde, ainsi que les meilleures recettes pour la préparation de la moutarde, par MM. J. de Fontenelle et F. Malepeyre. 1 vol. orné de figures. 3 fr. 50

— **Vins** (Calendrier des), ou instructions à exécuter mois par mois, pour conserver, améliorer ou guérir les Vins. (*Ouvrage destiné aux Garçons de caves et de celliers, et aux Maîtres de Chais, faisant suite à l'Amélioration des Liquides*), par M. V.-F. Lebeuf. 1 vol. 1 fr. 75

— **Vins de Fruits et Boissons économiques**, contenant l'Art de fabriquer soi-même, chez soi et à peu de frais, les Vins de Fruits, les Vins de Raisins secs, le Cidre, le Poiré, les Vins de Grains, les Bières économiques et de ménage, les Boissons rafraîchissantes, les Hydromels, etc., et l'Art d'imiter avec les Fruits et les Plantes les Vins de table et de liqueur français et étrangers, par M. F. Malepeyre. 1 vol. 3 fr.

— **Vins mousseux** (Voyez *Eaux et Boissons gazeuses*).

— **Zingueur**, voyez *Plombier*.

INDUSTRIE, ARTS ET MÉTIERS

* **Guide pratique de Teinture moderne**, suivi de l'Art du Teinturier-Dégraisseur, contenant l'étude des fibres textiles et des matières premières utilisées en Teinture, et des procédés les plus récents pour la fixation des couleurs sur laine, soie, coton, etc., par V. Thomas, docteur ès-sciences, préparateur de Chimie appliquée à la Faculté des Sciences de l'Université de Paris. 1 vol. grand in-8 raisin, orné de 133 figures dans le texte. 20 fr.

Art du Peintre, Doreur et Vernisseur, par WATIN ; 14ᵉ édit., revue pour la fabrication et l'application des couleurs, par MM. Ch. et F. BOURGEOIS, et augmentée de l'*Art du Peintre en voitures, en marbres et en faux-bois*, par M. J. DE MONTIGNY, ingénieur. 1 vol. in-8°. 6 fr.

Calcul des essieux pour les Chemins de Fer ; Coup d'œil sur les roues de vagons, par A.-C. BENOIT-DUPORTAIL, 1856. Brochure in-8°. 1 fr. 75

Cubage des Bois en grume (Tarif de), au mètre cube réel et au mètre cube marchand, par M. CH. BLIND, Brochure in-18. 75 c.

Etudes sur quelques produits naturels applicables à la *Teinture*, par ARNAUDON, 1858. Br. in-8°. 1 fr. 25

— **Guia** del Cultivador de Montes y de la Guarderia Rural — ó — La Silvicultura Práctica. 1 vol. in-8°. 2 fr.

Incendies des matières dangereuses et explosives (Les) (dangers, précautions, moyens et appareils), *les extincteurs d'incendie*, par Daniel PIERRE, ingénieur chimiste. 1 vol. in-8°, avec figures. 2 fr.

Levés à vue (Des) et du Dessin d'après nature, par M. LEBLANC. Brochure in-18 avec planche. 25 c.

Machines-Outils (Traité des) employées dans les usines et les ateliers de construction pour le Travail des Métaux, par M. J. CHRÉTIEN, 1866. 1 volume in-8° jésus, renfermant 16 planches gravées avec soin sur acier. 12 fr.

Manipulations hydroplastiques, ou Guide du Doreur et de l'Argenteur, par M. ROSELEUR. 1 volume in-8°. 15 fr.

Manuel-Barème pour les Alliages d'Or et d'Argent. Ouvrage indispensable aux Fabricants Bijoutiers et Orfèvres, ainsi qu'à toutes les personnes qui s'occupent du commerce des Métaux précieux, par M. A. MERCIER. 1 vol. in-8°. Broché, 10 fr. Relié en toile, 11 fr. 50

Manuel de la Filature du Lin et de l'Etoupe, Application du Système métrique au Calcul du mouvement différentiel, par DELMOTTE. 2ᵉ éd., 1878. 1 vol. in-12, 2 fr. 50

Mémoire sur l'Appareil des voûtes hélicoïdales et des voûtes biaises à double courbure, par M. A.-A. SOUCHON. 1 vol. in-4° renfermant 8 planches. 3 fr. 50

Photographie sur papier, par M. BLANQUART-EVRARD, 1851. 1 vol. grand in-8°. 1 fr. 50

Tables techniques de l'Industrie du Gaz, par M. D. Magnier, ingénieur. (*En préparation.*)

Traité du Chauffage au Gaz, par Ch. Hugueny, 1857. Brochure in-8. 1 fr. 50

Traité de la Coupe des Pierres, ou Méthode facile et abrégée pour se perfectionner dans cette science, par J.-B. De la Rue. 3e édition, revue et corrigée par M. Ramée, architecte. 1 vol. in 8 de texte, avec un Atlas de 98 planches in-folio. 20 fr.

Traité des Echafaudages, ou Choix des meilleurs modèles de Charpentes, par J.-Ch. Krafft 1 vol. in folio relié, renfermant 51 planches gravées sur acier. 25 fr.

Usage de la Règle logarithmique, ou Règle à calcul. In-18. 25 c.

Vignole du Charpentier. 1re partie Art du Trait, contenant l'application de cet art aux principales constructions en usage dans le bâtiment. par M. Michel. maître charpentier, et M. Boutereau, professeur de géométrie appliquée aux arts. 1 vol. in-8°, avec Atlas de 72 pl. 20 fr.

OUVRAGES SUR L'HORTICULTURE

L'AGRICULTURE, L'ÉCONOMIE RURALE, ETC.

Plantes vivaces de la maison Lebœuf, ou Liste des espèces les plus intéressantes cultivées dans cet établissement, avec quelques renseignements sur leur culture, leur emploi, etc., par Godefroy-Lebeuf et Bois. 1882. 1 vol. in-18, orné de figures. 2e édition. 1 fr. 50

Les Insectes nuisibles aux arbres fruitiers. Moyens de les détruire, par A. Ramé.

1re partie : Les Lépidoptères. 1 vol. in-18, 2e éd. 1 fr. 25

Histoire du Pommier, par Duval. 1852. Brochure in-8. 1 fr. 50

Etude sur les Sauterelles et les Criquets, moyens d'en arrêter les invasions et de les transformer en Engrais par les procédés Durand et Hauvel. brevetés s. g. d. g., 1878. Brochure in-8 de 36 pages. 75 c.

Voyage de découverte autour du Monde et à la recherche de La Pérouse, par M. J. DUMONT D'URVILLE, capitaine de vaisseau, exécuté sous son commandement et par ordre du gouvernement, sur la corvette l'*Astrolabe*, pendant les années 1826 à 1829. 5 tomes divisés en 10 volumes in-8° ornés de vignettes sur bois, avec un Atlas contenant 20 planches ou cartes grand in-folio.   30 fr.

Cet important ouvrage, qui a été exécuté par ordre du gouvernement sous le commandement de M. Dumont-d'Urville et rédigé par lui, n'a rien de commun avec le *Voyage pittoresque* publié sous sa direction.

ALBUMS INDUSTRIELS

Carnets du Garde-Meuble, Albums grand in-8°, publiés par D. GUILMARD.

N° 1. EBÉNISTE PARISIEN, Recueil de dessins de Meubles dessinés d'après nature chez les principaux ébénistes du faubourg Saint-Antoine. Album in-8° jésus de 130 feuilles.
En couleur,   40 fr.

N° 2. FABRICANT DE SIÈGES, Recueil de dessins de Sièges non garnis, dessinés d'après nature chez les principaux fabricants du faubourg Saint-Antoine. Sièges simples. Album de 120 planches avec titre.
En noir, 25 fr. — En couleur,   40 fr.

N° 3. VIEUX BOIS, Recueil de dessins de Meubles et de Sièges en vieux chêne sculpté. Fabrication courante. Album de 26 planches.
En couleur,   10 fr.

N° 3 *bis*. MEUBLES EN CHÊNE, Recueil de Meubles et de Sièges sculptés en chêne. Album de 26 planches.
En noir, 6 fr. — En couleur,   10 fr.

N° 6. MARQUETERIE ET BOULE, Recueil de meubles dans ce genre, contenant 24 planches in-8 jésus, et représentant 44 modèles différents.
En noir, 6 fr. — En couleur,   12 fr.

Carnet Empire, 68 planches de Tentures, Sièges et Meubles, genre Empire, par E. MAINCENT. Album cart.
En noir, 10 fr. — En couleur,   20 fr.

Petit Carnet, N° 1, MEUBLES SIMPLES, Petit Album de poche, contenant 40 planches, représentant 67 modèles.
En noir, 5 fr. — En couleur,   7 fr.

Petit Carnet, N° 2, Sièges. Petit Album de poche, contenant 40 planches.

En noir, 5 fr. — En couleur, 7 fr.

Petit Carnet, N° 3, Tentures. Petit Album de poche, contenant 39 planches. En noir, 5 fr. En couleur, 7 fr.

Petit Carnet, N° 4. Sièges bois recouvert, série classique et fantaisie. 60 pl. en noir, 7 fr. 50 ; en couleur 12 fr.

Petit Carnet, N° 5. Tentures. 60 pl. contenant 66 modèles de tentures classiques, modernes et art nouveau. en noir 7 fr. 50 ; en couleur, 12 fr.

Petit Carnet du Garde-Meuble. N° 10, Sièges, Tentures. Petit Album de poche, renfermant 32 planches.

En noir, 5 fr.

Décoration (La) au XIX° Siècle. Décor intérieur des habitations, Riches appartements, Hôtels et Châteaux, par D. Guilmard. 48 pl. in-4° coloriées. en carton. 60 fr.

Décoration (La petite). Menuiserie décorative appliquée à l'intérieur des habitations, par E. Maincent. Album de 20 planches coloriées. 16 fr.

Disposition des Appartements. Album relié renfermant 18 plans de faces et d'élévations, etc. En noir, 50 fr.

Fleur décorative (La). 1re *partie*, Broderies, donnant la plus grande partie des types de fleurs employés dans la décoration. 43 planches, dont un titre, en carton.

En noir, 12 fr. — En couleur, 25 fr.

Menuiserie (La) parisienne, Recueil de motifs de menuiserie dans le genre moderne, par D. Guilmard. Album de 30 planches in-4° en carton. 15 fr.

Menuiserie (La) religieuse, Ameublement des Eglises, styles roman et ogival du x° au xiv° siècle. par D. Guilmard. Album in-4° de 30 planches. 15 fr.

Ornementation (La connaissance des Styles de l'). Histoire de l'ornement et des arts qui s'y rattachent depuis l'ère chrétienne jusqu'à nos jours, par D. Guilmard. 1 beau vol. in-4°, richement illustré et accompagné de 42 planches noires. 25 fr.

Ornements d'appartements (Album des). Collection de tous les accessoires de décorations servant aux croisées et aux lits, par D. Guilmard. Album de 24 planches in-8° oblong. En noir, 6 fr. — En couleur, 10 fr.

Portefeuille pratique de l'Ebéniste parisien, Elévation, Plan, Coupe et détails nécessaires à la fabrication des Meubles, par D. Guilmard. Album in-4° de 31 planches noires. 15 fr.

Sièges (Portefeuille pratique du Fabricant de), Plan, Coupes, Elévation et Détails nécessaires à la Fabrication des Sièges, par D. GUILMARD. Album in-4º de 31 planches.   15 fr.

Tapissier garnisseur (Tarif du), Prix de revient de modèles en bois recouverts ou apparents.   9 fr.

Albums en cartons contenant les dessins correspondant aux prix de revient du Tarif :

BOIS RECOUVERTS, 128 modèles, fig. noires.   28 fr.

BOIS APPARENTS, 125 modèles, fig. noires.   23 fr.

Tapissier parisien (Album du), par D. GUILMARD. Album grand in-8º de 25 planches.

En noir,   7 fr.

Tapissier parisien (Portefeuille pratique du), PREMIÈRE PARTIE. (*Epuisé*).

SECONDE PARTIE. Dessins de Tentures modernes avec Coupes, Détails et Texte explicatif, par E. MAINCENT. Album de 35 planches. En noir,   20 fr.

Tapissier (Tarif du), TENTURES, par E. MAINCENT, donnant le prix de revient, l'emploi et la coupe des Etoffes pour Tentures. 1 vol. grand in-8º cartonné, sans planches.   12 fr.

Tourneur (Art du); Profils et renseignements pour servir dans tous les Arts et Industries du Tour, par E. MAINCENT. Album in-4º de 30 planches avec texte.   20 fr.

Nouveau Recueil de Tentures laines dans le genre simple. 28 pl. sur bristol grand format (0,32×0,49), comprenant des décors de lit, fenêtres, portières, grandes baies, salons, salles à manger, chambres à coucher.

En noir, 30 fr.; en couleur,   55 fr.

L'AMEUBLEMENT

ET

LE GARDE-MEUBLE

RÉUNIS

publie 6o Planches par année

Il est divisé en trois parties :

MEUBLES, TENTURES, SIÈGES

Il paraîtra tous les deux mois :

4 Planches de Meubles, 4 Planches de Tentures

Et tous les quatre mois :

4 Planches de Sièges.

PRIX DES ABONNEMENTS :

FRANCE

Meubles..	24 pl. par an, en noir	14 fr.;	— couleur	20 fr.
Tentures.	24 pl. par an,	—	14 fr.;	—	20 fr
Sièges...	12 pl. par an,	—	7 fr.;	—	10 fr.
Prix des 3 séries complètes	—	35 fr.:	—	50 fr.

ÉTRANGER

Meubles..	24 pl. par an, en noir	15 fr.;	— couleur	22 fr.
Tentures.	24 pl. par an,	—	15 fr.;	—	22 fr.
Sièges...	12 pl. par an,	—	8 fr.;	—	11 fr.
Prix des 3 séries complètes	—	38 fr.;	—	55 fr.

Les livraisons paraissent tous les deux mois.
Les Sièges avec les livraisons de Janvier, Mai, Septembre

Les Abonnements partent de Janvier.

NOUVEAUX PROCÉDÉS
DE
TAXIDERMIE

Accompagnés de Photographies des principaux types de la collection de l'auteur à Makri-Keui, près Constantinople, de Physionomies de Rapaces sur nature, et suivis de quelques impressions ornithologiques, par le COMTE ALLÉON, commandeur de l'ordre du Mérite civil de Bulgarie, chevalier de l'ordre de St-Grégoire, officier du Medjidié, membre du Comité international permanent ornithologique de Vienne, médaille d'or à l'exposition de Vienne 1883. 1 vol. in-8º jésus, 32 p. de texte, 132 fig. tirées sur papier couché.   25 fr.

BIBLIOTHÈQUE DES ARTS ET MÉTIERS

6 vol. format in-18, grand papier

1 fr. 75 le volume

Livre du Cultivateur, Guide complet de la culture des Champs, par M. MAUNY DE MORNAY. 1837. 1 vol. accompagné de 2 planches.

Livre du Jardinier, Guide complet de la culture des Jardins fruitiers, potagers et d'agrément, par M. MAUNY DE MORNAY. 1838. 2 vol. accompagnés de 2 planches.

Livre des Logeurs et des Traiteurs, Code complet des Aubergistes, Maîtres d'hôtel, Teneurs d'hôtel garni, Logeurs, Traiteurs, Restaurateurs. Marchands de Vin, etc., suivi de la Législation sur les Boissons. 1838. 1 vol.

Livre du Fabricant de Sucre et du Raffineur, par M. MAUNY DE MORNAY. 1837. 1 vol. accompagné de 2 planches.

Livre du Vigneron et du Fabricant de Cidre, de Poiré, de Cormé, et autres Vins de Fruits, par M. MAUNY DE MORNAY. 1838. 1 vol. accompagné d'une planche.

Zoologie classique, ou Histoire naturelle du Règne animal, par M. F. A. POUCHET, ancien professeur de zoologie au Muséum d'Histoire naturelle de Rouen, etc. Seconde édition considérablement augmentée. 2 vol in-8º, contenant ensemble plus de 1,300 pages, et accompagnés d'un Atlas de 44 planches et de 5 grands tableaux.
Fig. noires.   25 fr.
NOTA. *Le Conseil de l'Université a décidé que cet ouvrage serait placé dans les bibliothèques des Lycées.*

SUITES A BUFFON

Formant avec les Œuvres de cet auteur

UN

COURS COMPLET D'HISTOIRE NATURELLE

EMBRASSANT

LES TROIS RÈGNES DE LA NATURE

Belle Édition, format in-octavo

DIVISION DE L'OUVRAGE

Zoologie générale (Supplément à Buffon), ou Mémoires et Notices sur la Zoologie, l'Anthropologie et l'Histoire de la Science, par M. ISIDORE GEOFFROY-SAINT-HILAIRE. 1 vol. avec 1 livraison de planches.
Fig. noires. 13 fr.
Fig. coloriées. 21 fr.

Cétacés (Baleines, Dauphins, etc.), ou Recueil et examen des faits dont se compose l'histoire de ces animaux, par M. F. CUVIER, membre de l'Institut, professeur au Muséum d'Histoire naturelle. 1 vol. avec 2 livraisons de planches.
Fig. noires. . 17 fr.
Fig. coloriées. 33 fr.

Reptiles (Serpents, Lézards, Grenouilles, Tortue, etc.), par M. DUMÉRIL, membre de l'Institut, professeur à la Faculté de Médecine et au Muséum d'Histoire naturelle, et M. BIBRON, professeur d'Histoire naturelle. 10 vol. et 10 livraisons de planches.
Fig. noires. 130 fr.

Fig. coloriées. 210 fr.

Poissons, par M. A.-Aug. DUMÉRIL, professeur au Muséum d'Histoire naturelle, professeur agrégé libre à la Faculté de Médecine de Paris. Tomes I et II (en 3 volumes) avec 2 livraisons de planches. (*En publication*).
Fig. noires. 34 fr.
Fig. coloriées. 50 fr.

Entomologie (Introduction à l'), comprenant les principes généraux de l'Anatomie, de la Physiologie des Insectes ; des détails sur leurs mœurs, et un résumé des principaux systèmes de classification, etc., par M. LACORDAIRE, professeur à l'Université de Liège. (*Ouvrage adopté et recommandé par l'Université pour être placé dans les bibliothèques des Facultés et des Collèges, et donné en prix aux élèves*). 2 vol. et 2 livraisons de planches.
Fig. noires. 25 fr.
Fig. coloriées. 40 fr.

Insectes Coléoptères (Cantharides, Charançons, Hannetons, Scarabées, etc.) par M. LACORDAIRE, professeur à l'Université de Liège, et M. le Dr CHAPUIS, membre de l'Académie royale de Belgique. 14 vol. avec 13 livraisons de planches.
Fig. noires. 170 fr.
(Manque de coloris).

— **Orthoptères** (Grillons, Criquets, Sauterelles), par M. AUDINET - SERVILLE, membre de la Société entomologique de France. 1 vol. et 1 livraison de pl.
Fig. noires. 13 fr.
Fig. coloriées. 21 fr.

— **Hémiptères** (Cigales, Punaises, Cochenilles, etc.) par MM. AMYOT et SERVILLE. 1 vol. et 1 livraison de planches.
Fig. noires. 13 fr.
(Manque de coloris).

Insectes Lépidoptères (Papillons). *Les deux parties de cet ouvrage se vendent séparément.*

— DIURNES, par M. BOISDUVAL, tome Ier, avec 2 livraisons de planches. (*En publication*).
Fig. noires. 17 fr.
(Manque de coloris).

— NOCTURNES, par MM. BOISDUVAL et GUÉNÉE, tome Ier, avec 1 livraison de planches, tomes V à X, avec 5 livraisons de planches. (*En publication*).
Fig. noires. 90 fr.
Fig. coloriées. 125 fr.

— **Névroptères** (Demoiselles, Éphémères, etc.), par M. le docteur RAMBUR. 1 vol. et 1 livraison de planches (*Épuisé*).

— **Hyménoptères** (Abeilles, Guêpes, Fourmis, etc.), par M. le comte LEPELLETIER DE SAINT-FARGEAU et M. BRULLÉ. 4 vol. avec 4 livraisons de planches.
Fig. noires. 50 fr.
Fig. coloriées. 90 fr.

— **Diptères** (Mouches, Cousins, etc.), par M. MACQUART, ancien recteur du Muséum d'Histoire naturelle de Lille. 2 vol. et 2 livraisons de planches.
(Épuisé).

— **Aptères** (Araignées, Scorpions, etc.), par MM. WALCKENAER et GERVAIS. 4 vol. avec 5 livraisons de planches.
Fig. noires. 54 fr.
(Manque de coloris).

Crustacés (Ecrevisses, Homards, Crabes, etc.), comprenant l'Anatomie, la Physiologie et la classification de ces animaux, par M. MILNE-EDWARDS, membre de l'Institut, professeur au Muséum d'Histoire naturelle, etc. 3 vol. avec 4 livraisons de planches.
Fig. noires. 42 fr.
(Manque de coloris).

Helminthes ou Vers intestinaux, par M. DUJARDIN, doyen de la Faculté des Sciences de Rennes. 1 vol. avec 1 livraison de planches

Fig. noires. 13 fr.
(*Manque de coloris*).

Annelés marins et d'eau douce (Annélides, Géphyriens, Sangsues, Lombrics, etc.), par M. DE QUATREFAGES, membre de l'Institut, professeur au Muséum d'Histoire naturelle, et M. Léon VAILLANT, professeur au Muséum d'Histoire naturelle. Tomes I et II (en 3 vol.) avec 2 livraisons de planches.
Fig noires. 32 fr.
Tome III (en 2 vol.) avec 1 livraison de planches.
Fig. noires. 22 fr.
(*Manque de coloris*).

Zoophytes Acalèphes (Physales, Béroés, Angèles, etc.), par M. LESSON, correspondant de l'Institut, pharmacien en chef de la Marine, à Rochefort. 1 vol. avec 1 livraison de pl.
Fig. noires. 13 fr.
(*Manque de coloris*)

— Echinodermes (Oursins, Palmettes, etc.), par MM. DUJARDIN, doyen de la Faculté des Sciences de Rennes, et HUPÉ, aide-naturaliste au Muséum de Paris. 1 vol. avec 1 livraison de planches.
Fig. noires. 13 fr.
Fig. coloriées. 21 fr.

— Coralliaires ou POLYPES PROPREMENT DITS (Coraux, Gorgones, Eponges, etc.), par MM. MILNE-EDWARDS, membre de l'Institut, professeur au Muséum d'Histoire naturelle, et J. HAIME,

aide-naturaliste au Muséum d'Histoire naturelle. 3 vol. avec 3 livraisons de pl.
Fig. noires. 37 fr.
(*Manque de coloris*).

Zoophytes Infusoires (Animalcules microscopiques), par M. DUJARDIN, doyen de la Faculté des Sciences de Rennes. 1 vol. avec 2 livraisons de pl.
(*Epuisé*).

Botanique (Introduction à l'étude de la), ou Traité élémentaire de cette science, contenant l'Organographie, la Physiologie, etc., par M. DE CANDOLLE, professeur d'Histoire naturelle à Genève. (*Ouvrage autorisé par l'Université pour les Lycées et les Collèges*). 2 vol. et 1 livraison de planches noires. 22 fr.
Les planches ne sont pas coloriées.

Végétaux phanérogames (Organes sexuels apparents : Arbres, Arbrisseaux, Plantes d'agrément, etc.), par M. SPACH, aide-naturaliste au Muséum d'Histoire naturelle. 14 vol. avec 15 livraisons de pl.
Fig. noires. 180 fr.
Fig. coloriées. 300 fr.

Géologie (Histoire, Formation et Disposition des Matériaux qui composent l'écorce du globe terrestre), par M. HUOT, membre de plusieurs sociétés savantes. 2 vol. ensemble de plus de

1,500 pages, avec 2 livraisons de pl. noires. 26 fr.

Les planches ne sont pas coloriées.

Minéralogie(Pierres, Sels, Métaux, etc.), par M. DE-LAFOSSE, membre de l'Institut, professeur au Muséum d'Histoire naturelle et à la Sorbonne. 3 vol. et 4 livraisons de planches noires. 43 fr.

Les planches ne sont pas coloriées.

PETITES SUITES A BUFFON
Format in-18

Histoire des Poissons classée par ordre, genres et espèces, d'après le système de Linné, avec les caractères génériques, par BLOCH et RÉNÉ-RICHARD CASTEL. 10 vol. accompagnés de 160 planches représentant 600 espèces de poissons dessinés d'après nature.
Fig. noires. 26 fr.

Histoire des Reptiles, par MM. SONNINI, naturaliste, et LATREILLE, membre de l'Institut. 4 vol. accompagnés de 54 planches, représentant environ 150 espèces différentes de serpents, vipères, couleuvres, lézards grenouilles, tortues, etc., dessinées d'après nature.
Fig. noires. 10 fr.

Histoire des Coquilles, contenant leur description, leurs mœurs et leurs usages, par M. Bosc, membre de l'Institut. 5 vol. accompagnés de planches.
Fig. noires. 10 fr. 50

Histoire naturelle des Végétaux classés par familles, avec la citation de la classe et de l'ordre de Linné, et l'indication de l'usage qu'on peut faire des plantes dans les arts, le commerce, l'agriculture, le jardinage, la médecine, etc. ; des figures dessinées d'après nature, et un GENERA complet, selon le système de Linné, avec des renvois aux familles naturelles de Jussieu, par J.-B. LAMARCK et C.-F.-B. DE MIRBEL. 15 vol. in-18 accompagnés de 120 planches.
Fig. noires. 30 fr.
Fig. coloriées. 46 fr.

Histoire naturelle des Vers, par M. Bosc, membre de l'Institut. 3 vol.
Fig. noires. 6 fr. 50
Fig. coloriées. 10 fr. 50

Histoire des Insectes, composée d'après RÉAUMUR, GEOFFROY, DE GEER, ROESEL, LINNÉ, FABRICIUS, et les meilleurs ouvrages qui ont paru sur cette partie, rédigée suivant les méthodes d'Olivier, de Latreille, avec des notes, plusieurs observations nouvelles et des figures dessinées d'après nature, par F.-M.-G. de Tigny et Brongniart, pour les généralités. Edition augmentée par M. Guérin. 10 vol. ornés de planches. Fig. noires. 23 fr.

Histoire des Crustacés, contenant leur description, leurs mœurs et leurs usages, par MM. Bosc et Desmarest. 2 vol. accompagnés de 18 planches. Fig. noires.   7 fr. 50

OUVRAGES DIVERS D'HISTOIRE NATURELLE

Arachnides (Les) de France, par M. E. Simon, membre de la Société entomologique de France.

Tome 1er, contenant les Familles des Epeiridæ, Uloboridæ, Dictynidæ, Enyoidæ et Pholcidæ. 1 vol. in-8°, accompagné de 3 planches.   12 fr.

Tome 2, contenant les Familles des Urocteidæ, Agelenidæ, Thomisidæ et Sparassidæ. 1 vol. in-8°, accompagné de 7 planches.   12 fr.

Tome 3, contenant les Familles des Attidæ, Oxyopidæ et Lycosidæ. 1 vol. in-8°, accompagné de 4 planches. 12 fr.

Tome 4, contenant la Famille des Drassidæ. 1 vol. in-8°, accompagné de 5 planches.   12 fr.

Tome 5 (1re partie), contenant la Famille des Epeiridæ (supplément) et des Theridionidæ. 1 vol. in-8°, accompagné de planches.   12 fr.

Tome 5 (2e partie), contenant la Famille des Theridionidæ (suite). 1 vol. in-8°, accompagné de planches et orné de figures.   12 fr.

Tome 5 (3e partie), contenant la Famille des Theridionidæ (fin). 1 vol. in-8°, accompagné de planches et orné de figures.   12 fr.

Tome 6. (*En préparation.*)

Tome 7, contenant les Familles des Chernetes, Scorpiones et Opiliones. 1 vol. in-8°, accompagné de planches. 12 fr.

Histoire naturelle des Araignées. par M. Eug. Simon, *Deuxième édition.*

Tome premier, *1er fascicule* contenant 215 figures intercalées dans le texte. 1 vol. grand in-8° de 256 pages. 6 fr.

Tome premier, *2e fascicule* contenant 275 figures intercalées dans le texte. 1 vol. grand in-8°.   6 fr.

Tome premier, *3e fascicule* contenant 347 figures intercalées dans le texte. 1 vol. grand in-8°.   6 fr.

Tome premier, *4e et dernier fascicule* (du tome 1er), contenant 261 figures 1 vol. grand in-8°.   6 fr.

Tome second, *1ᵉʳ fascicule* contenant 200 figures intercalées dans le texte. 1 vol. grand in-8°.   6 fr.

Tome second, *2ᵉ fascicule* contenant 184 figures intercalées dans le texte. 1 vol. grand in-8.   6 fr.

Tome second, *3ᵉ fascicule* contenant 407 figures. 6 fr.

Tome second, *4ᵉ et dernier fascicule* contenant 329 figures.   6 fr.

**Catalogue des espèces actuellement connues
de la famille des Trochilides,** par EUGÈNE SIMON,
brochure in-8°.   3 fr.

OUVRAGES D'ASSORTIMENT

**Aranéides des îles de la Réunion, Maurice et
Madagascar,** par M. Aug. VINSON. 1 gros volume in-8,
illustré de 14 planches.
Fig. noires.   20 fr.

Astronomie des Demoiselles, ou Entretiens entre
un frère et sa sœur, sur la mécanique céleste, par James
FERGUSSON et M. QUÉTRIN. 1 vol. in-12.   3 fr. 50

Botanique (La), de J.-J. ROUSSEAU, contenant tout ce
qu'il a écrit sur cette science, augmentée de l'exposition
de la méthode de Tournefort et de Linné, suivie d'un Dictionnaire de botanique et de notes historiques, par M. DE-
VILLE. 2ᵉ édition, 1 gros vol. in-12, orné de 8 planches.
Figures noires.   4 fr.

**Choix des plus belles fleurs et des plus beaux
fruits,** par P.-J. REDOUTÉ, peintre d'histoire naturelle.
100 planches différentes coloriées. Chaque pl.   1 fr.

**Collection iconographique et historique des
Chenilles d'Europe,** ou Description et figures de ces
Chenilles, avec l'histoire de leurs métamorphoses, et leur
application a l'agriculture, par MM. BOISDUVAL, RAMBUR
et GRASLIN.

Cette collection se compose de 42 livraisons, format
grand in-8, papier vélin : chaque livraison comprend *trois
planches coloriées* et le texte correspondant.

Les 42 livraisons réunies (la pl. I des Papillonides n'a
jamais existé) :   100 fr.

**Cours d'agriculture, de viticulture et de jar-
dinage,** par Mathieu RISLER (1849). 1 vol. in-12.   2 fr.

Fauna japonica, sive Descriptio animalium quæ in
itinere per Japoniam jussu et auspiciis superiorum, qui

summum in India Batava imperium tenent, suscepto anni 1823-1830, collegit, notis, observationibus et adumbrationibus illustravit Ph. Fr. de Siebold.

Reptiles, 3 livraisons noires. Ensemble   25 fr.

Faune de l'Oceanie, par M. le docteur Boisduval. 1 gros vol. in-8, imprime sur grand papier.   10 fr.

Faune entomologique de Madagascar, Bourbon et Maurice. — *Lépidoptères*, par le docteur Boisduval ; avec des notes sur leurs métamorphoses, par M. Sganzin.

Huit livraisons, format grand in-8, papier vélin.
Planches noires.   10 fr.

Icones historique des Lépidoptères nouveaux ou peu connus, collection, avec figures coloriées, des papillons d'Europe nouvellement découverts, par M. le docteur Boisduval. Ouvrage formant le complément de tous les auteurs iconographes. Cet ouvrage se compose de 42 livraisons grand in-8, comprenant chacune *deux planches coloriées* et le texte correspondant.

Les 42 livraisons réunies. Coloriées.   100 fr.
Noires.   25 fr.

Nota. — Tome 2. Le texte s'arrête page 208. Toutes les fig. des planches 48 à 70 inclusivement sont décrites.
Les fig. des planches 71 à la fin ne sont pas décrites.

Manuel des Candidats à l'emploi de Vérificateur des Poids et Mesures, par Ravon. 2e éd., 1841. 1 vol. in-8. 5 fr.

Manuel des Sociétés de secours mutuels. Une brochure in-12. 1854.   0 fr. 50

Mémoires de la Société royale des Sciences de Liège. Première serie, 1843 à 1866, 20 vol. à   7 fr.
Deuxième série, 1866 à 1887, 13 vol. à   7 fr.

Ministre (Le) de Wakefield, traduit en français par M. Aignan. 1 vol. in-12, avec figures.   1 fr.

Monographie des Erotyliens, famille de l'ordre des Coléoptères, par M. Th. Lacordaire. In-8.   9 fr.

Synonymia insectorum. — Genera et species curculionidum (ouvrage comprenant la synonymie et la description de tous les Curculionides connus), par M. Schoenherr. 8 tomes en 16 parties. (*Ouvrage terminé.*)   144 fr.

Théorie élémentaire de la Botanique, ou Exposition des principes de la classification naturelle et de l'art de décrire et d'étudier les végétaux, par M. de Candolle. 3e édition, 1 vol. in-8.   8 fr.

DEPOT DES OUVRAGES

PUBLIÉS PAR LA

LIBRAIRIE FÉRET & FILS

DE BORDEAUX

Andrieu (P.). — Le Sucrage des Vendanges. Les vins de première cuvée avec chaptalisation des moûts. Les vins de sucre avec corrections dans leur composition. 1903, in-8, broché. 1 fr. 50

— Nouvelle méthode de vinification de la vendange par sulfitage et levurage. 1903, in-8, br. 0 fr. 60

— 1904, in-8°, br. 0 fr. 60
— 1905, in-8°, br. 0 fr. 60
— 1906, in-8°, br. 0 fr. 60
— 1907, in-8°, br. 0 fr. 60
— 1908, in-8°, br. 0 fr. 60
— 1909, in-8°, br. 0 fr. 60

— Les Caves de réserve pour les vins ordinaires, 1904, in-8°, br. 0 fr. 75

Audebert. — La lutte contre l'Eudémis Botrana, la Cochylis et l'Altise. Bordeaux, 1902. 0 fr. 50

Audebert II (Tristan). — La chasse à la palombe dans le Bazadais, 1907, in-18 avec planches. 3 fr.

Barbe. — De l'élevage du cheval dans le sud-ouest de la France et principalement dans la Gironde et les Landes, et de son hygiène. Hygiène des animaux en général et de leurs habitations. 1903, 1 vol. in-8, br. 6 fr.

Batz-Trenquelléon (Ch. de). — Le vrai baron de Batz, rectifications historiques d'après des documents inédits. 1908, in-8. 2 fr.

Bellot des Minières. — Manuel pratique pour les traitements contre toutes les maladies cryptogamiques, à l'aide de l'ammoniure de cuivre en vases hermétiques, b. s. g. d. g. 1902, gr. in-8. 0 fr. 50

— La question viticole. 1902, gr. in-8. 1 fr. 50

Berniard. — L'Algérie et ses vins :

1re partie : prov. d'Oran. Ouv. illustré et accompagné d'une carte vinicole de la province d'Oran. 1888, in-18. 3 fr.

2e partie : prov. d'Alger. Ouv. illustré et accomp. d'une carte vinicole de cette province. Bordeaux, 1890, in-18. 3 fr.

3e partie : prov. de Constantine. Ouv. illustré et accompagné d'une carte vinicole de cette prov. 1892, in-18. 3 fr.

Bitterolff. — Nouveau système astronomique. Lois nouvelles de la gravitation universelle. 1902. in-18. 5 fr.

Blarez (Dʳ). — Cours de chimie organique (programme aide-mémoire des leçons), in-18. 3 fr.

Bontou (A.). — Traité de cuisine bourgeoise bordelaise, 1910, 1 gros vol. in-18 jés., cartonné 3 fr.

Boué (L.). — A travers l'Europe. Impressions poétiques, ornées de 101 compositions dues à 60 artistes de Paris ou de Bordeaux, avec préface de Th. Froment, in-folio de luxe tiré à 625 exempl., dont 25 exempl. sur Japon. Prix sur vélin, 30 fr.; relié toile genre amateur, 37 fr.; sur Japon. 100 fr.

Capus et Feytaud. — Eudémis et cochylis, mœurs et traitements, 1909, in-18. 1 fr.

Carles (Dʳ P.). — Etude chimique et hygiénique du vin en général et du vin de Bordeaux en particulier. 1880, in-8. 3 fr.

— Dérivés tartriques du vin ; 3ᵉ éd., Bordeaux, 1903, in-8 (Prix Montyon de l'Institut de France, 1898). 4 fr. 50

— Bouquet naturel des vins et eaux-de-vie. 1807, 1 fr.

— Le vin, le vermouth, les apéritifs et le froid, 3ᵉ éd. 1909, in-8. 1 fr.

— Le pain des diabétiques, in-8. 0 fr. 50

— L'acide sulfureux en œnologie et en œnotechnie. Bordeaux, 1905. 1 fr.

— Les vins de Graves de la Gironde, vinification et conservation, 1907, in-8. 0 fr. 60

— Le vin et les Eaux-de-vie de France, 2ᵉ édition, 1908, in-8. 0 fr. 40

— Les trépidations et les vins, les vins retour de l'Inde, vieillissement mécanique des vins et cognacs, 1909. 1 fr.

Carrère (H). — Scènes et saynètes. Lettre préface de Jacques Normand, in-12. 3 fr. 50
(Ouvrages pour les familles et les pensions).

Cazenave. — Manuel pratique de la culture de la vigne dans la Gironde, 2ᵉ édition, 1889, in-12, br. 304 p. 3 fr.

Chavée-Leroy. — La fermentation, Etude mise à la portée des viticulteurs, 1893, in-8º. 1 fr. 25

Daniel (L.). — La question phylloxérique, — Le greffage et la crise viticole. préface de M. Gaston Bonnier, membre de l'Institut. 1908, fascicule 1ᵉʳ, gr. in-8º, 184 p., orné de 81 dessins en noir et 1 pl. hors texte en couleurs. 6 fr.

Daurel (J.). — Album des raisins de cuve de la Gironde et de la région du S -O., avec leur description et leur synonymie, avec 15 gr. color. gr. nat.. 5 gr. en phototyp Bordeaux 1892, in-4, br.   7 fr.
(Publication de luxe couronnée par la Société des Agriculteurs de France).

Dezeimeris (R). — D'une cause de dépérissement de la vigne et des moyens d'y porter remède, 5e édition, Bordeaux, 1891, in-8, br. 82 p. et 4 pl. hors texte. 2 fr. 50

Denigès (Dr G.). — Exposé élémentaire des principes fondamentaux de la théorie atomique ; 2e édition, 1895, in-8, 120 p.   3 fr. 50.

Féret (Ed.). — **Annuaire du Tout Sud-Ouest** illustré, 1904. Bordeaux, 1 gros vol. petit in-8°, 1,300 p., illustré, par Marcel de Fonrémis, de vues de châteaux, portraits, etc., cartonné toile.   9 fr.
Reliure de luxe.   12 fr.

Féret. — Annuaire du Tout Sud-Ouest illustré, 1905-1906, 1,520 pages, cart. toile.   9 fr.
Reliure de luxe.   12 fr.

Féret. (Ed.). — **Bordeaux et ses vins** classés par ordre de mérite, 8e édition. Bordeaux, 1908, in-12 br., avec 700 vues de châteaux et 10 cart. vinic.   9 fr.
Le même relié toile anglaise.   10 fr.
Le même sans les cartes br.   7 fr.

— Bordeaux and its Wines classed by order of merit 3d english edition, translated from the 7d french édition by M. Ravenscroft, illustrated by Eug. Vergez.   10 fr.
Le même relié toile.   11 fr. 50

— Bordeaux und Seine Weine, trad. sur la 6e édition française par Paul Wend Bordeaux et Stettin, 1893, in-12, br., 851 p. enrichie de 400 vues de châteaux.   12 fr. 50
Le même relié.   15 fr.

— Album des grands crus classés du Médoc syndiqués, 1908, in-8.   1 fr. 25

— Les vins de Médoc, avec ill. d'Eug. Vergez et 4 cartes, in-18 j., 260 p.   3 fr.

— Les vins de Graves rouges et blancs, avec ill. d'Eug. Vergez et cartes, in-18 j., 146 p.   2 fr.

— Le pays de Sauternes et les vins blancs de Podensac et de Langon, avec ill. et cart.   2 fr.

— Saint-Emilion et ses vins et les principaux vins de

l'arrondissement de Libourne, avec illust., et cartes vinicoles, in-18 j., 264 p. 3 fr.

— Les vins du Cubzadais, du Bourgeais et du Blayais,
avec ill. et cart. 2 fr.

— Les vins de l'Entre-Deux-Mers, avec ill. et cart.
3 fr.

Ces ouvrages sont tirés de la 8ᵉ éd. de *Bordeaux et ses
vins.*

— Caractère des récoltes de 1795 à nos jours. Bordeaux,
1898, 16 p. et une carte vinicole de la Gironde. 0 fr. 75

Le même en anglais. 0 fr. 75

— Carnet de statistique du négociant en vins, destiné à
recevoir des notes sur 2,000 crus de la Gironde. Bordeaux,
1894, in-12, toile. 2 fr.

— Bordeaux et ses monuments, in-8, br., 90 p., 2 plans
et 31 gr. 2 fr.

Feret (Ed.). — Dictionnaire Manuel du maître de chai
et du négociant en vins, guide utile à quiconque veut ven-
dre ou manipuler des vins et des spiritueux. 1 vol. in-18,
ill. Bordeaux, 1898, 6 fr., cart. 7 fr.

— Le même ne contenant que les articles utiles au
maître de chai 3 fr. 50, cart. 4 fr. 50

— Bergerac et ses vins et les principaux crus du département de la Dordogne. 1 vol. in-18 jésus illustré, 3 fr. 50
cart. 5 fr.

Carte vinicole du Médoc et de l'arrondissement de
Blaye, extraite de la carte de la Gironde au 1/160000 ;
1 feuille gr. colombier, tirée en trois couleurs. 3 fr.

La même sur toile pleine. 4 fr. 50

**Nouvelle carte routière et vinicole de la Gi-
ronde** a l'échelle de 1/160000, dressée par Félix FERET
pour accompagner l'ouvrage *Bordeaux et ses vins* ;
1 feuille gr.-aigle, imprim. en trois couleurs et color. par
contrées vinicoles (1893). 6 fr.

La même, collée sur toile, pliée, cartonnée. 10 fr.

La même collée sur toile vernie, montée avec gorge et
rouleau. 14 fr.

— Statistique générale du départ' de la Gironde, 3 tomes
en 4 vol gr. in-8; prix pour les souscripteurs. 52 fr.

Le tome I : Partie topographique, scientique, agricole,
industrielle, commerciale et administrative ; 1 vol. gr. in-8
de 1,000 p. est en vente au prix de 16 fr.

Le tome II : Partie agricole et viticole; 1 vol. gr.-8,

avec supplément 1,100 p., orné de 300 gr. est à peu près épuisé; ce volume ne se vend qu'avec le t. I au prix de 36 francs les deux vol.

Le tome III : 1re partie, bibliographie; 1 vol. gr. in-8, br., 628 p., est en vente au prix de 10 fr.

2e partie, archéologique; 1 vol. gr. in-8, br., d'environ 500 p., orné d'illustrations de MM. Léo Drouyn, Vergez, etc. (sous presse).

— Supplément à la statistique générale de la Gironde (part. vinic.). Bordeaux, 1880, in-8, 169 p. avec 50 vues. 4 fr.

Gautier (Paul). — Au fil du rêve, poésies, 1905. in-18, 120 p. 3 fr.

Gayon. — Etude sur les appareils de pasteurisation des vins en bouteilles et en fûts, avec vignettes; in-8, 1895. 2 fr.

— Expériences sur la pasteurisation des vins de la Gironde. Bordeaux, 1895, in-8, 59 p. 1 fr. 25

Gayon, Blarez et Dubourg. — Analyse chimique des vins rouges du département de la Gironde, récolte de 1887. Bordeaux, 1888, in-8. br., 47 p. 1 fr. 50

— Analyse chimique des vins du département de la Gironde, récolte de 1888. 1889, in-8, br., 31 p. 1 fr. 50

Gébelin. — Eléments de géographie. Nouvelle édition par M. Marion.

Europe (moins la France). 1900, in-18. 2 fr.
France et colonies françaises. 1899, in-18. 2 fr.
La Terre, l'Amérique. 1899, in-18. 1 fr. 50
Asie, Afrique, Océanie. in-18. 1 fr. 50

Grandjean. — Le baron de Charlevoix-Villiers et la fixation des Dunes, in-8. 1 fr.

Guillaud (Dr J.-A.). — Flore de Bordeaux et du Sud-Ouest, analyse et description sommaire des plantes sauvages et généralement cultivées dans cette région; Phanérogames, 326 p., br. 4 fr. 50; cartonné 5 fr. 50

Guillon (J.-M.), dir. de la station viticole de Cognac, — Notes sur la reconstitution du vignoble, avec fig., 1900, gr. in-8. 1 fr. 25

Hugo d'Alési. — Panorama de Bordeaux, fac-similé d'aquarelle sur bristol. 6 fr.

Huyard (E.). — Le port de Bordeaux, sa situation actuelle, son avenir, son hinterland, avec une préface de M. Ch. Chaumet, député de la Gironde, 1910, in-8° avec plans, figures. 5 fr.

Juhel-Rénoy. — Conseils sur la fabrication et la conservation du cidre. 1897, in-18, 60 p. 1 fr. 25

Kehrig (H.). — La cochylis. Des moyens de la combattre, 3ᵉ éd., 1893, in-8, 2 pl. 2 fr. 50

— L'Eudémis. Les moyens proposés pour la combattre. 1907. 0 fr. 50

— Le vin chez le consommateur. Conseils pratiques, 4ᵉ éd., in-18, 12 p. 0 fr. 25

— Le soutirage des vins, 2ᵉ édition. 1907. 0 fr. 50

— Le privilège des vins à Bordeaux jusqu'en 1889, suivi d'un appendice comprenant le Ban des Vendanges, des Courtiers, de Taverniers ; prix payés pour les vins du XIIᵉ au XVIIIᵉ siècle, tableau de l'exploitation des vignes en 1825. Ouvrage couronné par l'Académie des sciences, belles-lettres et arts de Bordeaux. 1886, gr. in-8, 116 p. 2 fr. 50

Labat (Gustave). — Gustave de Galard, sa vie et son œuvre (1779-1841); in-4º, orné de 4 pl. hors texte, dessins inédits du maître. 1896, in-4. 15 fr.

Laborde (J.). — Cours d'Œnologie. Tome I. Maturation du raisin. Fermentation alcoolique. Vinification des raisins rouges et blancs, avec préface de V. Gayon. 1908, 1 vol. gr. in-8º, avec 55 fig. et 1 planche hors texte. 5 fr.

Lapierre (A.). — Plan de la ville de Bordeaux avec les lignes de tramways et omnibus, à l'échelle du 1/10000, dressé par A. LAPIERRE. 1 fr. 50

Le même, colorié. 2 fr. 50

Lemaignan. — Utilisation des marcs de raisin pour fabriquer d'excellentes piquettes, pour nourrir le bétail et comme engrais. 1906, gr. in-8º. 0 fr. 25

Loquin (Anatole). — Le Masque de fer et le livre de M. Funck-Brentano. Bordeaux, 1898, in-8. 0 fr. 60

— Le Prisonnier masqué de la Bastille. Son histoire authentique. Bordeaux, 1900, in-12. 3 fr. 50

Malzevin (P.). — Etudes sur la viti-viniculture, 1905, gr. in-8º. 4 fr.

Mathé (E.). — De Bordeaux à Paris par la Chine, le Japon et l'Amérique. 1907, 1 vol. in-18 orné de figures. 4 fr.

Matignon (J. J.). — Le siège de la légation de France (Pékin, du 15 juin au 15 août 1900). Conférences faites à Bordeaux, in-8. 1 fr. 50

Méric G.). — Le black-rot. Tableau donnant grandeur nature en chromo, feuilles et grains atteints par le black-rot, avec texte explicatif. 0 fr. 75

Montaigne (Michel de). — Nouvelle édition publiée par MM. H. Barckhausen et R. Dezeimeris, contenant la reproduction de la 1ʳᵉ édition, avec les variantes des 2ᵉ et

3ᵉ éditions; 2 vol. in-8, édition de luxe (Publication de la Société des Bibliophiles de Guyenne).   15 fr.

Pabon (Louis). — Dictionnaire des usages commerciaux et maritimes de la place de Bordeaux et des places voisines. Bordeaux, 1888, in-8, br., 214 p.   3 fr. 50

Panajou (F.). — Barèges et ses env. 1904, 1 vol. in-12, 110 p., 80 phot., 2 pan. h. t., 1 c. de la rég., br. 2 fr. 25

Perceval (Emile de). — **Le président Emérigon et ses amis** (1795-1847), in-8.   10 fr.

Poignant (M.-P.). — Coefficient économique des machines à vapeur en raison de la détente du cylindre et de la formule $\dfrac{t - to}{t}$ Surchauffe de la vapeur. 1902, in-8.
                    1 fr. 50

Rouhet. — De l'entraînement complet et expérimental de l'homme, avec étude sur la voix articulée, suivi de recherches physiologiques et pratiques sur le cheval, gr. in-8, illustré.   10 fr.

— L'Equitation, gr. in-8 illustré.   3 fr. 50

Salvat. — Le pin maritime, sa culture, ses productions. Bordeaux, 1891, in-12, br., 39 p.   1 fr.

Sud-Ouest navigable (1ᵉʳ Congrès du), tenu à Bordeaux les 12, 13 et 14 juin 1902. Compte rendu des travaux. 1902, gr. in-8.   5 fr.

Usages locaux du département de la Gironde publiés suivant la délibération du Conseil général, 2ᵉ éd. revue et augmentée. 1900, in-12.   2 fr. 50

Vassillière, Charvet et Gayon. — Appareils à past u iser les vins. 1897, in-8ᵒ.   6 fr.

Viard (E.). — Etude sur les vins au point de vue de leur action sur l'organisme. 1904, gr. in-8.   1 fr.

———

Ajouter 10 0/0 du prix de l'ouvrage pour l'envoi franco, plus 25 centimes de recommandation pour l'Etranger.

BAR-SUR-SEINE. — IMP. Vᵉ C. SAILLARD.

ENCYCLOPÉDIE-RORET

COLLECTION

DES

MANUELS-RORET

FORMANT UNE

ENCYCLOPÉDIE DES SCIENCES & DES ARTS

FORMAT IN-18

Par une réunion de Savants et d'Industriels

Tous les Traités se vendent séparément.

La plupart des volumes, de 300 à 400 pages, renferment des planches parfaitement dessinées et gravées, et des vignettes intercalées dans le texte.

Les Manuels épuisés sont revus avec soin et mis au niveau de la Science à chaque édition. Aucun Manuel n'est cliché, afin de permettre d'y introduire les modifications et les additions indispensables.

Cette mesure, qui met l'Editeur dans la nécessité de renouveler à chaque édition les frais de composition typographique, doit empêcher le Public de comparer le prix des *Manuels-Roret* avec celui des autres ouvrages, tirés sur cliché à chaque édition, et ne bénéficiant d'aucune amélioration.

Pour recevoir chaque volume franc de port, on joindra, à la lettre de demande, un mandat sur la poste (de préférence aux timbres-poste) équivalant au prix porté au Catalogue.

Cette franchise de port ne concerne que la **Collection des Manuels-Roret** et n'est applicable qu'à la France et à l'Algérie. Les volumes expédiés à l'Etranger seront grevés des frais de poste établis d'après les conventions internationales.

Bar-sur-Seine. — Imp. vᵉ C. SAILLARD.